"十三五"应用型本科院校系列教材/数学类

主　编　金宝胜
副主编　段宏博　武斌

概率论与数理统计

（第3版）

Probability Theory and Mathematical Statistics

哈爾濱工業大學出版社

内 容 简 介

本书主要内容包括概率论、数理统计共 8 章:随机事件及其概率、随机变量及其分布、多维随机变量及其分布、随机变量的数字特征、大数定律和中心极限定理、数理统计的基础知识、参数估计、假设检验.本书内容由浅入深,通俗易懂,重点突出.

本书可作为应用型本科院校各有关专业概率论与数理统计课程的教材或教学参考书.

图书在版编目(CIP)数据

概率论与数理统计/金宝胜主编.—3 版.—哈尔滨:哈尔滨工业大学出版社,2018.1(2022.1 重印)

ISBN 978-7-5603-7112-2

Ⅰ.①概… Ⅱ.①朱…②段… Ⅲ.①概率论-高等学校-教材 ②数理统计-高等学校-教材 Ⅳ.①O21

中国版本图书馆 CIP 数据核字(2017)第 294029 号

策划编辑 杜 燕
责任编辑 尹 凡
出版发行 哈尔滨工业大学出版社
社 址 哈尔滨市南岗区复华四道街 10 号 邮编 150006
传 真 0451-86414749
网 址 http://hitpress.hit.edu.cn
印 刷 哈尔滨久利印刷有限公司
开 本 787mm×1092mm 1/16 印张 14.5 字数 331 千字
版 次 2012 年 1 月第 1 版 2018 年 1 月第 3 版
2022 年 1 月第 3 次印刷
书 号 ISBN 978-7-5603-7112-2
定 价 26.80 元

《“十三五”应用型本科院校系列教材》编委会

序

哈尔滨工业大学出版社策划的《"十三五"应用型本科院校系列教材》即将付梓,诚可贺也。

该系列教材卷帙浩繁,凡百余种,涉及众多学科门类,定位准确,内容新颖,体系完整,实用性强,突出实践能力培养。不仅便于教师教学和学生学习,而且满足就业市场对应用型人才的迫切需求。

应用型本科院校的人才培养目标是面对现代社会生产、建设、管理、服务等一线岗位,培养能直接从事实际工作、解决具体问题、维持工作有效运行的高等应用型人才。应用型本科与研究型本科和高职高专院校在人才培养上有着明显的区别,其培养的人才特征是:①就业导向与社会需求高度吻合;②扎实的理论基础和过硬的实践能力紧密结合;③具备良好的人文素质和科学技术素质;④富于面对职业应用的创新精神。因此,应用型本科院校只有着力培养"进入角色快、业务水平高、动手能力强、综合素质好"的人才,才能在激烈的就业市场竞争中站稳脚跟。

目前国内应用型本科院校所采用的教材往往只是对理论性较强的本科院校教材的简单删减,针对性、应用性不够突出,因材施教的目的难以达到。因此亟须既有一定的理论深度又注重实践能力培养的系列教材,以满足应用型本科院校教学目标、培养方向和办学特色的需要。

哈尔滨工业大学出版社出版的《"十三五"应用型本科院校系列教材》,在选题设计思路上认真贯彻教育部关于培养适应地方、区域经济和社会发展需要的"本科应用型高级专门人才"精神,根据前黑龙江省委书记吉炳轩同志提出的关于加强应用型本科院校建设的意见,在应用型本科试点院校成功经验总结的基础上,特邀请黑龙江省9所知名的应用型本科院校的专家、学者联合编写。

本系列教材突出与办学定位、教学目标的一致性和适应性,既严格遵照学科体系的知识构成和教材编写的一般规律,又针对应用型本科人才培养目标及与之相适应的教学特点，精心设计写作体例，科学安排知识内容，围绕应用讲授理论，做到“基础知识够用、实践技能实用、专业理论管用”。同时注意适当融入新理论、新技术、新工艺、新成果，并且制作了与本书配套的PPT多媒体教学课件，形成立体化教材，供教师参考使用。

《“十三五”应用型本科院校系列教材》的编辑出版，是适应“科教兴国”战略对复合型、应用型人才的需求，是推动相对滞后的应用型本科院校教材建设的一种有益尝试，在应用型创新人才培养方面是一件具有开创意义的工作，为应用型人才的培养提供了及时、可靠、坚实的保证。

希望本系列教材在使用过程中，通过编者、作者和读者的共同努力，厚积薄发、推陈出新、细上加细、精益求精，不断丰富、不断完善、不断创新，力争成为同类教材中的精品。

第 3 版前言

本书是应用型本科院校“十三五”规划教材。

概率论是研究随机现象规律性的科学,统计是一门关于数据资料的收集、整理、分析和推断的科学,是近代数学的重要组成部分,也是很有特色的一个数学分支。概率论与数理统计已广泛应用于自然科学、社会科学、工程技术和军事技术等科学中。概率论的理论较难,且统计学是以概率论为工具进行数据处理,因此初学者会感到这门课不好学,为了保证本教材适用应用型本科院校,我们努力做到:

1. 概念引入直观,定义、定理简洁,易于学生阅读。

2. 内容组织科学系统。

3. 叙述简明易懂,易于教学。

4. 书中例题较多,注意对解题方法的训练,讲课时可以有选择的讲,其余例题供学生自学使用。

5. 每节后面有一个“百花园”介绍各种类型题,给想深入学习的学生提供一个园地。

6. 每章末都有一个本章小结,对本章知识进行归纳总结,使知识条理化、系统化。

本教材共 8 章,第 1 章、第 2 章、第 3 章由金宝胜编写,第 4 章、第 5 章由段宏博编写,第 6 章、第 7 章、第 8 章由武斌编写。最后由金宝胜统稿整理。

本书得到了哈尔滨石油学院院领导及教务处的大力支持,得到了曾昭英教授、张春志教授的悉心指导,在此一并表示衷心的感谢!

由于编者水平有限,书中难免存在疏漏和不足,敬请读者不吝指教。

编　者

2017 年 12 月

目　录

第 1 章 随机事件及其概率

自然界中的客观现象一般可分为必然现象和随机现象,必然现象是指在一定条件下必然发生的现象,如上抛石子必然落下,而随机现象是指在一定条件下可能出现也可能不出现的现象.概率论是研究大量随机现象的统计规律性的数学学科.

概率论起源于赌博,三百多年前,一个赌博者向法国数学家帕斯卡提出了一个使他苦恼很久的问题:“两个赌徒,各出赌资 A,约定谁先胜 16 局,对方的赌资便归胜者,赌博方式就是投钱币,猜对了便是赢,甲胜了 15 局,乙胜了 10 局,由于某种原因,赌博停止,问二人的赌资应如何分配?”1654 年 7 月 29 日帕斯卡将这个问题和它的解法寄给了法国数学家费马.

这样问题引起了数学家们的注意,认为这是一片尚未开发的科学处女地,正如法国数学家拉普拉斯预言:“值得注意的是,从考虑赌博问题而起始的一门科学,将会成为人类知识宝库里最重要的主题.

下面我们将三百多年间数十代数学家们的部分工作,整理简述如下.

1.1 基本概念

1. 随机事件

定义 1.1 具备以下三个特点的试验,称为随机试验,记作 E:

(1) 可以在相同条件下重复进行(可重复性);

(2) 每次试验的可能结果不止一个,并且能事先明确试验的所有可能的结果(明确性);

(3) 进行试验之前不能确定本次试验哪一个结果会出现(不确定性);

本书中以后提到的试验都是随机试验.

对于随机试验,尽管在每次试验之前不能预知试验的结果,但试验的所有可能结果组成的集合是已知的.我们将随机试验 E 的所有可能结果组成的集合称为 E 的样本空间,记为 S,样本空间的元素,即 E 的每个结果,称为样本点.

定义 1.2 试验 E 的样本空间 S 的子集,称为 E 的随机事件,简称事件,用大写字母 A,B,C,$\cdots$,表示.

由一个样本点组成的单点集称为基本事件.

样本空间 S 包含所有的样本点,它是 S 自身的子集,在每次试验中它总是发生,因此称为必然事件,用 Ω 表示. 空集 ϕ 不包含任何样本点,它作为样本空间的子集,在每次试验中都不发生,称之为不可能事件.

例 1 掷一枚骰子,① 写出其样本空间;② 写出所有的基本事件;③$A=\{$出现偶数点$\}$;④$\{$点数 $\leqslant 6\}$;⑤$\{$点数 $>7\}$.

解 ① 样本空间为 $S=\{\omega_1,\omega_2,\omega_3,\omega_4,\omega_5,\omega_6\}$,其中 $\omega_i=$“出现 i 点” $i=1,\cdots,6$;

②$\{\omega_1\},\{\omega_2\},\{\omega_3\},\{\omega_4\},\{\omega_5\},\{\omega_6\}$;

③$A=\{\omega_2$ 或 ω_4 或 $\omega_6\}$;④Ω;⑤ϕ.

2. 事件间的关系与事件的运算

事件是一个集合,因而事件间的关系与事件的运算自然按照集合论中集合之间的关系和集合运算来处理. 下面给出这些关系和运算在概率论中的提法,并根据“事件发生”的含义,给出它们在概率论中的含义.

定义 1.3 事件 A,B,若 $A\subset B$,称事件 B 包含事件 A.

即事件 A 发生必导致事件 B 发生.

若 $A\subset B$ 且 $B\subset A$,称事件 A 与事件 B 相等,记作 $A=B$.

定义 1.4 事件 A,B,称事件 $A\cup B$ 为事件 A 与事件 B 的和事件,当且仅当 A,B 中至少有一个发生时,事件 $A\cup B$ 发生. $A\cup B$ 也可记作 $A+B$.

类似地称 $\bigcup\limits_{i=1}^{n}A_i$ 为 n 个事件 $A_1,A_2,\cdots,A_n$ 的和事件,称 $\bigcup\limits_{i=1}^{\infty}A_i$ 为可列个事件 $A_1,A_2,\cdots,$ 的和事件.

定义 1.5 事件 A,B,称事件 $A\cap B$ 为事件 A 与事件 B 的积事件,当且仅当 A,B 同时发生时,事件 $A\cap B$ 发生. $A\cap B$ 也可记作 AB.

类似地称 $\bigcap\limits_{i=1}^{n}A_i$ 为 n 个事件 $A_1,A_2,\cdots,A_n$ 的积事件,称 $\bigcap\limits_{i=1}^{\infty}A_i$ 为可列个事件 $A_1,A_2,\cdots,$ 的积事件.

定义 1.6 事件 A,B,称事件 $A-B$ 为事件 A 与事件 B 的差事件,当且仅当 A 发生,B 不发生时,事件 $A-B$ 发生.

定义 1.7 事件 A,B,若 $A\cap B=\phi$,称事件 A 与 B 互不相容的,或互斥的,这指的是事件 A 与事件 B 不能同时发生.

基本事件是两两互不相容的.

定义 1.8 事件 A,B,若 $A\cup B=\Omega$ 且 $A\cap B=\phi$,称事件 A 与事件 B 互为逆事件,又称互为对立事件,记作 $A=\overline{B}$ 或 $B=\overline{A}$.

$\overline{A}=\Omega-A$,这指的是对每次试验而言,事件 $A,\overline{A}$ 中必有一个发生,且仅有一个发生,显然 $\overline{\overline{A}}=A$.

定义 1.9 若有限个或可列个事件 $A_1,A_2,\cdots,A_n,\cdots$ 满足 $A_iA_j=\phi(i\neq j)$ 且 $\bigcup\limits_{i}A_i=\Omega$,则称 $A_1,A_2,\cdots,A_n,\cdots$ 构成一个完备事件组.

有人说驾驭了“集合” 等于驾驭了所有数学,研究集合的最直观的工具就是文氏图.

图1.1(a)是$A\cup B$的Venn图;

图1.1(b)是$A\cap B$的Venn图;

图1.1(c)是$A-B$的Venn图,由图可知$A-B=A\overline{B}=A-AB$这是一个重要的关系式.

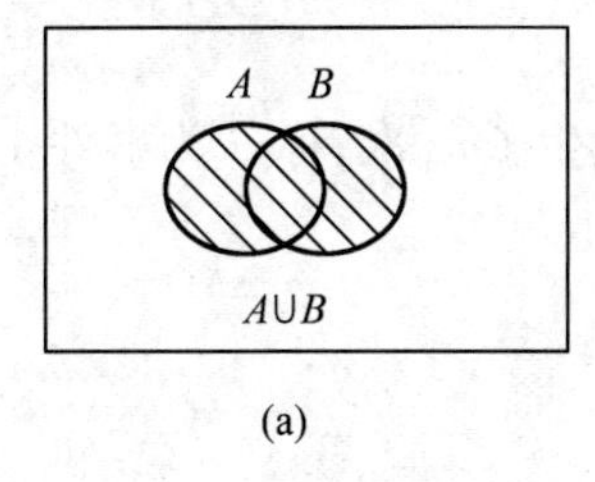

(a)

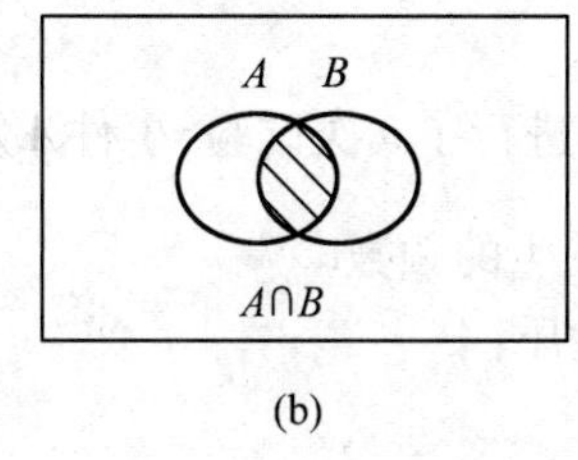

(b)

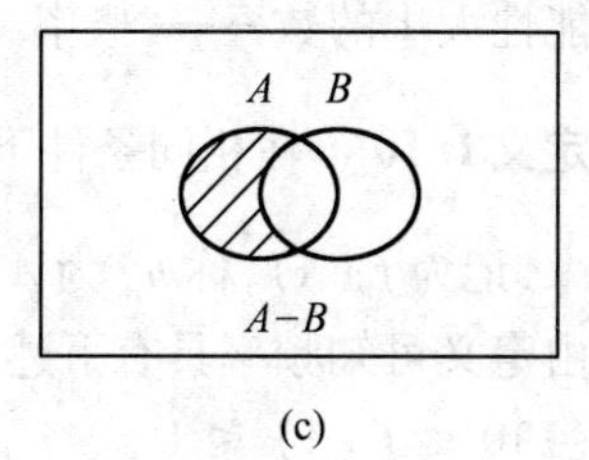

(c)

图1.1

事件的运算与集合的运算一样,满足以下运算规律:

(1) 交换律　$A\cup B=B\cup A, A\cap B=B\cap A$

(2) 结合律　$A\cup(B\cup C)=(A\cup B)\cup C, A\cap(B\cap C)=(A\cap B)\cap C$

(3) 分配律　$A\cup(B\cap C)=(A\cup B)\cap(A\cup C), A\cap(B\cup C)=(A\cap B)\cup(A\cap C)$

(4) 对偶律　$\overline{A\cup B}=\overline{A}\cap\overline{B}, \overline{A\cap B}=\overline{A}\cup\overline{B}, \overline{\bigcup_{i=1} A_i}=\bigcap_{i=1}\overline{A_i}, \overline{\bigcap_{i=1} A_i}=\bigcup_{i=1}\overline{A_i}$

(5) 吸收律　$A\cap(A\cup B)=A, A\cup(A\cap B)=A$

(6) 双重否定律　$\overline{\overline{A}}=A$

(7) 排中律　$A\cup\overline{A}=\Omega, A\cap\overline{A}=\phi$

(8) 差积转换律　$A-B=A\overline{B}(=A-AB)$

例2　设A,B,C为3个事件,用A,B,C的运算表示下列事件:

(1)A发生而B与C都不发生:$A\overline{B}\,\overline{C}=A-B-C=A-(B\cup C)$

(2)A,B都发生而C不发生:$AB\overline{C}=AB-C$

(3)A,B,C至少有一个发生:$A\cup B\cup C$

(4)A,B,C至少有两个事件发生:$(AB)\cup(AC)\cup(BC)$

(5)A,B,C恰好有两个事件发生:$(AB\overline{C})\cup(A\overline{B}C)\cup(\overline{A}BC)$

(6)A,B,C恰好有一个事件发生:$(A\overline{BC})\cup(\overline{A}B\overline{C})\cup(\overline{AB}C)$

(7)A,B至少有一个发生,而C不发生:$(A\cup B)\overline{C}$

(8)A,B,C都不发生:$\overline{A\cup B\cup C}=\overline{A}\,\overline{B}\,\overline{C}$

例3　化简下列各式:

(1)$A\cup B-A$　　　　(2)$(A\cup B)(A\cup\overline{B})$

解　(1)$A\cup B-A=(A\cup B)\overline{A}=(A\overline{A})\cup(B\overline{A})=\phi\cup(B\overline{A})=B\overline{A}$

(2)$(A\cup B)(A\cup\overline{B})=A\cup BA\cup A\overline{B}\cup B\overline{B}=A\cup[A(B\cup\overline{B})]=A\cup A=A$

3. 事件的概率

对于一个事件(ϕ 和 Ω 除外) 来说,它在一次试验中可能发生,也可能不发生,我们希望知道这个事件发生的可能性究竟有多大,想用一个数来表示其发生的可能性的大小,为此,首先引入频率,它描述了事件发生的频繁程度,进而引出表示事件在一次试验中发生的可能性大小的数 —— 概率.

定义 1.10 在相同条件下,进行了 n 次试验,事件 A 发生了 n_A 次,称$\frac{n_A}{n}$ 为事件 A 发生的频率,记为$f_n(A)$,称 n_A 为 A 发生的频数.

由定义可知频率具有下述性质:

(1)$0 \leqslant f_n(A) \leqslant 1$

(2)$f_n(\Omega) = 1$

(3) 若 $A_1, A_2, \cdots, A_k$ 是两两互不相容的事件,则

$$f_n(A_1 \cup A_2 \cup \cdots \cup A_k) = f_n(A_1) + f_n(A_2) + \cdots + f_n(A_k)$$

事件的频率首先具有波动性,如掷硬币 20 次,第一次正面可能出现 8 次,而第二次正面可能出现 13 次,…… 以往人们只注意了频率的波动性,而忽视了它的另一个潜在的重要性质 —— 稳定性.

历史上有一些著名的试验,列表如下:

试验者	掷硬币次数	正面次数	正面出现频率
德·摩根	2 048	1 061	0. 518 1
蒲丰	4 040	2 048	0. 506 9
皮尔逊	12 000	6 019	0. 501 6
皮尔逊	24 000	12 012	0. 500 5

这些先哲们,都不约而同地在验证一件事情 —— 事件频率的稳定性. 可见出现正面的频率总在 0. 5 附近波动,随着试验次数增加,它逐渐稳定于 0. 5,0. 5 这个数就反映正面出现可能性的大小.

每个事件都存在着一个常数与之对应,因而可将频率$f_n(A)$ 在 n 无限增大时逐渐趋向稳定的常数定义为事件 A 发生的概率,这就是概率的统计定义.

定义 1.11 设事件 A 在 n 次重复试验中发生的次数为 k,当 n 很大时,频率$\frac{k}{n}$ 在某一数值 p 的附近波动,而随着试验次数 n 的增加,波动的幅度越小,则称数 p 为事件 A 发生的概率,记作 $P(A) = p$.

在实际中无法精确确定 p,于是多用频率 $f_n(A)$ 作为 p 的估计值. 直到 1933 年前苏联数学家柯尔莫柯洛夫将实变函数论的观念引入概率论的研究中,导致概率论公理化体系的构成.

定义 1.12 设 S 为样本空间,A 为事件,对于每一个事件 A 赋予一个实数,记作 $P(A)$,如果 $P(A)$ 满足以下条件:

(1) 非负性 $0 \leqslant P(A) \leqslant 1$

(2) 规范性　$P(\Omega)=1$

(3) 可列可加性　对于两两互不相容的可列个事件 $A_1,A_2,\cdots,A_n,\cdots$,有

$$P\left(\bigcup_{n=1}^{\infty} A_n\right)=\sum_{n=1}^{\infty} P(A_n)$$

则称实数 $P(A)$ 为事件 A 的概率.

由概率的定义,可以推得概率的一些重要性质.

性质 1　$P(\phi)=0$

性质 2　若 $A_1,A_2,\cdots,A_n$ 是两两互不相容的事件,则有

$$P(A_1\cup A_2\cup\cdots\cup A_n)=P(A_1)+P(A_2)+\cdots+P(A_n)$$

性质 3　若 $A\subset B$,则 $P(B-A)=P(B)-P(A)$,且 $P(A)\leqslant P(B)$

性质 4　$P(\bar{A})=1-P(A)\Rightarrow P(\phi)=0$

性质 5　$P(A\cup B)=P(A)+P(B)-P(AB)$

$$P(A\cup B\cup C)=P(A)+P(B)+P(C)-P(AB)-P(AC)-P(BC)+P(ABC)$$

$$\begin{aligned}P(A\cup B\cup C\cup D)=&P(A)+P(B)+P(C)+P(D)-P(AB)-P(AC)-P(AD)-\\&P(BC)-P(BD)-P(CD)+P(ABC)+P(ABD)+P(ACD)+\\&P(BCD)-P(ABCD)\end{aligned}$$

例 4　已知 $P(A)=0.8,P(B)=0.7$,证明 $P(AB)\geqslant 0.5$.

证明　$P(AB)=P(A)+P(B)-P(A\cup B)\geqslant 0.8+0.7-1=0.5$

例 5　设 A,B,C 是三个事件,且 $P(A)=P(B)=P(C)=\frac{1}{4},P(AB)=P(BC)=0$, $P(AC)=\frac{1}{8}$,求 A,B,C 至少有一个发生的概率.

解　$P(A\cup B\cup C)=P(A)+P(B)+P(C)-P(AB)-P(AC)-P(BC)+P(ABC)=$

$$\frac{1}{4}+\frac{1}{4}+\frac{1}{4}-0-\frac{1}{8}-0+0=\frac{5}{8}$$

4. 古典概型(等可能概型)

在 18 世纪概率论发展初期曾主要研究以下模型:

定义 1.13　试验的样本空间只包含有限个元素,而试验中每个基本事件发生的可能性相同,这种试验称为等可能概型或古典概型.

下面我们讨论古典概型中事件概率的计算公式.

设样本空间为 $S=\{\omega_1,\omega_2,\cdots,\omega_n\}$,由于在试验中每个基本事件发生的可能性相同,即有

$$P(\{\omega_1\})=P(\{\omega_2\})=\cdots=P(\{\omega_n\})$$

又因基本事件是两两互不相容的,于是由

$$P(\{\omega_1\})+P(\{\omega_2\})+\cdots+P(\{\omega_n\})=nP(\{\omega_i\})=1$$

得

$$P(\{\omega_i\})=\frac{1}{n}\quad i=1,2,\cdots,n$$

若事件 A 包含 k 个基本事件,即 $A=\{\omega_{i_1}\}\cup\{\omega_{i_2}\}\cup\cdots\cup\{\omega_{i_k}\}$,这里 $i_1,i_2,\cdots,i_k$ 是 $1,2,\cdots,n$ 中某 k 个不同的数,则有

$$P(A)=\sum_{j=1}^{k}P(\{\omega_{i_j}\})=\frac{k}{n}=\frac{A\text{包含的基本事件数}}{\text{样本空间中基本事件总数}} \tag{1.1}$$

这就是古典概型中事件 A 的概率的计算公式.

例 6 (抽签问题) 盒中有 a 个红球,b 个白球,每人取一球不放回,问第 $k(1\leqslant k\leqslant a+b)$ 个人抽到红球的概率.

解 我们将 $a+b$ 个球作一个全排列 $(a+b)!$,先安排第 k 个人,让他抽到一个红球,共有 $C_a^1=a$ 种方法,其余的 $a+b-1$ 个球,可随意安排在其余的 $a+b-1$ 个位置上,共有 $(a+b-1)!$ 种

$$A_k=\text{“第 }k\text{ 个人抽到红球”}$$

$$P(A_k)=\frac{C_a^1(a+b-1)!}{(a+b)!}=\frac{a}{a+b}$$

显然与抽签顺序无关.

体育比赛都采用抽签法,这是公平合理的.

例 7 共有 10 本书,其中有 4 本“诗集”(1 ~ 4 卷),将这 10 本书放到书架上,求:

(1)“诗集”放到一起的概率;

(2)“诗集”按照顺序放在一起的概率.

解 (1) 设 A = 4 本“毛泽东选集”放到一起,10 本书放在书架上共有 10! 种放法,将 4 本“毛选”当作一本共有 7! 种放法,“毛泽东选集”内部排序有 4! 种放法,故 4 本“毛泽东选集”放到一起的概率

$$P(A)=\frac{7!\ 4!}{10!}=\frac{1}{30}$$

(2) B =“毛泽东选集”按照顺序放在一起,按顺序有两种,由左到右为 1 ~ 4,由右到左为 1 ~ 4

$$P(B)=\frac{7!\times 2}{10!}=\frac{1}{360}$$

例 8 哈尔滨石油学院某班有 10 名学生是 1994 年出生的,试求下列事件的概率:

(1) 至少有两人生日相同的概率;

(2) 至少有一人在十月一日过生日.

解 作为研究者认为每个人的生日都等可能的是 365 天中的任何一天,共有 365 种,所以 10 个人的生日共有 365^{10} 种可能.

(1) A =“至少有两人生日相同”

$$P(A)=1-P(\bar{A})=1-\frac{365\times 364\times\cdots\times(365-9)}{365^{10}}=$$

$$1-(1-\frac{1}{365})(1-\frac{2}{365})\cdots(1-\frac{9}{365})\approx$$

$$1-(1-\frac{1+2+\cdots+9}{365})=\frac{45}{365}\approx 0.1233$$

(2)B =“至少有一人在十月一日过生日”

$$P(B)=1-P(\overline{B})=1-\frac{364^{10}}{365^{10}}=1-(1-\frac{1}{365})^{10}\approx\frac{10}{365}\approx 0.03$$

例9　10把钥匙其中有两把能打开此门,从中任取两把,问能打开此门的概率?

解　A =“取2把能打开此门”

$$P(A)=\frac{C_2^2+C_2^1C_8^1}{C_{10}^2}=\frac{17}{45}$$

5. 几何概型

古典概型的试验结果是有限个,基本事件出现的概率都是等可能的. 我们做一个推广:保留其等可能性,而允许试验结果可为无限个,称这个试验模型为几何概型.

若试验 E 的样本空间 S 为几何空间中的一个区域(这个区域可以是一维,二维,三维的)且 S 中每个样本点,即基本事件出现的可能性相同,此时事件 $A\subset S$ 的概率定义为

$$P(A)\triangleq\frac{A\text{ 的度量(长度,面积或体积)}}{S\text{ 的度量(长度,面积或体积)}}$$

上式计算出的概率称为几何概率.

例10　在区间(0,1)内任取两个数,求这两个数的乘积小于$\frac{1}{2}$的概率.

解　设在区间(0,1)内任取两个数为x,y,则$0<x<1$,$0<y<1$,样本空间是边长为1的正方形S,其面积为1,令A表示“两个数的乘积小于$\frac{1}{2}$”,则$A=\{(x,y)\mid 0<xy<\frac{1}{2},0<x<1,0<y<1\}$ 事件A所围区域如图1.2,所求概率

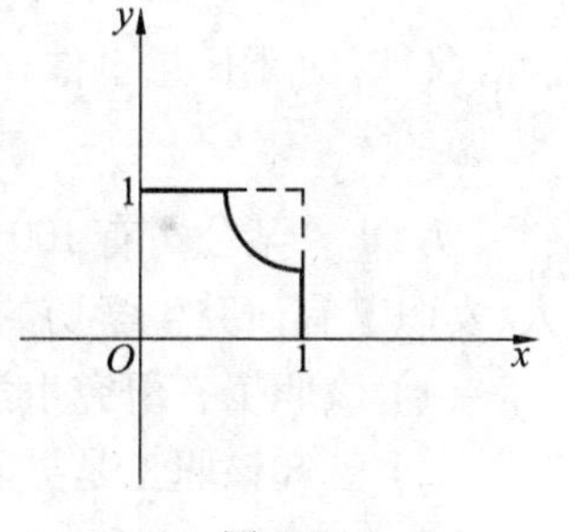

图1.2

$$P(A)=\frac{1-\int_{\frac{1}{2}}^{1}dx\int_{\frac{1}{2x}}^{1}dy}{1}=1-\int_{\frac{1}{2}}^{1}(1-\frac{1}{2x})dx=$$

$$1-(\frac{1}{2}-\frac{1}{2}\ln x\Big|_{\frac{1}{2}}^{1})=\frac{1}{2}+\frac{1}{2}\ln 2$$

1.2　条件概率及三个重要公式

1. 条件概率

一些问题中常常需要研究在某事件A发生的条件下,另一事件B发生的概率,这种概率称为条件概率,记作$P(B\mid A)$.

例如人寿保险中,关心的是人群已活到某个年龄的条件下,在未来一年内死亡的概率.

下面我们研究$P(B\mid A)$的计算方法.

设试验 E 的基本事件总数为 n,A 包含的基本事件数为 $m(m>0)$,AB 所包含的基本事件数为 k,于是有

$$P(B|A)=\frac{k}{m}=\frac{\frac{k}{n}}{\frac{m}{n}}=\frac{P(AB)}{P(A)}$$

我们将上述关系式作为条件概率的定义.

定义 1.14 设 A,B 是两个事件,且 $P(A)>0$,称 $P(B|A)=\dfrac{P(AB)}{P(A)}$ 为在事件 A 发生的条件下事件 B 发生的条件概率.

不难验证,条件概率 $P(B|A)$ 符合概率定义中的三个条件,即

(1)(非负性)$0\leqslant P(B|A)\leqslant 1$;

(2)(规范性)对于必然事件 Ω,有 $P(\Omega|A)=1$;

(3)(可列可加性)设 $B_1,B_2,\cdots$ 是两两互不相容的事件,则有

$$P(\bigcup_{i=1}^{\infty}B_i|A)=\sum_{i=1}^{\infty}P(B_i|A)$$

既然条件概率符合上述三个条件,所以概率性质的一些重要结果都适用于条件概率,例如

$$P(B_1\cup B_2|A)=P(B_1|A)+P(B_2|A)-P(B_1B_2|A)$$

又如,对于任意事件 A,有

$$P(\overline{A}|B)=1-P(A|B)$$

例 10 某公司有 100 名职工,男职工 60 人,女职工 40 人,男职工有研究生学历的 20 人,女职工有研究生学历的 20 人,从该公司任选一名职工,问:

(1)该职工有研究生学历的概率?

(2)已知该职工是男职工,则他是研究生学历的概率?

解 (1)A =“任选一名职工为有研究生学历”

$$P(A)=\frac{40}{100}=0.4$$

(2)B =“该职工为男”,C =“该职工为研究生学历”

$$P(C|B)=\frac{P(BC)}{P(B)}=\frac{\frac{20}{100}}{\frac{60}{100}}=\frac{1}{3}$$

2. 乘法公式

由条件概率 $P(B|A)=\dfrac{P(AB)}{P(A)}(P(A)>0)$ 得下述定理:

定理 1.1 (乘法公式)设 $P(A)>0$,则有

$$P(AB)=P(A)P(B|A) \tag{1.2}$$

或

$$P(AB)=P(B)P(A|B)\quad(P(B>0))$$

$$P(ABC)=P(C|AB)P(B|A)P(A)=P(B|AC)P(C|A)P(A)=\cdots$$

例11　盒中有a个白球,b个红球,从中任取一球看过放回,并加入c个同色球,问(1)第一次,第二次都取到白球的概率?(2)第一次取白球,第二次取红球的概率?

解　设A_i="第i次取白球"($i=1,2$)

(1) $P(A_1A_2)=P(A_1)P(A_2 \mid A_1)=\frac{a}{a+b}\cdot\frac{a+c}{a+b+c}$

(2) $P(A_1\overline{A_2})=P(A_1)P(\overline{A_2} \mid A_1)=\frac{a}{a+b}\cdot\frac{b}{a+b+c}$

3.全概率公式

定理1.2　设$B_1,B_2,\cdots,B_n$为一个完备事件组,$P(B_i)>0,i=1,2,\cdots,n,\forall A$,则

$$P(A)=P(B_1)P(A \mid B_1)+P(B_2)P(A \mid B_2)+\cdots+P(B_n)P(A \mid B_n) \quad (1.3)$$

式(1.3)称为全概率公式.

证明　因为$A=A\Omega=A(B_1+B_2+\cdots+B_n)=AB_1+AB_2+\cdots+AB_n$

由已知$P(B_i)>0,i=1,2,\cdots,n$,且$(AB_i)(AB_j)=\phi \quad (i\neq j),i,j=1,2,\cdots,n$

$$P(A)=P(AB_1)+P(AB_2)+\cdots+P(AB_n)=$$
$$P(B_1)P(A \mid B_1)+P(B_2)P(A \mid B_2)+\cdots+P(B_n)P(A \mid B_n)$$

另一个重要公式叫贝叶斯公式.

定理1.3　设试验E的样本空间S,A为E的事件,$B_1,B_2,\cdots,B_n$为S的一个完备事件组,且$P(A)>0,P(B_i)>0,i=1,2,\cdots,n$,则

$$P(B_i \mid A)=\frac{P(B_i)P(A \mid B_i)}{\sum_{i=1}^{n}P(B_i)P(A \mid B_i)} \quad i=1,2,\cdots,n \quad (1.4)$$

式(1.4)称为贝叶斯公式亦称逆概率公式.

证明　由条件概率的定义及全概率公式,立得

$$P(B_i \mid A)=\frac{P(B_iA)}{P(A)}=\frac{P(B_i)P(A \mid B_i)}{\sum_{i=1}^{n}P(B_i)P(A \mid B_i)} \quad i=1,2,\cdots,n$$

例12　某工厂由甲,乙,丙三个车间生产同一产品,甲产品占60%,甲的次品率为3%;乙产品占30%,次品率为2%;丙产品占10%,次品率为1%,从工厂的产品中任取一件,问:(1)它是次品的概率?(2)已知这件产品是次品,问这是甲生产的概率?

解　B="产品为次品",A_1="甲生产",A_2="乙生产",A_3="丙生产"

(1)由全概率公式

$$P(B)=P(A_1)P(B \mid A_1)+P(A_2)P(B \mid A_2)+P(A_3)P(B \mid A_3)=$$
$$\frac{60}{100}\frac{3}{100}+\frac{30}{100}\frac{2}{100}+\frac{10}{100}\frac{1}{100}=\frac{1}{40}$$

(2)由逆概率公式

$$P(A_1 \mid B)=\frac{P(A_1B)}{P(B)}=\frac{P(A_1)P(B \mid A_1)}{\frac{1}{40}}=\frac{\frac{60}{100}\frac{3}{100}}{\frac{1}{40}}=\frac{18}{25}$$

例13 三个盒子,第一个盒子中有4个红球,1个白球,第二个盒子中有3个红球,3个白球,第三个盒子中有3个红球,5个白球,现任取一盒,再从这个盒子中取出一个球,问:(1)这个球是白球的概率?(2)已知取出的是白球,这球是第三盒的概率?

解 (1)A=“取白球”,B_i=“从第i盒取球”,$i=1,2,3$. 由全概率公式

$$P(A)=P(B_1)P(A\mid B_1)+P(B_2)P(A\mid B_2)+P(B_3)P(A\mid B_3)=\frac{1}{3}\frac{1}{5}+\frac{1}{3}\frac{3}{6}+\frac{1}{3}\frac{5}{8}=\frac{53}{120}$$

(2)由逆概率公式

$$P(B_3\mid A)=\frac{P(B_3A)}{P(A)}=\frac{P(B_3)P(A\mid B_3)}{P(A)}=\frac{\frac{1}{3}\times\frac{5}{8}}{\frac{53}{120}}=\frac{25}{53}$$

例14 某地区某种疾病的发病率为万分之五,某人发明了一种试剂,该病病人用之呈阳性者为95%,无该病的人用之95%呈阴性,该地区一人来诊,用之呈阳性,问此人患该病的概率?这种试剂能否推广使用?

解 A=“阳性”,B=“患该病”,由逆概率公式

$$P(B\mid A)=\frac{P(BA)}{P(A)}=\frac{P(B)P(A\mid B)}{P(B)P(A\mid B)+P(\overline{B})P(A\mid\overline{B})}=$$

$$\frac{\frac{5}{10\ 000}\times\frac{95}{100}}{\frac{5}{10\ 000}\times\frac{95}{100}+\frac{9\ 995}{10\ 000}\times\frac{5}{100}}=\frac{95}{10\ 090}=0.009\ 4$$

即呈阳性者患此病的概率不到1%,故这种试剂不能推广. 通常将患者有阳性反应的95%及无病者有阴性反应的95%都叫先验概率,而检查为阳性,被诊断为该病的概率0.009 4称为后验概率,千万不要混淆$P(B\mid A)$与$P(A\mid B)$.

1.3 事件的独立性及伯努利概型

1. 事件的独立性

定义1.15 若事件A,B满足$P(AB)=P(A)P(B)$,称事件A,B是相互独立的.

定理1.4 若事件A与B相互独立,则下列各对事件也相互独立

$$A与\overline{B},\overline{A}与B,\overline{A}与\overline{B}$$

证明 $P(A\overline{B})=P(A-AB)=P(A)-P(AB)=P(A)-P(A)P(B)=$

$$P(A)[1-P(B)]=P(A)P(\overline{B})$$

所以A与$\overline{B}$相互独立.

同理可证$\overline{A}$与B,$\overline{A}$与$\overline{B}$相互独立.

定理1.5 若事件A,B相互独立,且$0<P(A)<1$,则

$$P(B\mid A)=P(B\mid\overline{A})=P(B)$$

证明　$$P(B \mid A)=\frac{P(AB)}{P(A)}=\frac{P(A)P(B)}{P(A)}=P(B)$$

同理可证 $P(B \mid \overline{A})=P(B)$.

注　(1) 不可能事件 ϕ 与任何事件独立;

(2) 必然事件 Ω 与任何事件独立.

由定理1.5可知 A,B 独立,即 A 发生与否,不影响 B 的发生. 很多时候,我们从事件的实际意义来判断两者是否相互独立. 如两人同时射击,我们认为两人击中与否是相互独立的.

定义1.16　A,B,C 是三个事件,如果满足等式

$$P(AB)=P(A)P(B)$$
$$P(AC)=P(A)P(C)$$
$$P(BC)=P(B)P(C)$$
$$P(ABC)=P(A)P(B)P(C)$$

则称 A,B,C 是相互独立的事件.

这里应该注意,若事件 A,B,C 满足前三个等式,则称 A,B,C 是两两独立的. 由此可知 A,B,C 相互独立,则 A,B,C 是两两独立的,反之未必.

例15　有四张卡片,其中三张分别涂有红色,白色,黄色,而余下一张同时涂有红,白,黄三色,今从中随机抽取一张,记 $A=$"抽出卡片有红色",$B=$"抽出卡片有白色",$C=$"抽出卡片有黄色",考察 A,B,C 的独立性.

解　易知 $P(A)=P(B)=P(C)=\frac{2}{4}=\frac{1}{2}$,$P(AB)=P(AC)=P(BC)=\frac{1}{4}$,$P(ABC)=\frac{1}{4}$,因此 $P(AB)=P(A)P(B)$,$P(AC)=P(A)P(C)$,$P(BC)=P(B)P(C)$,即 A,B,C 两两独立,但 $P(ABC)\neq P(A)P(B)P(C)$,所以 A,B,C 不相互独立.

我们还可以将事件的独立性的定义推广到 n 个事件 $A_1,A_2,\cdots,A_n$,请自己把它写出来.

例16　甲,乙,丙三人独立破译一密码,甲破译的概率为0.7,乙破译的概率为0.6,丙破译的概率为0.3,问密码能被破译的概率?

解　$A=$"密码能被破译",$A_1=$"甲破译",$A_2=$"乙破译",$A_3=$"丙破译"

$$P(A)=1-P(\overline{A})=1-P(\overline{A_1}\,\overline{A_2}\,\overline{A_3})=1-P(\overline{A_1})P(\overline{A_2})P(\overline{A_3})=$$
$$1-(1-0.7)(1-0.6)(1-0.3)=1-0.084=0.916$$

例17　设高射炮每次击中飞机的概率为0.2,问至少需要多少门高射炮同时发射(每门射一次)才能使击中飞机的概率达到95%以上?

解　设需要 n 门高射炮,$A=$"飞机被击中",$A_i=$"第 i 门高射炮击中飞机",$i=1,2,\cdots,n$ 则

$$P(A)=P(A_1\cup A_2\cup\cdots\cup A_n)=1-P(\overline{A_1\cup A_2\cup\cdots\cup A_n})=1-P(\overline{A_1}\,\overline{A_2}\cdots\overline{A_n})=$$
$$1-P(\overline{A_1})P(\overline{A_2})\cdots P(\overline{A_n})=1-(1-0.2)^n\geqslant 95\%$$

得 $0.8^n \leqslant 0.05 \Rightarrow n \geqslant 14$.

即至少需要 14 门高射炮才能有 95% 以上的把握击中飞机.

例 18 设电路图如图 1.3 所示,其中 1,2,3,4,5 为继电器接点,设各继电器接点闭合与否相互独立,且每一继电器闭合的概率为 p,求 M 至 N 为通路的概率?

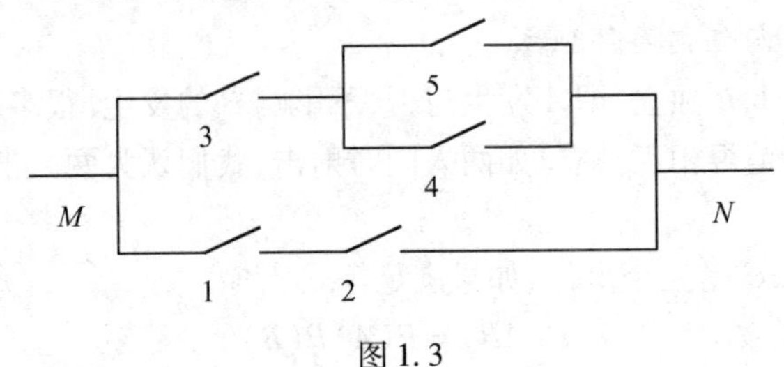

图 1.3

解 设 A_i =“第 i 个继电器接点闭合”, $i = 1,2,\cdots,5$, A =“M 至 N 为通路”

$$A = (A_1A_2) \cup (A_3A_4) \cup (A_3A_5)$$

于是

$$P(A) = P[(A_1A_2) \cup (A_3A_4) \cup (A_3A_5)] = P(A_1A_2) + P(A_3A_4) + P(A_3A_5) - P(A_1A_2A_3A_4) - P(A_1A_2A_3A_5) - P(A_3A_4A_5) + P(A_1A_2A_3A_4A_5)$$

由 A_1, A_2, A_3, A_4, A_5 相互独立可知

$$P(A) = 3p^2 - 2p^4 - p^3 + p^5$$

2. 伯努利概型

随机现象的统计规律性只有在大量重复试验(在相同条件下)中才能表现出来,将一个试验重复独立地进行 n 次,这是一个非常重要的概率模型 —— 伯努利概型.

若试验 E 只有两个可能结果 A 与 $\overline{A}$,且 A 在每次试验中发生的概率为 p(p 与次数无关),则称其为伯努利试验.

对于伯努利试验,独立进行 n 次,事件 A 出现 k 次的概率是我们十分关注的.

定理 1.6 若试验 E 只有两个可能结果 A 与 $\overline{A}$,且 $P(A) = p$(p 与次数无关),在 n 次独立试验中,事件 A 出现 k 次的概率为 $C_n^k p^k (1-p)^{n-k}$.

证明 为了简化,不妨假设在 n 次试验中,前 k 次事件 A 出现,在后 $n-k$ 次事件 $\overline{A}$ 出现,由独立性可知其概率为 $p^k (1-p)^{n-k}$,但在 1 至 n 中任选 k 个的方法共有 C_n^k(或$\binom{n}{k}$)种,因此其概率为 $C_n^k p^k (1-p)^{n-k}$.

例 19 设在 M 件产品中,有 N 件次品,每次抽一件,已知进行 n 次有放回的抽样,试求抽到 k 件次品的概率?

解 每次抽到次品的概率为 $\frac{N}{M} = p$,在 n 次中抽到 k 次,这是一个伯努利概型,其概率为 $C_n^k \left(\frac{N}{M}\right)^k \left(1 - \frac{N}{M}\right)^{n-k}$.

例 20 一张高等数学试卷,有 10 道题是单项选择题,每题有 4 个选项,其中只有一个

是正确答案，让一位没有学过高等数学的人，随意选择，问他至少答对6道题的概率是多少？

解　易知每题答对的概率为$\frac{1}{4}$，这是一个十重伯努利试验，A=“他至少答对6道题”

$$P(A)=\sum_{k=6}^{10}C_{10}^{k}\left(\frac{1}{4}\right)^{k}\left(1-\frac{1}{4}\right)^{10-k}=0.0197\ 3$$

人们在长期实践中总结出一个“小概率事件原则”，即在一个试验中小概率事件是几乎不能发生的. 因此我们认为选择题数量大时，试卷的可信度也是高的.

百花园

例21　A,B为任意两事件，化简$(A\cup B)(A\cup\overline{B})(\overline{A}\cup B)$.

解　$(A\cup B)(A\cup\overline{B})(\overline{A}\cup B)=[A\cup AB\cup A\overline{B}\cup B\overline{B}](\overline{A}\cup B)=A(\overline{A}\cup B)=AB$.

例22　设事件A,C互不相容，证明$(A\cup B)-C=A\cup(B-C)$.

证明　左$=(A\cup B)\overline{C}=A\overline{C}\cup B\overline{C}$，又$A,C$互不相容，$AC=\phi$，从而$A\subset\overline{C}$，于是$A\overline{C}=A$，所以左$=A\cup B\overline{C}$，右$=A\cup B\overline{C}$，故左=右，即有$(A\cup B)-C=A\cup(B-C)$

注：一般情况下，$(A\cup B)-C\neq A\cup(B-C)$.

例23　设$P(A)=0.5,P(B)=0.3$，(1)A与B互不相容；(2)A与B独立，分别求$P(A\cup B),P(A-B)$.

解　(1) $P(A\cup B)=P(A)+P(B)-P(AB)=P(A)+P(B)=0.8$

$$P(A-B)=P(A\overline{B})=P(A)=0.5$$

(2) $P(A\cup B)=P(A)+P(B)-P(AB)=P(A)+P(B)-P(A)P(B)=$
$0.5+0.3-0.5\times0.3=0.65$

$$P(A-B)=P(A\overline{B})=P(A)P(\overline{B})=0.5\times0.7=0.35$$

例24　设$P(A)=0.6,P(B)=0.8,P(B\mid\overline{A})=0.2$，求$P(A\mid B)$.

解　由$P(B\mid\overline{A})=0.2$，可知

$$\frac{P(B\overline{A})}{P(\overline{A})}=\frac{P(B)-P(AB)}{1-P(A)}=0.2\Rightarrow P(AB)=0.72$$

所以

$$P(A\mid B)=\frac{P(AB)}{P(B)}=\frac{0.72}{0.8}=0.9$$

例25　将一枚均匀的骰子掷两次，则两次中每次最小点数为4的概率？

解　每枚骰子有6种结果，所以样本空间为36个基本事件，而所求概率的事件

$$A=\{(4,4),(4,5),(4,6),(5,4),(6,4)\}$$

故$P(A)=\frac{5}{36}$.

例 26 从 0,1,2,…,9 十个数中任意选出三个不同的数字,试求下列事件的概率:

$A_1=\{$三个数字中不含 0 和 5$\}$;

$A_2=\{$三个数字中不含 0 或 5$\}$;

$A_3=\{$三个数字中含 0 但不含 5$\}$.

解 基本事件总数 C_{10}^3,A_1 中包含的基本事件数为 C_8^3,$P(A_1)=\frac{C_8^3}{C_{10}^3}=\frac{7}{15}$;

A_2 中分解一下:

(i)"含 0 但不含 5" $=B_1$ 有 C_8^2;

(ii)"含 5 但不含 0" $=B_2$ 有 C_8^2;

(iii)"既不含 0 又不含 5" $=B_3$ 有 C_8^3.

$A_2=B_1\cup B_2\cup B_3$,且 B_1,B_2,B_3 互不相容

$$P(A_2)=P(B_1)+P(B_2)+P(B_3)=\frac{C_8^2+C_8^2+C_8^3}{C_{10}^3}=\frac{14}{15}$$

$$P(A_3)=\frac{C_8^2}{C_{10}^3}=\frac{7}{30}$$

例 27 从 5 双不同号码的鞋子中任取 4 只,求此 4 只鞋子中至少有两只鞋子配成一双的概率?

解法 1 $A=$"4 只鞋子至少能配成一双",$\bar{A}=$"4 只鞋子完全不成双",$\bar{A}$ 的基本事件数为 $C_5^4C_2^1C_2^1C_2^1C_2^1$,即从 5 双鞋子中任取 4 双,再从每双鞋子中任取一只,便得到 4 只不同的鞋子,于是

$$P(A)=1-P(\bar{A})=1-\frac{C_5^4C_2^1C_2^1C_2^1C_2^1}{C_{10}^4}=\frac{13}{21}$$

解法 2 4 只鞋子中至少能配成一双,包含两双和一双,配成两双有 C_5^2,配成一双有 $C_5^1C_4^2C_2^1C_2^1$,于是

$$P(A)=\frac{C_5^2+C_5^1C_4^2C_2^1C_2^1}{C_{10}^4}=\frac{13}{21}$$

例 28 将 3 个球(可分辨)随机地投入到 4 个杯子中,假设杯子容纳球的个数不限,试求杯子中球最大个数分别为 1,2,3 的概率?

解 $A_i=$"杯中球最大个数为 i 个",$i=1,2,3$,基本事件总数为 4^3,A_1 发生时 3 个球放 3 个不同的杯子中共有 $C_4^3 3!$,$P(A_1)=\frac{C_4^3 3!}{4^3}=\frac{3}{8}$;

A_2 发生时,2 个球须放在同一个杯子中共有 $C_4^1C_3^2C_3^1$,所以

$$P(A_2)=\frac{C_4^1C_3^2C_3^1}{4^3}=\frac{9}{16}$$

A_3 发生时,3 个球须放在同一个杯子中共有 $C_4^1C_3^3$,于是 $P(A_3)=\frac{C_4^1C_3^3}{4^3}=\frac{1}{16}$.

例 29 50 只铆钉随机地取来用在 10 个部件上,每个部件用 3 个铆钉,其中有 3 个铆钉

强度太弱,若将 3 只强度太弱的铆钉都装在一个部件上,则这个部件强度就太弱,从而成为不合格品,试求这 10 个部件都是合格品的概率?

解　设 A_i =“第 i 个部件合格”,$i=1,2,\cdots,10$,$P(\overline{A_i})=\dfrac{1}{C_{50}^3}$,则

$$P(A_1A_2\cdots A_{10})=1-P(\overline{A_1A_2\cdots A_{10}})=1-P(\overline{A_1}\cup\overline{A_2}\cup\cdots\cup\overline{A_{10}})$$

$\overline{A_1},\overline{A_2},\cdots,\overline{A_{10}}$ 两两互斥,故

$$P(A_1A_2\cdots A_{10})=1-\sum_{i=1}^{10}P(\overline{A_i})=1-\frac{10}{C_{50}^3}=\frac{1\ 959}{1\ 960}$$

例 30　两人约定上午 9∶00 ~ 10∶00 在预定地方相见,先到者要等候 20 分钟,过时则离去,如果每人在这指定的一小时内任一时刻到达是等可能的,求二人能会面的概率?

解　设 x,y 分别表示两人在 9 点后的到达时刻(单位:分钟),则样本空间 $S=\{(x,y)\mid 0\leqslant x,y\leqslant 60\}$,两人能会面的事件 $A=\{(x,y)\mid (x,y)\in S,|x-y|\leqslant 20\}$,如图 1.4 所示.

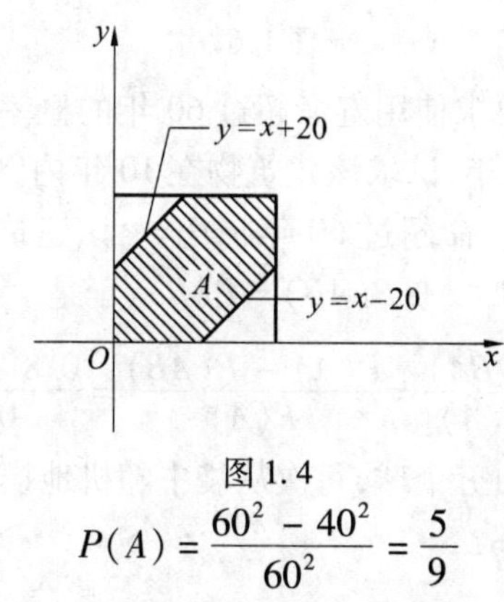

图 1.4

$$P(A)=\frac{60^2-40^2}{60^2}=\frac{5}{9}$$

例 31　线段 OD 长为 a,将 OD 任意折成三段,求这三段能构成三角形的概率?

解　将 OD 放在 x 轴正向,O 点与原点重合,折断点的坐标为 x,y,如图 1.5,则 $0<x<a,0<y<a$,且 $x<y$ 三段长为 $x,y-x,a-y$,要构成三角形,必须两边之和大于第三边,故有

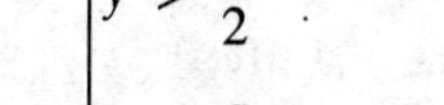

O　x　y　a　x

图 1.5

$$\begin{cases}x+(y-x)>a-y\\x+(a-y)>y-x\\(y-x)+(a-y)>x\end{cases}$$

得

$$\begin{cases}y>\dfrac{a}{2}\\x<\dfrac{a}{2}\\y-x<\dfrac{a}{2}\end{cases}$$

样本空间是$\begin{cases}0 < x < a \\ 0 < y < a \\ x < y\end{cases}$,如图 1.6 所示.

$$P(A) = \frac{S_{\triangle ABC}}{S_{\triangle OEF}} = \frac{1}{4}$$

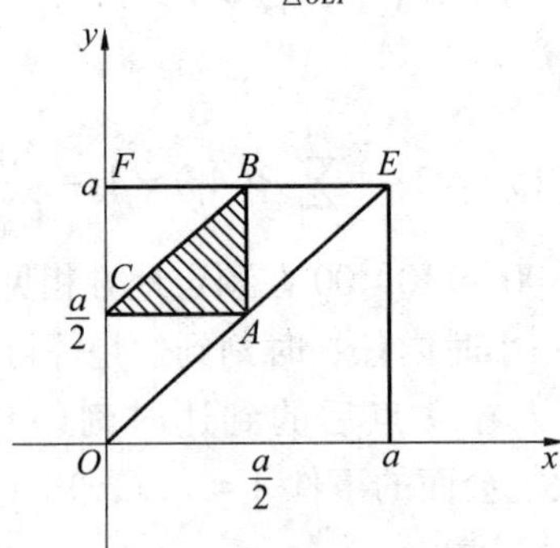

图 1.6

例 32 某建筑物按设计要求使用寿命超过 60 年的概率为 0.8,超过 70 年的概率为 0.75,若该建筑物已使用了 60 年,试求该建筑物在 10 年内倒塌的概率?

解 $A = \{$该建筑物使用寿命超过 60 年$\}$,$B = \{$该建筑物使用寿命超过 70 年$\}$,且 $P(A) = 0.8$,$P(B) = 0.75$,又 $B \subset A$,$P(AB) = P(B)$,于是

$$P(\bar{B} \mid A) = \frac{P(\bar{B}A)}{P(A)} = \frac{P(A) - P(AB)}{P(A)} = \frac{0.8 - 0.75}{0.8} = \frac{1}{16}$$

例 33 袋中装有 4 黑 1 白五个球,每次从袋中随机地摸出一球,并换入一黑球,连续进行,问第三次摸到黑球的概率?

解 $A = \{$第三次摸黑球$\}$,$\bar{A} = \{$第三次摸白球$\}$,$P(\bar{A}) = \frac{4^2 \times 1}{5^3} = \frac{16}{125}$,则

$$P(A) = 1 - P(\bar{A}) = 1 - \frac{16}{125} = \frac{109}{125}$$

例 34 有 10 个零件,其中有 3 个次品,每次从中任取一个零件,取出零件不再放回,求第三次才取得合格品的概率?

解 $A = \{$第三次才取得合格品$\}$,意味着前 2 次都取次品,$A_i = \{$第 i 次取得合格品$\}$

$$P(A) = P(\bar{A}_1\bar{A}_2A_3) = P(\bar{A}_1)P(\bar{A}_2 \mid \bar{A}_1)P(A_3 \mid \bar{A}_1\bar{A}_2) = \frac{3}{10} \times \frac{2}{9} \times \frac{7}{8} = \frac{7}{120}$$

例 35 甲袋有 10 个球,其中有 7 个红球,3 个白球,乙袋有 9 个球,5 个红球,4 个白球,从甲袋任取一球放入乙袋,再从乙袋任取一球,问此球是红球的概率?

解 $A = \{$从乙袋取一红球$\}$,$B = \{$从甲袋取一红球$\}$,$\bar{B} = \{$从甲袋取一白球$\}$,由全概率公式

$$P(A) = P(B)P(A \mid B) + P(\bar{B})P(A \mid \bar{B}) = \frac{7}{10}\frac{6}{10} + \frac{3}{10}\frac{5}{10} = 0.57$$

例 36 假设一厂家生产的仪器,每台以 0.7 的概率可以直接出厂,以 0.3 的概率需进

一步调试,经调试后以0.8的概率可以出厂,以0.2的概率定为不合格产品不能出厂,现该厂生产了 $n(n \geqslant 2)$ 台仪器(假设每台仪器的生产过程相互独立),求

(1) 全部能出厂的概率 α;

(2) 其中恰有两台不能出厂的概率 β;

(3) 其中至少有两台不能出厂的概率 θ.

解　(1) $A=\{$一台出厂$\}$, $B_1=\{$仪器第一次出厂$\}$, $B_2=\{$经调试仪器出厂$\}$, $B_3=\{$调试后不合格$\}$,则

$$P(A)=P(B_1)P(A \mid B_1)+P(B_2)P(A \mid B_2)+P(B_3)P(A \mid B_3)=$$
$$0.7\times 1+0.3\times 0.8+0=0.94$$

所以 $\alpha=(0.94)^n$;

(2) $\beta=\mathrm{C}_n^2(0.06)^2(0.94)^{n-2}$;

(3) $\theta=1-[(0.94)^n+\mathrm{C}_n^1(0.06)(0.94)^{n-1}]$.

例 37　将两信息分别编码为 A 和 B 传递出去,接收台收到时,A 被误收作 B 的概率为 0.02,而 B 被误收作 A 的概率为 0.01,信息 A 与 B 传递的频繁程度为 2∶1,若接收台收到的信息是 A,问原发信息是 A 的概率是多少?

解　设 $A_1=\{$发信息 $A\}$, $A_2=\{$收到信息 $A\}$, $B_1=\{$发信息 $B\}$, $B_2=\{$收到信息 $B\}$

已知 $P(A_1)=\dfrac{2}{3}$, $P(B_1)=\dfrac{1}{3}$, $P(A_2 \mid A_1)=0.98$, $P(B_2 \mid B_1)=0.99$, $P(B_2 \mid A_1)=0.02$, $P(A_2 \mid B_1)=0.01$,于是

$$P(A_1 \mid A_2)=\frac{P(A_1A_2)}{P(A_2)}=\frac{P(A_1)P(A_2 \mid A_1)}{P(A_1)P(A_2 \mid A_1)+P(B_1)P(A_2 \mid B_1)}=$$
$$\frac{\frac{2}{3}\times 0.98}{\frac{2}{3}\times 0.98+\frac{1}{3}\times 0.01}=\frac{196}{197}$$

例 38　考虑一元二次方程 $x^2+Bx+C=0$,其中 B, C 分别是将一枚骰子连续掷两次先后出现的点数,求该方程有实根的概率 p 和有重根的概率 q?

$C=\frac{B^2}{4}$	0	1	0	1	0	0
B	1	2	3	4	5	6
C	1	2	3	4	5	6
$C \leqslant \frac{B^2}{4}$	0	1	2	4	6	6

解　一枚骰子掷两次,基本事件总数为 36,方程有实根的充要条件是 $B^2 \geqslant 4C$ 或 $C \leqslant \dfrac{B^2}{4}$,有重根的充要条件是 $C=\dfrac{B^2}{4}$.

易知有实根的概率 $p=\dfrac{19}{36}$,有重根的概率 $q=\dfrac{2}{36}=\dfrac{1}{18}$.

例 39　已知某种疾病患者的自然痊愈率为 25%,为试验一种新药是否有效,把它给

10 个病人服用,且规定这 10 个病人中至少有 4 人治好,则认为这种药有效,反之认为无效,求:

(1) 虽然新药有效,且把治愈率提高到 35%,但通过试验被否定的概率 p_1;

(2) 新药完全无效,但通过试验被认为有效的概率 p_2.

解 (1) 新药虽然有效,但被否定了,一定是治愈的病人没超过 3 人,故其概率

$$p_1 = \sum_{i=0}^{3} C_{10}^{i} (0.35)^{i} (0.65)^{10-i} \approx 0.513\ 8$$

(2) 药虽无效,靠的是自然痊愈率,药被通过有效,一定是治愈病人至少有 4 人,故其概率

$$p_2 = \sum_{i=4}^{10} C_{10}^{i} (0.25)^{i} (0.75)^{10-i} \approx 0.224\ 1$$

例 40 一个工人看管三台机床,在一小时内机床不需要工人照管的概率:第一台等于 0.9,第二台等于 0.8,第三台等于 0.7,求在一小时内三台机床中最多有一台需要工人照管的概率,各台机床相互独立.

解 设 $A_i = \{$第 i 台机床需要工人照管$\}$, $i = 1,2,3$; $B = \{$最多有一台需要工人照管$\}$

$$B = \overline{A_1}\,\overline{A_2}\,\overline{A_3} + A_1\overline{A_2}\,\overline{A_3} + \overline{A_1}A_2\overline{A_3} + \overline{A_1}\,\overline{A_2}A_3$$

由题设知 $P(\overline{A_1}) = 0.9$, $P(\overline{A_2}) = 0.8$, $P(A_1) = 0.1$, $P(A_2) = 0.2$, $P(A_3) = 0.3$, $P(\overline{A_3}) = 0.7$, $P(B) = P(\overline{A_1}\,\overline{A_2}\,\overline{A_3}) + P(A_1\overline{A_2}\,\overline{A_3}) + P(\overline{A_1}A_2\overline{A_3}) + P(\overline{A_1}\,\overline{A_2}A_3) = P(\overline{A_1})P(\overline{A_2})P(\overline{A_3}) + P(A_1)P(\overline{A_2})P(\overline{A_3}) + P(\overline{A_1})P(A_2)P(\overline{A_3}) + P(\overline{A_1})P(\overline{A_2})P(A_3) = 0.902$.

小　结

概率由随机试验而生,随机试验生成了样本空间,样本空间由所有基本事件组成.

古典概型是满足试验只有有限个基本事件,且每个基本事件发生的可能性相等的概率模型. 计算古典概型中事件 A 的概率,关键需界清试验的基本事件的具体含义,例如,从一副扑克牌中(52 张)任取 5 张,恰有两张一对的概率,古典概型的样本空间数,一般来说很简单,它为 C_{52}^{5}, $A = \{$恰有 2 张一对$\}$,先将 2 张一对选出 $C_{13}^{1}C_{4}^{2}$,然后还有 3 张不同的为 $C_{12}^{3}(C_{4}^{1})^{3}$,这是一个乘法原理,故 $P(A) = \dfrac{C_{13}^{1}C_{4}^{2}C_{12}^{3}(C_{4}^{1})^{3}}{C_{52}^{5}} = 0.423$.

计算事件 A 中包含的基本事件数的方法灵活多样,需要认真考虑,别出现重复或缺少的事件发生,如例 9,有的同学这样计算:先将 2 把能打开门的钥匙选出一把 C_{2}^{1},然后再从 9 把中任取一把,必然能打开门,所以 $P(A) = \dfrac{C_{2}^{1}C_{9}^{1}}{C_{10}^{2}} = \dfrac{18}{45}$,这是错误的,它出现了重复. 一定要学会分析问题和解决问题的能力. 例如,若 n 个人站成一排,其中有 A, B 两人,(1) 问夹在 A, B 之间恰有 r 个人的概率是多少? (2) 如果 n 个人围成一个圆圈,求从 A 到 B 的顺时针方向, A, B 之间恰有 r 个人的概率?

分析 (1) 样本空间 $n!$, A, B 两人之间有 r 个人,分三步(i) 首先从 A, B 两人中任取

1人,有C_2^1;(ii) 再将(i) 中选出者排在第i位,另一人必排在$i+r+1$位,由于$i+r+1\leqslant n,i\leqslant n-r-1$,即(i) 中选出者只有$(n-r-1)$种排法;(iii) 其余$(n-2)$个人,共有$(n-2)!$ 种,于是

$$P(A)=\frac{C_2^1(n-r-1)(n-2)!}{n!}=\frac{2(n-r-1)}{n(n-1)}$$

(2) 圆周排列,样本空间$n!$,A有n种站法,由于顺时针,B只有一种站法,其余$n-2$个人,共有$(n-2)!$ 种,于是$P(A)=\frac{n(n-2)!}{n!}=\frac{1}{n-1}$.

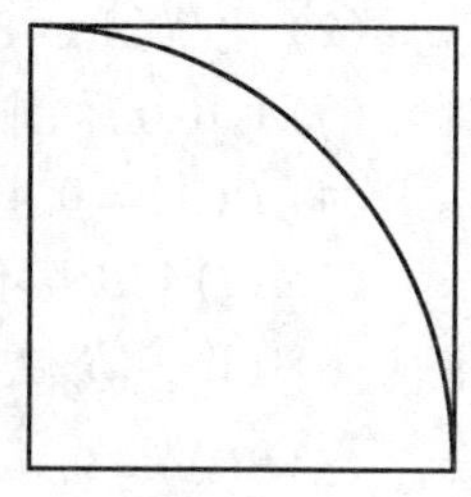

图1.7

将古典概型中的基本事件数只有有限个推广到无限个,并保留等可能性的条件,就是几何概型. 如用蒙特卡罗法求π值,在边长为1的正方形内部画一个半径为1的$\frac{1}{4}$圆(如图1.7),向该正方形"随机地"投掷N个点,落在$\frac{1}{4}$圆内的点的数量为n,由几何概型知n与N的比值应该等于$\frac{1}{4}$圆的面积与正方形面积的比值,即$\frac{n}{N}=\frac{\frac{\pi}{4}}{1}$,于是,$\pi=\frac{4n}{N}$.
(由第5章大数定律可知,N越大,π值越精确.)

概率的公理化定义是从事件的频率的性质得到了启发而出现的. 事件频率具有波动性这是人所共知的,但隐藏在背后的稳定性,却被人们忽略了,概率的公理化定义就是扬弃了频率的波动性,吸收了它的稳定性而得出的.

全概率公式和逆概率公式是概率论中最重要的公式之一

$$P(A)=\sum_{i=1}^{n}P(B_i)P(A\mid B_i)$$

$$P(B_i\mid A)=\frac{P(B_i)P(A\mid B_i)}{\sum_{i=1}^{n}P(B_i)P(A\mid B_i)}\quad(i=1,2,\cdots,n)$$

若把全概率公式中的A看做"果",而完备事件组中的每一个B_i看作"因",则全概率公式反映的是"由因求果"的概率问题,$P(B_i)$是根据以往信息和经验得到的,所以被称为先验概率,而逆概率公式则是"执果溯因"的概率问题,公式中$P(B_i\mid A)$称为后验概率.

事件的独立性是一个非常重要的概念,独立性有助于简化概率计算. 计算相互独立事件的并的概率,可简化为

$$P(A_1\cup A_2\cup\cdots\cup A_n)=1-P(\overline{A_1})P(\overline{A_2})\cdots P(\overline{A_n})$$

伯努利概型是一类很重要的概型.

重要术语及主题

随机试验,样本空间,基本事件,随机事件,事件关系及运算,频率,概率,古典概型,几

何概型，概率的加法公式，条件概率，概率的乘法公式，全概率公式，逆概率公式（贝叶斯公式），事件的独立性，伯努利概型.

习题一

一、填空题

(1) 以 A 表示事件“甲产品畅销，乙产品滞销，则 $\overline{A}$ 表示________.

(2) 化简 $(A\cup B)(A\cup\overline{B})(\overline{A}\cup B)(\overline{A}\cup\overline{B})=$________.

(3) A,B 互斥，则 $P(A\cup B)=$________.

(4) $P(A)=0.4, P(A+B)=0.7$，则

(i) A,B 互不相容，$P(B)=$________.

(ii) A,B 独立，$P(B)=$________.

(5) $P(A)=0.4, P(B)=0.3, P(A\cup B)=0.6$，则 $P(A\overline{B})=$________.

(6) $P(A)=0.7, P(A-B)=0.3$，则 $P(\overline{AB})=$________.

(7) A,B,C 三种报纸，全区订 A 的占45%，订 B 的占35%，订 C 的占30%，同时订 A，B 的占10%，同时订 A,C 的占8%，同时订 B,C 的占5%，同时订 A,B,C 的占3%，则

(i) 只订 A 的有________.

(ii) 只订 A 及 B 的有________.

(iii) 只订一种报的有________.

(iv) 只订两种报的有________.

(v) 至少订一种报的有________.

(vi) 不订报的有________.

(8) 一盒零件12个，其中有10个正品，2个次品，抽2次，每次抽1个（不放回），则第二次抽出是次品的概率为________.

(9) 设10件产品中有4件次品，从中任取2件，已知所取2件中有一件是次品，则另一件也是次品的概率________.

(10) 甲，乙两人独立地对同一目标射击一次，命中率分别为0.6和0.5，现已知目标被命中，则它是甲射中的概率________.

二、单项选择题

(1) 若 $P(AB)=0$，则(　　)正确.

(A) A,B 必互不相容　　(B) AB 必是不可能事件

(C) AB 未必是不可能事件　　(D) $P(A)=0$ 或 $P(B)=0$

(2) $P(A-B)=$(　　).

(A) $P(A)-P(B)$　　(B) $P(A)-P(B)+P(AB)$

(C) $P(A)-P(AB)$　　(D) $P(A)+P(B)-P(AB)$

(3) A,B 是任意两个概率不为0的不相容事件，则正确的是(　　).

(A) $\overline{A}$ 与 $\overline{B}$ 不相容　　(B) $\overline{A}$ 与 $\overline{B}$ 相容

(C) $P(AB)=P(A)P(B)$　　(D) $P(A-B)=P(A)$

(4) 对于事件 A 和 B,下面结论正确的是(　　).

(A) 若 A 与 B 互逆,则 $\bar{A}$ 与 $\bar{B}$ 互逆

(B) 若 A 与 B 互不相容,则 $\bar{A}$ 与 $\bar{B}$ 也互不相容

(C) 若 A 与 B 相容,则 $\bar{A}$ 与 $\bar{B}$ 也相容

(D) 若 $A-B=\phi$,则 A 与 B 互不相容

(5) 对于事件 A 和 B,若 $B\subset A$,$P(B)>0$,则(　　)正确.

(A) $P(\bar{A}\cup\bar{B})=P(\bar{A})$　　(B) $P(\bar{A}\cup\bar{B})=P(\bar{B})$

(C) $P(B\mid A)=P(B)$　　(D) $P(A\mid B)=P(A)$

(6) 设 A,B 是两个随机事件,且 $0<P(A)<1$,$P(B)>0$,$P(B\mid A)=P(B\mid\bar{A})$,则必有(　　).

(A) $P(A\mid B)=P(\bar{A}\mid B)$　　(B) $P(A\mid B)\neq P(\bar{A}\mid B)$

(C) $P(AB)\neq P(A)P(B)$　　(D) $P(AB)=P(A)P(B)$

(7) 假设事件 A,B 满足 $P(B\mid A)=1$,则(　　)正确.

(A) $P(A\bar{B})=0$　　(B) A 为必然事件

(C) $P(B\mid\bar{A})=0$　　(D) $A\subset B$

(8) 袋中有 10 个球,其中有白球 7 个,红球 3 个,甲,乙,丙三人依次从袋中随机抽取一球(不放回),已知丙抽到了红球,则甲,乙抽取不同颜色的球的概率为(　　).

(A) $\frac{2}{19}$　　(B) $\frac{7}{18}$　　(C) $\frac{6}{17}$　　(D) $\frac{5}{24}$

(9) 掷一枚均匀骰子,连掷 10 次,则“2 点”出现 3 次的概率(　　).

(A) $C_{10}^{3}\left(\frac{1}{6}\right)^{3}\left(\frac{5}{6}\right)^{7}$　　(B) $\left(\frac{1}{6}\right)^{3}\left(\frac{5}{6}\right)^{7}$

(C) $C_{10}^{7}\left(\frac{1}{6}\right)^{7}\left(\frac{5}{6}\right)^{3}$　　(D) $\left(\frac{1}{6}\right)^{3}$

(10) 设一射手每次命中目标的概率为 p,对同一目标进行若干次独立射击,直到射中 5 次为止,则射手共射击 10 次的概率为(　　).

(A) $C_{10}^{5}p^{5}(1-p)^{5}$　　(B) $C_{10}^{4}p^{4}(1-p)^{5}$

(C) $C_{9}^{4}p^{5}(1-p)^{5}$　　(D) $C_{9}^{4}p^{4}(1-p)^{5}$

三、计算题

(1) 已知事件 A,B,C 的概率均为 $\frac{1}{4}$,且 $P(AB)=P(BC)=\frac{1}{6}$,$P(AC)=0$,求 A,B,C 都不发生的概率.

(2) 袋中有 8 个球,其中 5 个白球,3 个红球,从中任取 2 个球,求:

(i) 取得的两球是同色的概率;

(ii) 取得的两球至少有一个是白球的概率.

(3) 在共有 10 个座位的小会议室内随机的坐上 6 名与会者,求指定的 4 个座位被坐

满的概率.

(4) 设一年有365天,求下述事件A,B的概率:

$$A=\{n\text{个人中没有2个人生日相同}\}$$
$$B=\{n\text{个人中至少有2个人生日相同}\}$$

(5) 一批零件共100个,其中次品有10个,从中不放回的抽取2次,每次一件,求第一次为次品,第二次为正品的概率.

(6) 某工厂甲,乙,丙三个车间都生产同一种产品,甲占产品的45%,乙占产品的35%,丙占产品的20%,甲,乙,丙的产品次品率分别为4%,2%,5%,现从中任取一件:

(i) 求取到的是次品的概率;

(ii) 经检验发现该产品为次品,求它是甲厂生产的概率.

(7) 某电路由元件A与两个并联元件B,C串联而成,假设各元件是否损坏相互独立,元件A,B,C损坏的概率分别为0.3,0.2,0.1,求该电路不通的概率.

(8) 为了防止意外,在矿内同时设有两种报警系统A与B,每种系统单独使用时,其有效概率分别为0.92和0.93,在A失灵条件下,B有效的概率为0.85,求

(i) 发生意外时,这两个报警系统至少有一个有效的概率;

(ii) B失灵的条件下,A有效的概率.

(9) 12个乒乓球中有9个新球,3个旧球,第一次比赛时,从中任取3个球,用完后放回,第二次比赛又从中任取3个球,求第二次取出的3个球中有2个新球的概率.

(10) 高射炮向敌机发射三发炮弹(每弹击中与否相互独立),设每发炮弹击中敌机的概率均为0.3,又知若敌机中一弹,其坠落的概率为0.2;若敌机中两弹,其坠落的概率为0.6;若敌机中三弹,则必然坠落.

(i) 求敌机被击落的概率;

(ii) 若敌机被击落,求它中两弹的概率.

第 2 章 随机变量及其分布

在第 1 章中的随机试验产生了随机事件，我们希望将随机试验的结果与实数对应起来，将随机试验的结果数量化，引入随机变量的概念.

2.1 随机变量及其分布函数

1. 随机变量

在做随机试验时，我们对试验结果与某个实数相联系非常感兴趣.

例 1 掷一枚硬币有"正面"与"反面"两个结果，我们可将"正面"用数字 1 代替，"反面"用数字 0 代替，量化指标可用 X 表示，即

$$X=\begin{cases}1,\text{出现正面}\\0,\text{出现反面}\end{cases}$$

例 2 有 10 件产品，其中有 4 件次品，任取 3 件，这 3 件中的次品数可为 0,1,2,3，也可用 X 表示.

定义 2.1 设随机试验的样本空间为 $S=\{\omega\}$，$X=X(\omega)$ 是定义在样本空间 S 上的实值单值函数，称 $X=X(\omega)$ 为随机变量.

随机变量可用大写字母 $X,Y,Z,\cdots$ 等表示，也可用希腊字母 $\xi,\zeta,\eta,\cdots$ 等表示.

2. 随机变量的分布函数

定义 2.2 设 X 是随机变量，x 为任意实数，函数 $F(x)=P\{X\leqslant x\}$，称为 X 的分布函数.

分布函数的性质：

(1) $0\leqslant F(x)\leqslant 1\quad(-\infty<x<+\infty)$；

(2) $F(x)$ 为单调不减函数；

(3) $\lim\limits_{x\to-\infty}F(x)=0$ 及 $\lim\limits_{x\to+\infty}F(x)=1$；

(4) 对任意的实数 $x_1<x_2$，有 $P\{x_1<X\leqslant x_2\}=P\{X\leqslant x_2\}-P\{X\leqslant x_1\}=F(x_2)-F(x_1)$；

(5) $F(x)$ 为右连续函数，即 $\lim\limits_{x\to x_0^+}F(x)=F(x_0)$.

2.2 离散型随机变量

当随机变量可能取的值是有限个或可数多个数值时,这样的随机变量称为离散型随机变量,它的分布称为离散型分布.

1. 离散型随机变量的分布律

设 X 为一个离散型随机变量,它可能取的值为 $x_1,x_2,\cdots$,事件 $\{X=x_i\}$ 的概率为 $p_i,i=1,2,\cdots$,用下列表格表示 X 取值的规律:

X	x_1	x_2	$\cdots$	x_i	$\cdots$
概率	p_1	p_2	$\cdots$	p_i	$\cdots$

其中 $0\leqslant p_i\leqslant 1,i=1,2,\cdots$,显然 $\sum\limits_i p_i=1$.

这个表格所表示的函数,称为离散型随机变量 X 的分布律.

例 3 随机变量 X 的分布律为

X	0	1	2
p_i	0.5	a	$2a$

求(1)a;(2) 写出 X 的分布函数 $F(x)$,并画其图像;(3)$P\{-1<X\leqslant\frac{3}{2}\}$.

解 (1) 由 $0.5+a+2a=1\Rightarrow a=\frac{1}{6}$;

(2) 如图 2.1,X 的取值为 0,1,2,这就是分布函数的分段点

$$F(x)=\begin{cases}0 & x<0\\ \dfrac{1}{2} & 0\leqslant x<1\\ \dfrac{1}{2}+\dfrac{1}{6}=\dfrac{2}{3} & 1\leqslant x<2\\ \dfrac{1}{2}+\dfrac{1}{6}+\dfrac{2}{6}=1 & x\geqslant 2\end{cases}$$

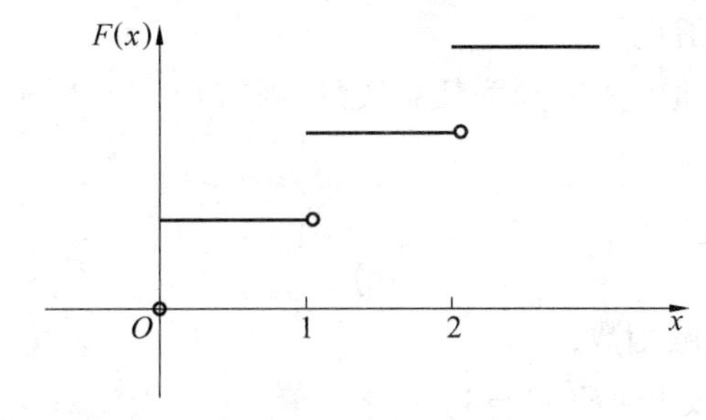

图 2.1

(3)$P\{-1<X\leqslant\frac{3}{2}\}=F(\frac{3}{2})-F(-1)=\frac{2}{3}-0=\frac{2}{3}$ 或

$$P\{-1<X\leqslant \frac{3}{2}\}=P\{X=0\}+P\{X=1\}=\frac{1}{2}+\frac{1}{6}=\frac{2}{3}$$

例4　袋中有4个编号为1,2,3,4的球,从中任取2个球,以X表示取出的球的最小号码,求X的分布律与分布函数.

解　X表示取出的2个球中的最小号码,因此X的所有可能值为1,2,3,$\{X=1\}$表示2个球中的最小号码为1,另一个球可在2,3,4中任取一个,有$C_3^1=3$种;$\{X=2\}$表示2个球中的最小号码为2,另一个球可在3,4中任取一个,有$C_2^1=2$种;$\{X=3\}$表示2个球中的最小号码为3,另一个球只能是4,有$C_1^1=1$种,从4个球中任取2个,有$C_4^2=6$种,由古典概型可知$P\{X=1\}=\frac{C_3^1}{C_4^2}=\frac{1}{2}$,$P\{X=2\}=\frac{C_2^1}{C_4^2}=\frac{1}{3}$,$P\{X=3\}=\frac{1}{C_4^2}=\frac{1}{6}$,因此$X$的分布律为

X	1	2	3
P	$\frac{1}{2}$	$\frac{1}{3}$	$\frac{1}{6}$

分布函数

$$F(x)=\begin{cases}0 & x<1\\ \frac{1}{2} & 1\leqslant x<2\\ \frac{5}{6} & 2\leqslant x<3\\ 1 & x\geqslant 3\end{cases}$$

已知X的分布律,就可以求出其分布函数$F(x)$;反之亦然. 用例4说明,函数$F(x)$的分段点为1,2,3

$$P\{X=1\}=P\{X\leqslant 1\}=F(1)=\frac{1}{2}$$

$$P\{X=2\}=P\{1<X\leqslant 2\}=F(2)-F(1)=\frac{5}{6}-\frac{1}{2}=\frac{1}{3}$$

$$P\{X=3\}=P\{2<X\leqslant 3\}=F(3)-F(2)=1-\frac{5}{6}=\frac{1}{6}$$

X的分布律为

X	1	2	3
P	$\frac{1}{2}$	$\frac{1}{3}$	$\frac{1}{6}$

从上面的分析中我们看出X的分布律与其分布函数$F(x)$对于描述离散型随机变量的取值规律而言是等价的,但使用分布律来刻画其取值规律要更方便直观.

2. 常用的离散型分布

(1)0—1 分布(两点分布)

如果 X 的分布律为

X	0	1
P	$1-p$	p

,其中 $0<p<1$,称 X 的分布为 $0-1$ 分布,记作 $X\sim(0,1)$ 分布.

一般在随机试验中,虽然结果可能很多,但只关注具有某种性质的结果,则可将样本空间重新划分为:A 与 $\overline{A}$,而 A 出现时,定义 $X=1$,$\overline{A}$ 出现时,定义 $X=0$. 如掷骰子,我们只关注"6 点"A,将其余 5 个点都记为 $\overline{A}$,其分布律为

X	0	1
P	$\frac{5}{6}$	$\frac{1}{6}$

(2) 二项分布

二项分布的背景:每次试验都是同一个(0,1) 分布

Z	0	1
P	$1-p$	p

,这样试验独立进行了 n 次,我们希望的事件$\{Z=1\}$ 出现的次数为 X,则 X 的分布律,称为参数为 n,p 的二项分布,记作 $X\sim B(n,p)$.

由第 1 章知道二项分布即是伯努利概型,X 的可能值为 $0,1,2,\cdots,n$,其分布律为

X	0	1	$\cdots$	k	$\cdots$	n
P	$(1-p)^n$	$C_n^1p(1-p)^{n-1}$	$\cdots$	$C_n^kp^k(1-p)^{n-k}$	$\cdots$	p^n

二项分布是概率论中的一个非常重要的分布,很多随机现象都可用二项分布来描述.

例 5 某产品的次品率为 0.02,独立抽取 400 次(放回),问至少抽到 2 次次品的概率?

解 每次抽取都是同一个(0,1) 分布,独立进行 $n=400$ 次,因此这是一个 $X\sim B(400,0.02)$ 二项分布

$$P\{X\geqslant 2\}=1-P\{X=0\}-P\{X=1\}=1-(0.98)^{400}-C_{400}^1 0.02(0.98)^{399}=0.997\ 2$$

例 6 设随机变量 $X\sim B(n,p)$,问 X 为何值时,其概率最大?

解 设 $X=k$ 时,$P\{X=k\}$ 最大,显然$\begin{cases}P\{X=k-1\}\leqslant P\{X=k\}\\P\{X=k+1\}\leqslant P\{X=k\}\end{cases}$,即

$$\begin{cases}C_n^{k-1}p^{k-1}(1-p)^{n-k+1}\leqslant C_n^kp^k(1-p)^{n-k}\\C_n^{k+1}p^{k+1}(1-p)^{n-k-1}\leqslant C_n^kp^k(1-p)^{n-k}\end{cases}\Rightarrow$$

$$\begin{cases}\dfrac{n!\ p^{k-1}}{(k-1)!\ (n-k+1)!}(1-p)^{n-k+1} \leqslant \dfrac{n!\ p^{k}}{k!\ (n-k)!}(1-p)^{n-k} \\ \dfrac{n!\ p^{k+1}}{(k+1)!\ (n-k-1)!}(1-p)^{n-k-1} \leqslant \dfrac{n!\ p^{k}}{k!\ (n-k)!}(1-p)^{n-k}\end{cases} \Rightarrow$$

$$\begin{cases}\dfrac{1-p}{n-k+1} \leqslant \dfrac{p}{k} \\ \dfrac{p}{k+1} \leqslant \dfrac{1-p}{n-k}\end{cases} \Rightarrow (n+1)p-1 \leqslant k \leqslant (n+1)p$$

(1) $(n+1)p$ 不是整数时,取 $k=[(n+1)p]$;

(2) $(n+1)p$ 是整数时,取 $k=(n+1)p$ 或 $(n+1)p-1$.

其中 $[(n+1)p]$ 表示不超过 $(n+1)p$ 的最大整数.

例7 从学校乘汽车到火车站的途中有3个交通岗,假设各个交通岗遇到红灯的事件是相互独立的,其概率都是 $\frac{1}{4}$,设 X 是途中遇到红灯的次数,求随机变量 X 的分布律及至少遇到一次红灯的概率?

解 从学校到火车站的途中有3个交通岗,每次遇到红灯的概率都是 $\frac{1}{4}$,可以认为这是一个三重伯努利试验,因此 $X \sim B(3,\frac{1}{4})$,其分布律为 $P\{X=k\}=C_3^k(\frac{1}{4})^k(\frac{3}{4})^{3-k}$,$k=0,1,2,3$,其分布律为

X	0	1	2	3
P	$\frac{27}{64}$	$\frac{27}{64}$	$\frac{9}{64}$	$\frac{1}{64}$

至少遇到一次红灯的概率为

$$P\{X \geqslant 1\}=1-P\{X=0\}=1-\frac{27}{64}=\frac{37}{64}$$

例8 某保险公司的某种人寿保险有1 000个人投保,每人在一年内死亡的概率为0.005,且每人在一年内是否死亡是相互独立的,试求在未来一年中这1 000个人中死亡人数不超过10人的概率?

解 投保的每个人在未来的一年中,只有两种可能,一是活着,其概率为0.995,另一可能是死亡,其概率是0.005,1 000个人相当于1 000次试验,因此死亡人数X服从参数为1 000,0.005的二项分布,$P\{X \leqslant 10\}=\sum\limits_{k=0}^{10}C_{1\,000}^k(0.005)^k(0.995)^{1\,000-k}$,而要直接计算 $C_{1\,000}^k(0.005)^k(0.995)^{1\,000-k}(k=0,1,\cdots,10)$,是十分麻烦的,下面我们介绍一种简便的近似算法,即泊松定理.

定理2.1 设 $np_n=\lambda$($\lambda>0$ 是一常数,n 是任意正整数),则对任意固定的非负整数 k,有

$$\lim_{n\to\infty}C_n^k p_n^k(1-p_n)^{n-k}=\frac{\lambda^k}{k!}e^{-\lambda}$$

（证明略）

注　当 n 很大，p 很小时 $C_n^k p^k(1-p)^{n-k} \approx \frac{\lambda^k}{k!}e^{-\lambda}$，其中 $\lambda = np$.

在实际计算中，当 $n \geqslant 20, p \leqslant 0.05$ 时，近似效果较好，而当 $n \geqslant 100, np \leqslant 10$ 时，效果更好，$\frac{\lambda^k}{k!}e^{-\lambda}$ 的值有表可查（见本书附表），所以回到例 8，有 $\lambda = 1\,000 \times 0.005 = 5$，于是

$$P\{X \leqslant 10\} \approx \sum_{k=0}^{10} \frac{5^k}{k!}e^{-5} \approx 0.986$$

（3）泊松分布

设随机变量 X 的分布律为 $P\{X=k\} = \frac{\lambda^k}{k!}e^{-\lambda}(k=0,1,2,\cdots)$，称随机变量 X 服从参数为 λ 的泊松分布，其中 $\lambda > 0$，记作 $X \sim P(\lambda)$.

由泊松定理可知，泊松分布可以作为描述大量试验中稀有事件出现的次数 $k=0,1,2,\cdots$ 的概率分布情况的一个数学模型. 比如一页中印刷错误出现的数目；数字通讯中传输数字时发生误码的个数；大量产品中抽样检查时抽到的不合格产品的数量；在一固定的时间间隔内，某地区发生交通事故的次数等，都近似服从泊松分布.

例 9　已知 $X \sim P(\lambda)$，且 $P\{X=2\} = P\{X=3\}$，求 $P\{X \geqslant 1\}$.

解　X 服从泊松分布，由 $P\{X=2\} = P\{X=3\}$ 有，$\frac{\lambda^2}{2!}e^{-\lambda} = \frac{\lambda^3}{3!}e^{-\lambda} \Rightarrow \lambda = 3, \lambda = 0$（舍）

$$P\{X \geqslant 1\} = 1 - P\{X=0\} = 1 - e^{-3} \approx 1 - 0.05 = 0.95$$

例 10　$X \sim P(\lambda)$，则 X 等于多少时，概率最大？

解　设 $X=k$ 时，概率最大

$$\begin{cases} P\{X=k-1\} \leqslant P\{X=k\} \\ P\{X=k+1\} \leqslant P\{X=k\} \end{cases} \Rightarrow \begin{cases} \frac{\lambda^{k-1}}{(k-1)!}e^{-\lambda} \leqslant \frac{\lambda^k}{k!}e^{-\lambda} \\ \frac{\lambda^{k+1}}{(k+1)!}e^{-\lambda} \leqslant \frac{\lambda^k}{k!}e^{-\lambda} \end{cases} \Rightarrow$$

$$\lambda - 1 \leqslant k \leqslant \lambda, k = \begin{cases} [\lambda], & \lambda \text{ 非整数时} \\ \lambda \text{ 或 } \lambda - 1, & \lambda \text{ 为正整数时} \end{cases}$$

$P\{X=k\}$ 最大.

例 11　设 $X \sim B(2,p)$，$Y \sim B(3,p)$，若 $P\{X \geqslant 1\} = \frac{5}{9}$，求 $P\{Y \geqslant 1\}$.

解　$P\{X \geqslant 1\} = 1 - P\{X=0\} = 1 - (1-p)^2 = \frac{5}{9}$，解之得 $p = \frac{1}{3}$，$p = \frac{5}{3}$（舍），从而 $Y \sim B(3, \frac{1}{3})$，于是

$$P\{Y \geqslant 1\} = 1 - P\{Y=0\} = 1 - \left(1 - \frac{1}{3}\right)^3 = \frac{19}{27}$$

例 12　一个电话交换台，每分钟的呼唤次数 $X \sim P(\lambda)$，且 $P\{X=1\} = P\{X=2\}$，求每分钟恰有 4 次呼唤的概率？

解　$P\{X=k\} = \frac{\lambda^k}{k!}e^{-\lambda}(k=0,1,2,\cdots)$，因为 $P\{X=1\} = P\{X=2\}$，于是 $\lambda e^{-\lambda} =$

$\frac{\lambda^2}{2!}e^{-\lambda} \Rightarrow \lambda = 2, \lambda = 0$(舍)$, P\{X = 4\} = \frac{2^4}{4!}e^{-2} = 0.090\ 2.$

(4) 几何分布

背景:每次试验成功的概率都是p,试验独立,当试验成功,试验就停止,随机变量X就是首次成功试验进行的次数,称X服从几何分布,其分布律为

X	1	2	$\cdots$	n	$\cdots$
P	p	$(1-p)p$	$\cdots$	$(1-p)^{n-1}p$	$\cdots$

2.3　连续型随机变量及其分布

1. 概率密度函数及其性质

定义 2.3　设随机变量X的分布函数为$F(x)$,若存在一个非负函数$f(x)$,使对于任意实数x,有

$$F(x) = \int_{-\infty}^{x} f(t)\,dt \tag{2.1}$$

称X为连续型随机变量,其中$f(x)$称为X的概率密度函数,简称概率密度或密度函数.

由式(2.1)可知连续型随机变量X的分布函数$F(x)$是连续函数,由分布函数的性质$F(-\infty)=0, F(+\infty)=1$及$F(x)$单调不减,$F(x)$是一条位于直线$y=0$与$y=1$之间的单调不减的连续曲线.

密度函数$f(x)$具有以下性质:

①$f(x) \geqslant 0$;

②$\int_{-\infty}^{+\infty} f(x)\,dx = 1$;

③$P\{X_1 < X \leqslant X_2\} = F(x_2) - F(x_1) = \int_{x_1}^{x_2} f(x)\,dx$;

④ 若$f(x)$在点x连续,则$F'(x) = f(x)$.

注　连续型随机变量X取任意一点特定值a的概率皆为零,即$P\{X=a\}=0$. 事实上,令$\Delta x > 0$,设X的分布函数为$F(x)$,由$\{X = a\} \subset \{a - \Delta x < X \leqslant a\}$,得$0 \leqslant P\{X = a\} \leqslant P\{a - \Delta x < X \leqslant a\} = F(a) - F(a - \Delta x)$. 由于$F(x)$连续,所以$\lim\limits_{\Delta x \to 0} F(a - \Delta x) = F(a)$,当$\Delta x \to 0$,由两边夹定理可得$P\{X = a\} = 0$.

由此可知,$P\{a \leqslant X \leqslant b\} = P\{a < X \leqslant b\} = P\{a \leqslant X < b\} = P\{a < X < b\}$,就是说在计算连续型随机变量落在某区间的概率时,可不必区分该区间的端点情况.

要注意$P\{A\} = 0$,A未必是不可能事件.

例 13　设连续型随机变量X的密度函数为$f(x) = \begin{cases} Ax, & 0 \leqslant x \leqslant 1 \\ 0, & \text{其他} \end{cases}$,求(1)$A$;(2)分布函数$F(x)$;(3)$P\{0 \leqslant X \leqslant \frac{1}{2}\}$.

解　(1)$\int_{-\infty}^{+\infty} f(x)\,dx = 1$,即

$$\int_0^1 Ax\mathrm{d}x = \frac{A}{2} = 1 \Rightarrow A = 2$$

(2) $F(x) = \int_{-\infty}^{x} f(t)\,\mathrm{d}t = \begin{cases} 0 & x < 0 \\ \int_0^x 2t\mathrm{d}t = x^2 & 0 \leqslant x < 1 \\ 1 & x \geqslant 1 \end{cases}$.

(3) $P\{0 \leqslant X \leqslant \frac{1}{2}\} = F(\frac{1}{2}) - F(0) = \frac{1}{4}$.

例 14 设连续型随机变量 X 的分布函数为 $F(x) = \begin{cases} 0 & x < 0 \\ Ax^2 & 0 \leqslant x < 3 \\ 1 & x \geqslant 3 \end{cases}$.

试求(1)A;(2)X 的密度函数 $f(x)$;(3)$P\{1 < X < 3\}$.

解 (1)$F(3) = 1$,$F(x)$ 是连续函数

$$\lim_{x \to 3^-} F(x) = \lim_{x \to 3^-} Ax^2 = 9A = 1 \Rightarrow A = \frac{1}{9}$$

$$F(x) = \begin{cases} 0 & x < 0 \\ \frac{1}{9}x^2 & 0 \leqslant x < 3 \\ 1 & x \geqslant 3 \end{cases}$$

(2) $f(x) = \begin{cases} \frac{2}{9}x & 0 \leqslant x < 3 \\ 0 & 其他 \end{cases}$.

由定义 2.3 知,改变密度函数 $f(x)$ 在个别点的函数值不影响分布函数 $F(x)$ 的取值,因此,并不在乎改变密度函数在个别点上的值(如在 $x=0$ 或 $x=3$ 上 $f(x)$ 的值),正是由于这个原因,当 $F(x)$ 仅有有限个不可导点时,X 的密度函数 $f(x)$ 可以这样取:$F'(x)=f(x)$.

(3) $P\{1 < X < 3\} = \int_1^3 \frac{2}{9}x\mathrm{d}x = \frac{1}{9}x^2 \Big|_1^3 = \frac{8}{9}$.

2. 常用的连续型分布

(1) 均匀分布

若连续型随机变量 X 的密度函数为 $f(x) = \begin{cases} \frac{1}{b-a} & a < x < b \\ 0 & 其他 \end{cases}$,称 X 在区间 (a,b) 上服从均匀分布,记作 $X \sim U(a,b)$,若 $a \leqslant x \leqslant b$,记作 $X \sim U[a,b]$,其分布函数

$$F(x) = \int_{-\infty}^{x} f(t)\,\mathrm{d}t = \begin{cases} 0 & x < a \\ \frac{x-a}{b-a} & a \leqslant x < b \\ 1 & x \geqslant b \end{cases}$$

当 $a \leqslant c < d \leqslant b$ 时,则

$$P\{c < X < d\} = \int_c^d \frac{1}{b-a}\mathrm{d}x = \frac{d-c}{b-a}$$

而

$$P\{X \leqslant a\} = \int_{-\infty}^{a} 0\mathrm{d}x = 0, P\{X \geqslant b\} = \int_{b}^{+\infty} 0\mathrm{d}x = 0$$

$$P\{a < X < b\} = \int_{a}^{b} \frac{1}{b-a}\mathrm{d}x = 1$$

因此在区间(a,b)上服从均匀分布的随机变量以概率1在区间(a,b)内取值，而以概率0在区间(a,b)以外取值，并且X值落入(a,b)中任一子区间中的概率与子区间的长度成正比，而与子区间的位置无关.

例 15　已知某公共汽车站从早6:00开始发车，每10分钟发一辆，某乘客到站的时间服从时间6点～6点20分之间的均匀分布，试求他等车的时间不少于5分钟的概率？

解　到站时间$X \sim U[0,20]$，密度函数为$f(x) = \begin{cases} \frac{1}{20} & 0 \leqslant x \leqslant 20 \\ 0 & 其他 \end{cases}$，等车时间不少于5分钟，乘客必须在6：00～6：05之间或6：10～6：15之间到达车站，他等车时间的概率为

$$P\{0 < X < 5\} + P\{10 < X < 15\} = \frac{5}{20} + \frac{5}{20} = \frac{1}{2}$$

例 16　设随机变量$X \sim U[2,5]$，对X进行三次独立观测，试求至少有两次观测值大于3的概率？

解　X的密度函数$f(x) = \begin{cases} \frac{1}{3} & 2 < x < 5 \\ 0 & 其他 \end{cases}$，$P\{X > 3\} = \int_{3}^{5} \frac{1}{3}\mathrm{d}x = \frac{2}{3}$，即每次观测$X > 3$的概率为$\frac{2}{3}$，三次独立观测中观测值大于3的次数$Y \sim B(3, \frac{2}{3})$，$P\{Y \geqslant 2\} = C_3^2(\frac{2}{3})^2\frac{1}{3} + C_3^3(\frac{2}{3})^3 = \frac{20}{27}$.

这是一个均匀分布与二项分布的联合题目.

例 17　设随机变量$\xi \sim U[1,6]$，求方程$x^2 + \xi x + 1 = 0$有实根的概率？

解　方程$x^2 + \xi x + 1 = 0$有实根的充分必要条件是$\Delta = \xi^2 - 4 \geqslant 0$，其概率为$P\{\xi^2 - 4 \geqslant 0\} = P\{|\xi| \geqslant 2\} = P\{\xi \leqslant -2\} + P\{\xi \geqslant 2\}$，由于$\xi \sim U[1,6]$，其密度函数$f(x) = \begin{cases} \frac{1}{5} & 1 < x < 6 \\ 0 & 其他 \end{cases}$，因此

$$P\{\xi^2 - 4 \geqslant 0\} = P\{\xi \leqslant -2\} + P\{\xi \geqslant 2\} = 0 + \int_{2}^{6} \frac{1}{5}\mathrm{d}x = \frac{4}{5}$$

(2) 指数分布

如果随机变量X的密度函数为$f(x) = \begin{cases} \lambda \mathrm{e}^{-\lambda x} & x > 0 \\ 0 & x \leqslant 0 \end{cases}$，其中$\lambda > 0$为常数，称$X$服从参数为$\lambda$的指数分布，记作$X \sim E(\lambda)$，其分布函数

$$F(x) = \int_{-\infty}^{x} f(t)\mathrm{d}t = \begin{cases} 0 & x \leqslant 0 \\ \int_{0}^{x} \lambda \mathrm{e}^{-\lambda t}\mathrm{d}t = 1 - \mathrm{e}^{-\lambda x} & x > 0 \end{cases}$$

一些产品的寿命都近似服从指数分布,指数分布具有“无记忆性”,即对于任意 $s,t>0$,有 $P\{X>s+t \mid X>s\}=P\{X>t\}$,如果用 X 表示某一元件的寿命,那么上式表明,在已知元件已使用了 s 小时的条件下,它还能再至少使用 t 小时的概率,与从开始使用时算起它至少使能用 t 小时的概率相等. 这就是说元件对它使用了 s 小时没有记忆,当然,指数分布描述的是无老化时的寿命分布,但“无老化”是不可能的,这只是一种近似,对一些寿命长的元件,在初期阶段,指数分布较好地描述了其寿命分布的情况.

事实上

$$P\{X>s+t \mid X>s\}=\frac{P\{X>s,X>s+t\}}{P\{X>s\}}=\frac{P\{X>s+t\}}{P\{X>s\}}=$$

$$\frac{1-F(s+t)}{1-F(s)}=\frac{\mathrm{e}^{-\lambda(s+t)}}{\mathrm{e}^{-\lambda s}}=\mathrm{e}^{-\lambda t}=P\{X>t\}$$

(3) 正态分布

若随机变量 X 的密度函数为 $f(x)=\frac{1}{\sqrt{2\pi}\sigma}\mathrm{e}^{-\frac{(x-\mu)^2}{2\sigma^2}}$, $-\infty<x<+\infty$, μ,σ 为常数($\sigma>0$),称随机变量 X 服从参数为 μ,σ 的正态分布,记作 $X\sim N(\mu,\sigma^2)$.

显然 $f(x)\geqslant 0$,下面证明 $\int_{-\infty}^{+\infty}f(x)\,\mathrm{d}x=1$.

$$\int_{-\infty}^{+\infty}f(x)\,\mathrm{d}x=\int_{-\infty}^{+\infty}\frac{1}{\sqrt{2\pi}\sigma}\mathrm{e}^{-\frac{(x-\mu)^2}{2\sigma^2}}\mathrm{d}x\xlongequal{\frac{x-\mu}{\sigma}=t}\int_{-\infty}^{+\infty}\frac{1}{\sqrt{2\pi}}\mathrm{e}^{-\frac{t^2}{2}}\mathrm{d}t=\frac{1}{\sqrt{2\pi}}\sqrt{2\pi}=1$$

(由高等数学可知泊松积分 $\int_{-\infty}^{+\infty}\mathrm{e}^{-x^2}\mathrm{d}x=\sqrt{\pi}$)

正态分布是概率论和数理统计中最重要的分布之一,只要一个随机变量是由许多相互独立的微小的随机因素的综合影响所形成的,那么就可以断定,随机变量服从或近似服从正态分布(这是我们在第 5 章中心极限定理中给出的说明).

当 $\mu=0,\sigma^2=1$ 时,X 的密度函数记作 $\varphi(x)=\frac{1}{\sqrt{2\pi}}\mathrm{e}^{-\frac{x^2}{2}}$, $-\infty<x<+\infty$,称 X 服从标准正态分布,记作 $X\sim N(0,1)$,其分布函数 $\Phi(x)=\int_{-\infty}^{x}\frac{1}{\sqrt{2\pi}}\mathrm{e}^{-\frac{t^2}{2}}\mathrm{d}t$,标准正态分布的密度函数 $\varphi(x)=\frac{1}{\sqrt{2\pi}}\mathrm{e}^{-\frac{x^2}{2}}$ 的图像,如图 2.2 所示.

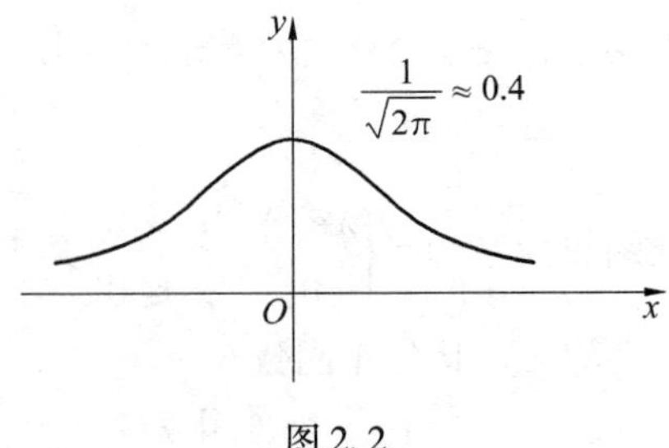

图 2.2

其图像关于 $x=0$ 对称,显然 $\Phi(-x)=1-\Phi(x)$,而 $X\sim N(\mu,\sigma^2)$ 的密度函数 $f(x)=$

$\frac{1}{\sqrt{2\pi}\sigma}e^{-\frac{(x-\mu)^2}{2\sigma^2}}$ 的图像,如图2.3所示.

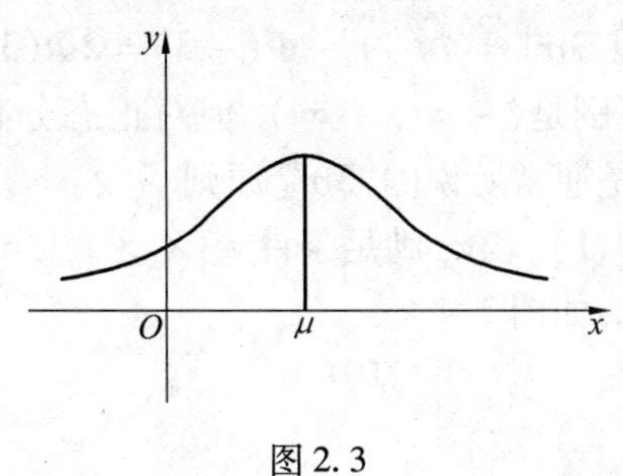

图2.3

具有以下性质:

① 曲线关于 $x=\mu$ 对称,这表示对于任意的 $h>0$,有 $P\{\mu-h<x\leqslant\mu\}=P\{\mu<x\leqslant\mu+h\}$;

② 当 $x=\mu$ 时,$f(\mu)=\frac{1}{\sqrt{2\pi}\sigma}$ 为最大值.

x 离 μ 越远,$f(x)$ 的值越小,这表示对于长度一样的区间,当区间离 μ 越远,X 落在这个区间上的概率越小,在 $x=\mu\pm\sigma$ 处曲线有拐点.

人们已将 $\Phi(x)$ 编制成函数表,可供查用(见附表).

若 $X\sim N(\mu,\sigma^2)$,我们可通过一个线性变换就能将它化成标准正态分布.

定理2.2　若 $X\sim N(\mu,\sigma^2)$,则 $Z=\frac{X-\mu}{\sigma}\sim N(0,1)$.

证明　设 $Z=\frac{X-\mu}{\sigma}$ 的分布函数 $F(x)=P\{Z\leqslant x\}=P\{\frac{X-\mu}{\sigma}\leqslant x\}=P\{X\leqslant\mu+\sigma x\}=$

$\frac{1}{\sqrt{2\pi}\sigma}\int_{-\infty}^{\mu+\sigma x}e^{-\frac{(t-\mu)^2}{2\sigma^2}}dt\overset{\frac{t-\mu}{\sigma}=u}{=\!=\!=}\frac{1}{\sqrt{2\pi}}\int_{-\infty}^{x}e^{-\frac{u^2}{2}}du=\Phi(x)$,由此可知

$$Z=\frac{X-\mu}{\sigma}\sim N(0,1)$$

于是 $X\sim N(\mu,\sigma^2)$,则它的分布函数 $F(x)$ 可写成

$$F(x)=P\{X\leqslant x\}=P\{\frac{X-\mu}{\sigma}\leqslant\frac{x-\mu}{\sigma}\}=\Phi(\frac{x-\mu}{\sigma})$$

对于任意区间 $(x_1,x_2]$ 有

$$P\{x_1<X\leqslant x_2\}=P\{\frac{x_1-\mu}{\sigma}<\frac{X-\mu}{\sigma}\leqslant\frac{x_2-\mu}{\sigma}\}=\Phi(\frac{x_2-\mu}{\sigma})-\Phi(\frac{x_1-\mu}{\sigma})$$

$Z=\frac{X-\mu}{\sigma}$ 称为随机变量 X 的标准化.

例18　设 $X\sim N(\mu,\sigma^2)$,求①$P\{\mu-\sigma<X<\mu+\sigma\}$;②$P\{\mu-2\sigma<X<\mu+2\sigma\}$;③$P\{\mu-3\sigma<X<\mu+3\sigma\}$.

解　①$P\{\mu-\sigma<X<\mu+\sigma\}=P\{-1<\frac{X-\mu}{\sigma}<1\}=\Phi(1)-\Phi(-1)=$

$2\Phi(1)-1\approx 0.6826$;

②$P\{\mu-2\sigma<X<\mu+2\sigma\}=\Phi(2)-\Phi(-2)=2\Phi(2)-1=0.9544$;

③$P\{\mu-3\sigma<X<\mu+3\sigma\}=\Phi(3)-\Phi(-3)=2\Phi(3)-1=0.9974$.

我们看到尽管 X 取值范围是$(-\infty,+\infty)$,但对正态分布它的值落在$(\mu-3\sigma,\mu+3\sigma)$内几乎是必然的,这就是通常所说的“$3\sigma$”原则.

定义 2.4 设 $X\sim N(0,1)$,若 z_α 满足条件 $P\{X>z_\alpha\}=\alpha, 0<\alpha<1$,则称点 z_α 为标准正态分布的上 α 分位点,如图 2.4.

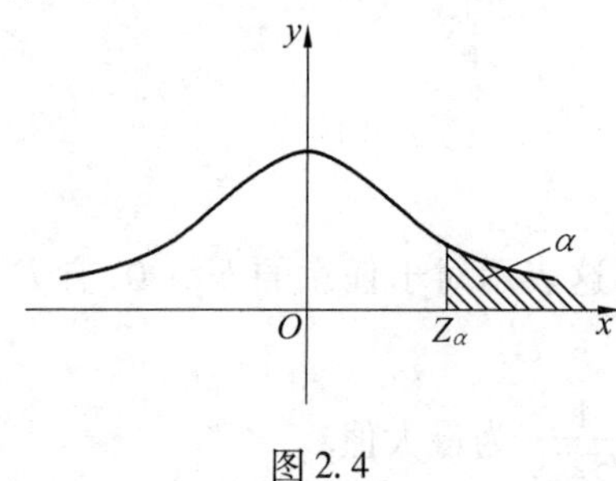

图 2.4

下面列出几个常用的 z_α 值

α	0.001	0.005	0.01	0.025	0.05	0.10
z_α	3.090	2.576	2.327	1.96	1.645	1.282

由 $\varphi(x)$ 图像的对称性可知 $z_{1-\alpha}=-z_\alpha$.

例 19 已知 $X\sim N(8,0.5^2)$,求①$P\{7.5\leqslant X\leqslant 10\}$;②$P\{X\leqslant 9\}$;③$P\{|X-9|<0.5\}$;④$P\{X>7\}$.

解 ①$P\{7.5\leqslant X\leqslant 10\}=P\{\frac{7.5-8}{0.5}\leqslant\frac{X-8}{0.5}\leqslant\frac{10-8}{0.5}\}=\Phi(4)-\Phi(-1)=$

$$\Phi(4)+\Phi(1)-1\approx 0.8413$$

②$P\{X\leqslant 9\}=P\{\frac{X-8}{0.5}\leqslant\frac{9-8}{0.5}\}=\Phi(2)\approx 0.97725$;

③$P\{|X-9|<0.5\}=P\{8.5<X<9.5\}=P\{1<\frac{X-8}{0.5}<3\}=\Phi(3)-\Phi(1)\approx 0.1573$;

④$P\{X>7\}=1-P\{X\leqslant 7\}=1-P\{\frac{X-8}{0.5}\leqslant\frac{7-8}{0.5}\}=1-\Phi(-2)=\Phi(2)\approx 0.97725$.

例 20 某地区抽样调查表明,考生的外语成绩(百分制)X 服从正态分布 $N(72,\sigma^2)$,且 96 分以上的考生占考生总数的 2.3%,试求考生的外语成绩在 60 分至 84 分之间的概率.

解 由已知条件 $P\{X\geqslant 96\}=0.023$,得

$$P\{X\geqslant 96\}=1-P\{X<96\}=1-P\{\frac{X-72}{\sigma}<\frac{96-72}{\sigma}\}=1-\Phi(\frac{24}{\sigma})=0.023$$

从而 $\Phi(\frac{24}{\sigma})=0.977$,查表可得$\frac{24}{\sigma}=2\Rightarrow\sigma=12, X\sim N(72,12^2)$,于是

$$P\{60 \leqslant X \leqslant 84\} = P\{\frac{60-72}{12} \leqslant \frac{X-72}{12} \leqslant \frac{84-72}{12}\} =$$

$$\Phi(1) - \Phi(-1) = 2\Phi(1) - 1 = 0.6826$$

例 21　在电压不超过 200 V,200 ~ 240 V,超过 240 V 三种情况下,某种电子元件损坏的概率分别为 0.1,0.001 和 0.2,假设电压 $\xi \sim N(220, 25^2)$,试求(1) 该电子元件损坏的概率 α;(2) 该电子元件损坏时,电源电压在 200 ~ 240 V 的概率 β.

解　先把电压三种情况的概率计算出来

$$P\{\xi \leqslant 200\} = \Phi(\frac{200-220}{25}) = \Phi(-0.8) = 1 - \Phi(0.8) = 0.212$$

$$P\{200 < \xi \leqslant 240\} = \Phi(\frac{20}{25}) - \Phi(-\frac{20}{25}) = 2\Phi(-0.8) - 1 = 0.576$$

$$P\{\xi > 240\} = 1 - P\{\xi \leqslant 240\} = 1 - \Phi(0.8) = 0.212$$

(1) 由全概率公式 $\alpha = 0.1 \times 0.212 + 0.001 \times 0.576 + 0.2 \times 0.212 = 0.0642$;

(2) 由逆概率公式 $\beta = \dfrac{0.001 \times 0.576}{0.0642} = 0.009$.

2.4　随机变量函数的分布

已知随机变量 X 的分布,自然要提出其函数 $Y = g(X)$ 的分布如何求,这就是随机变量函数的分布.

1. 离散型随机变量函数

设离散型随机变量 X 的分布律为

X	x_1	x_2	$\cdots$	x_n	$\cdots$
P	p_1	p_2	$\cdots$	p_n	$\cdots$

,$g(x)$ 是一个已知函数,$Y = g(X)$ 是 X 的函数,则随机变量 Y 的分布律为

$Y = g(X)$	$g(x_1)$	$g(x_2)$	$\cdots$	$g(x_n)$	$\cdots$
$P\{Y = g(x_n)\}$	p_1	p_2	$\cdots$	p_n	$\cdots$

但要注意,如果 $g(x_n)$ 的值中有相等的,则应把相等的值分别合并,同时把对应的概率 p_i 相加.

例 22　设 X 的分布律为

X	-2	-1	0	1	2
P	$\frac{1}{10}$	$\frac{3}{10}$	$\frac{1}{10}$	$\frac{1}{10}$	$\frac{4}{10}$

,求 ①$Y = 2X - 1$;②$Y = X^2$;③$Y = \sin X$ 的分布律.

解　①

$Y = 2X - 1$	-5	-3	-1	1	3
P	$\frac{1}{10}$	$\frac{3}{10}$	$\frac{1}{10}$	$\frac{1}{10}$	$\frac{4}{10}$

②

$Y=X^2$	0	1	4
P	$\frac{1}{10}$	$\frac{4}{10}$	$\frac{5}{10}$

③

$Y=\sin X$	$-\sin 2$	$-\sin 1$	0	$\sin 1$	$\sin 2$
P	$\frac{1}{10}$	$\frac{3}{10}$	$\frac{1}{10}$	$\frac{1}{10}$	$\frac{4}{10}$

2. 连续型随机变量 X 的函数

设 X 为连续型随机变量,其密度函数为 $f_X(x)$,$g(x)$ 是一个已知的连续函数,求随机变量 $Y=g(X)$ 的分布函数 $F_Y(y)$,还可以进一步求 Y 的密度函数 $f_Y(y)$.

由分布函数的定义得 Y 的分布函数为

$$F_Y(y)=P\{Y\leqslant y\}=P\{g(X)\leqslant y\}=P\{X\in D_g\}=\int_{D_g}f_X(x)\mathrm{d}x$$

其中 $D_g=\{x\mid g(x)\leqslant y\}$ 为实数轴上的某个集合.

由 $F'_Y(y)=f_Y(y)$,可求其密度函数.

例 23 设 $X\sim U(0,1)$,求 ①$Y=X^2$;②$Y=\mathrm{e}^X$;③$Y=-2\ln X$ 的密度函数.

解 X 的密度函数为 $f_X(x)=\begin{cases}1 & 0<x<1\\0 & 其他\end{cases}$.

① 设 Y 的分布函数为 $F_Y(y)$,由定义可知

$$F_Y(y)=P\{Y\leqslant y\}=P\{X^2\leqslant y\}=\begin{cases}0 & y<0\\P\{-\sqrt{y}\leqslant X\leqslant\sqrt{y}\} & y\geqslant 0\end{cases}=$$

$$\begin{cases}0 & y<0\\\int_{-\sqrt{y}}^{\sqrt{y}}f_X(x)\mathrm{d}x & y\geqslant 0\end{cases}=$$

$$\begin{cases}0 & y<0\\\int_0^{\sqrt{y}}\mathrm{d}x & 0\leqslant y<1\\1 & y\geqslant 1\end{cases}=\begin{cases}0 & y<0\\\sqrt{y} & 0\leqslant y<1\\1 & y\geqslant 1\end{cases}$$

其密度函数为

$$f_Y(y)=F'_Y(y)=\begin{cases}\dfrac{1}{2\sqrt{y}} & 0<y<1\\0 & 其他\end{cases}$$

② 设其分布函数为 $F_Y(y)$,由定义可知 $F_Y(y)=P\{Y\leqslant y\}=P\{\mathrm{e}^X\leqslant y\}$,因为 X 只能取$(0,1)$ 中的值,所以 y 值小于等于 1 是不可能的,大于等于 e 是必然的,所以

$$F_Y(y)=\begin{cases}0 & y\leqslant 1\\ P\{X\leqslant \ln y\} & 1<y<\mathrm{e}\\ 1 & y\geqslant \mathrm{e}\end{cases}=\begin{cases}0 & y\leqslant 1\\ \int_0^{\ln y}\mathrm{d}x & 1<y<\mathrm{e}\\ 1 & y\geqslant \mathrm{e}\end{cases}=\begin{cases}0 & y\leqslant 1\\ \ln y & 1<y<\mathrm{e}\\ 1 & y\geqslant \mathrm{e}\end{cases}$$

其密度函数为$f_Y(y)=F'_Y(y)=\begin{cases}\dfrac{1}{y} & 1<y<\mathrm{e}\\ 0 & 其他\end{cases}$;

③设其分布函数为$F_Y(y)$,由定义可知$F_Y(y)=P\{Y\leqslant y\}=P\{-2\ln X\leqslant y\}$,注意到$X$只能取$(0,1)$中的值,$-2\ln X$取值为$(0,+\infty)$,所以$y\leqslant 0$是不可能的,于是

$$F_Y(y)=\begin{cases}P\{X\geqslant \mathrm{e}^{-\frac{y}{2}}\} & y>0\\ 0 & y\leqslant 0\end{cases}=\begin{cases}\int_{\mathrm{e}^{-\frac{y}{2}}}^{+\infty}f_X(x)\mathrm{d}x & y>0\\ 0 & y\leqslant 0\end{cases}=$$

$$\begin{cases}\int_{\mathrm{e}^{-\frac{y}{2}}}^{1}\mathrm{d}x & y>0\\ 0 & y\leqslant 0\end{cases}=$$

$$\begin{cases}1-\mathrm{e}^{-\frac{y}{2}} & y>0\\ 0 & y\leqslant 0\end{cases}$$

所以

$$f_Y(y)=F'_Y(y)=\begin{cases}\dfrac{1}{2}\mathrm{e}^{-\frac{y}{2}} & y>0\\ 0 & y\leqslant 0\end{cases}$$

例24　$X\sim N(0,1)$,求$Y=X^2$的密度函数.

解　X的密度函数$f_X(x)=\dfrac{1}{\sqrt{2\pi}}\mathrm{e}^{-\frac{x^2}{2}}$, $-\infty<x<+\infty$,设Y的分布函数$F_Y(y)$,由定义可知

$$F_Y(y)=P\{Y\leqslant y\}=P\{X^2\leqslant y\}=\begin{cases}0 & y\leqslant 0\\ P\{-\sqrt{y}\leqslant X\leqslant \sqrt{y}\} & y>0\end{cases}=$$

$$\begin{cases}0 & y\leqslant 0\\ \int_{-\sqrt{y}}^{\sqrt{y}}\dfrac{1}{\sqrt{2\pi}}\mathrm{e}^{-\frac{x^2}{2}}\mathrm{d}x & y>0\end{cases}=\begin{cases}0 & y\leqslant 0\\ \dfrac{2}{\sqrt{2\pi}}\int_0^{\sqrt{y}}\mathrm{e}^{-\frac{x^2}{2}}\mathrm{d}x & y>0\end{cases}$$

所以其密度函数

$$f_Y(y)=F'_Y(y)=\begin{cases}0 & y\leqslant 0\\ \dfrac{1}{\sqrt{2\pi y}}\mathrm{e}^{-\frac{y}{2}} & y>0\end{cases}$$

这个分布称为$\chi^2(1)$分布,在数理统计中我们经常用到$\chi^2(n)$分布,这是一个非常重要的分布.

百花园

例 25 设随机变量 X 的分布律如下

X	-1	0	2
P	a^2+2a	$2a^2$	a^2+a

,求参数 a.

解 由 $a^2+2a+2a^2+a^2+a=1$,得 $4a^2+3a-1=0$,于是 $a=\frac{1}{4}$ 或 $a=-1$,又 $P>0$,故 $a=\frac{1}{4}$.

例 26 下列函数可以作为随机变量分布函数的是 ( )

(A) $F(x)=\frac{1}{1+x^2}$ (B) $F(x)=\frac{3}{4}+\frac{1}{2\pi}\arctan x$

(C) $F(x)=\begin{cases}0 & x\leqslant 0\\ \frac{x}{1+x} & x>0\end{cases}$ (D) $F(x)=\frac{2}{\pi}\arctan x+1$

解 对于(A) $F(+\infty)=0\neq 1$;对于(B) $F(-\infty)=\frac{1}{2}\neq 0$;对于(D) $F(+\infty)=2\neq 1$;易验证(C)为正确答案.

例 27 设连续型随机变量 X 的分布函数为

$$F(x)=\begin{cases}0 & x<-a\\ A+B\arcsin\frac{x}{a} & -a\leqslant x\leqslant a\\ 1 & x>a\end{cases}$$

(1) 求参数 A,B;(2) 求 X 的密度函数 $f(x)$.

解 (1) 因 X 为连续型随机变量,故其分布函数 $F(x)$ 是连续函数,故有

$$F(-a-0)=F(a+0)=F(a)$$

即

$$\begin{cases}A-\frac{\pi}{2}B=0\\ A+\frac{\pi}{2}B=1\end{cases}\Rightarrow A=\frac{1}{2},B=\frac{1}{\pi}$$

(2)
$$f(x)=F'(x)=\begin{cases}\frac{1}{\pi\sqrt{a^2-x^2}} & -a<x<a\\ 0 & \text{其他}\end{cases}$$

注 连续型随机变量的分布函数,可能在有限个点,甚至可列个点不可导,但在由分布函数求导而得密度函数时,不可导的点可直接令 $f(x)=0$.

例 28 设随机变量 X 的密度函数为 $f(x)$,且 $f(-x)=f(x)$,$F(x)$ 是 X 的分布函数,

则对任意实数 a 有 ( )

(A) $F(-a)=1-\int_0^a f(x)\mathrm{d}x$ (B) $F(-a)=\frac{1}{2}-\int_0^a f(x)\mathrm{d}x$

(C) $F(-a)=F(a)$ (D) $F(-a)=2F(a)-1$

解 由 $f(-x)=f(x)$，得 $\int_{-\infty}^0 f(x)\mathrm{d}x=\frac{1}{2}$，$F(-a)=\int_{-\infty}^{-a}f(x)\mathrm{d}x \xlongequal{x=-t} -\int_{+\infty}^{a}f(-t)\mathrm{d}t=\int_a^{+\infty}f(x)\mathrm{d}x=1-\int_{-\infty}^{a}f(x)\mathrm{d}x=1-[\int_{-\infty}^{0}f(x)\mathrm{d}x+\int_0^a f(x)\mathrm{d}x]=\frac{1}{2}-\int_0^a f(x)\mathrm{d}x$. 故选(B).

例 29 设随机变量 $X\sim N(\mu,\sigma^2)$，则随 σ 的增大，概率 $P\{|X-\mu|<\sigma\}$ ( )

(A) 单调增大 (B) 单调减小

(C) 有增有减 (D) 保持不变

解 因为 $P\{|X-\mu|<\sigma\}=P\{|\frac{X-\mu}{\sigma}|<1\}=2\Phi(1)-1$ 为常数，故选(D).

例 30 $X\sim N(\mu,4^2)$，$Y\sim N(\mu,5^2)$，记 $P_1=P\{X\leqslant\mu-4\}$，$P_2=P\{Y\geqslant\mu+5\}$，则 ( )

(A) 对任意实数 μ，都有 $P_1=P_2$ (B) 对任意实数 μ，都有 $P_1<P_2$

(C) 对任意实数 μ，都有 $P_1>P_2$ (D) 只对个别的 μ 值，才有 $P_1=P_2$

解 $P_1=P\{X\leqslant\mu-4\}=P\{\frac{X-\mu}{4}\leqslant\frac{-4}{4}\}=\Phi(-1)=1-\Phi(1)$

$P_2=P\{Y\geqslant\mu+5\}=1-P\{Y<\mu+5\}=1-P\{\frac{Y-\mu}{5}<\frac{5}{5}\}=1-\Phi(1)$

所以选择(A).

例 31 若 $X\sim N(2,\sigma^2)$ 且 $P\{2<X<4\}=0.3$，求 $P\{X<0\}$.

解 因为 $P\{2<X<4\}=P\{\frac{2-2}{\sigma}<\frac{X-2}{\sigma}<\frac{4-2}{\sigma}\}=\Phi(\frac{2}{\sigma})-\Phi(0)=0.3$，所以 $\Phi(\frac{2}{\sigma})=0.8$，$P\{X<0\}=P\{\frac{X-2}{\sigma}<\frac{-2}{\sigma}\}=\Phi(-\frac{2}{\sigma})=1-\Phi(\frac{2}{\sigma})=0.2$.

例 32 设随机变量 $X\sim U[a,b]\,(a>0)$，且 $P\{0<X<3\}=\frac{1}{4}$，$P\{X>4\}=\frac{1}{2}$. 求(1) X 的密度函数；(2) $P\{1<X<5\}$.

解 (1) 已知 $X\sim U[a,b]$，由 $P\{0<X<3\}=\frac{1}{4}$，得 $\frac{3-a}{b-a}=\frac{1}{4}$，由 $P\{X>4\}=\frac{1}{2}$，得 $\frac{b-4}{b-a}=\frac{1}{2}$，即 $\begin{cases}\frac{3-a}{b-a}=\frac{1}{4}\\ \frac{b-4}{b-a}=\frac{1}{2}\end{cases}$，解得 $a=2$，$b=6$，所以 X 的密度函数 $f_X(x)=\begin{cases}\frac{1}{4} & 2\leqslant x\leqslant 6\\ 0 & 其他\end{cases}$.

(2) $P\{1<X<5\}=\frac{5-2}{6-2}=\frac{3}{4}$.

例 33 将三封信随机投入四个信箱，求没有信的信箱数 X 的分布律.

解 三封信随机投入四个信箱，共有 4^3 种方法，而没有信的信箱，只能是或 1，或 2，或 3，$\{X=1\}$ 时，只有一个空信箱，另外三个信箱，一个信箱一封信，所有共有 $C_4^3\cdot 3!$ 种

$$P\{X=1\}=\frac{C_4^3\cdot 3!}{4^3}=\frac{24}{64}$$

$\{X=3\}$ 时，只有一个信箱装有 3 封信，共有 $C_4^1C_3^3$，$P\{X=3\}=\frac{C_4^1C_3^3}{4^3}=\frac{4}{64}$，于是 $P\{X=2\}=1-P\{X=1\}-P\{X=3\}=\frac{36}{64}$，$X$ 的分布律为

X	1	2	3
P	$\frac{24}{64}$	$\frac{36}{64}$	$\frac{4}{64}$

例 34 一射手对同一目标独立进行 4 次射击，如果命中目标至少一次的概率为$\frac{65}{81}$，求命中目标恰有一次的概率？

解 设每次击中目标的概率为 p，4 次独立射击，击中目标的次数 $X\sim B(4,p)$，由已知可知，$P\{X=0\}=1-P\{X\geqslant 1\}=1-\frac{65}{81}=\frac{16}{81}=(1-p)^4\Rightarrow p=\frac{1}{3}$，恰好击中一次

$$P\{X=1\}=C_4^1\left(\frac{1}{3}\right)\left(\frac{2}{3}\right)^3=\frac{32}{81}$$

例 35 假设随机变量 $X\sim E(\lambda)$，求随机变量 $Y=\min\{X,2\}$ 的分布函数.

解 X 的分布函数 $F_X(x)=\begin{cases}1-e^{-\lambda x} & x>0\\ 0 & x\leqslant 0\end{cases}$，$Y=\min\{X,2\}$，设 Y 的分布函数为 $F_Y(y)$，由定义可知

$$F_Y(y)=P\{Y\leqslant y\}=P\{\min(X,2)\leqslant y\}=\begin{cases}P\{X\leqslant y\} & y<2\\ 1 & y\geqslant 2\end{cases}=$$

$$\begin{cases}\int_{-\infty}^{y}f_X(x)\mathrm{d}x & y<2\\ 1 & y\geqslant 2\end{cases}=\begin{cases}0 & y<0\\ \int_0^y\lambda e^{-x}\mathrm{d}x & 0\leqslant y<2\\ 1 & y\geqslant 2\end{cases}=$$

$$\begin{cases}0 & y<0\\ 1-e^{-\lambda y} & 0\leqslant y<2\\ 1 & y\geqslant 2\end{cases}$$

例 36 使用了 t 小时的电子管在以后的 Δt 小时内损坏的概率等于 $\lambda\Delta t+o(\Delta t)$，其中 $\lambda>0$ 常数，求电子管在 T 小时内损坏的概率？

解 设随机变量 X 是电子管的寿命，则 X 的分布函数

$$F(t)=P\{X\leqslant t\}$$

$$F(t+\Delta t)=P\{X\leqslant t+\Delta t\}=P\{X\leqslant t\}+P\{t<X\leqslant t+\Delta t\}=$$
$$P\{X\leqslant t\}+P\{X>t\}P\{X\leqslant t+\Delta t\mid X>t\}=$$

$$F(t)+[1-F(t)][\lambda\Delta t+o(\Delta t)]=$$

$$\frac{F(t+\Delta t)-F(t)}{\Delta t}=[1-F(t)][\lambda+\frac{o(\Delta t)}{\Delta t}]$$

令 $\Delta t\to 0$，得 $\frac{dF(t)}{\mathrm{d}t}=\lambda[1-F(t)]$，这是一个可分离变量的微分方程，$\frac{\mathrm{d}F(t)}{1-F(t)}=\lambda\mathrm{d}t\Rightarrow F(t)=1-\mathrm{e}^{-\lambda t}$，所以 $F(T)=P\{X\leqslant T\}=1-\mathrm{e}^{-\lambda T}$.

例 37　设一只昆虫所生的虫卵数 $X\sim P(\lambda)$，而每个虫卵发育成为幼虫的概率为 p，并且各个虫卵是否发育成幼虫是相互独立的，证明：一只昆虫所生的幼虫数 $Y\sim P(\lambda p)$.

证明　$P\{X=m\}=\frac{\lambda^m}{m!}\mathrm{e}^{-\lambda}$，$m=0,1,2,\cdots$，设 m 个虫卵发育的幼虫数为 Y，$Y\sim B(m,p)$，即 $P\{Y=k\mid X=m\}=\mathrm{C}_m^k p^k(1-p)^{m-k}$，$k=0,1,2,\cdots,m$，按全概率公式

$$P\{Y=k\}=\sum_{m=0}^{\infty}P\{X=m\}P\{Y=k\mid X=m\}$$

因为 $m<k$，$P\{Y=k\mid X=m\}=0$，所以有

$$P\{Y=k\}=\sum_{m=0}^{\infty}P\{X=m\}P\{Y=k\mid X=m\}=\sum_{m=k}^{\infty}\frac{\lambda^m}{m!}\mathrm{e}^{-\lambda}\frac{m!}{k!(m-k)!}p^k(1-p)^{m-k}=$$

$$\frac{(\lambda p)^k}{k!}\mathrm{e}^{-\lambda}\sum_{m=k}^{\infty}\frac{[\lambda(1-p)]^{m-k}}{(m-k)!}=\frac{(\lambda p)^k}{k!}\mathrm{e}^{-\lambda}\mathrm{e}^{\lambda(1-p)}=\frac{(\lambda p)^k}{k!}\mathrm{e}^{-\lambda p},k=0,1,2,\cdots$$

即 $Y\sim P(\lambda p)$，证毕.

小　结

随机变量 $X=X(\omega)$ 是定义在样本空间 $S=\{\omega\}$ 上的实值单值函数. 随机变量与普通变量的区别，就是随机变量取值有一定的概率.

$$\text{随机变量}\begin{cases}\text{离散型}\\\text{非离散型}\begin{cases}\text{连续型}\\\text{其他}\end{cases}\end{cases}$$

有了随机变量，引入了分布函数 $F(x)=P\{X\leqslant x\}$，$-\infty<x<+\infty$，即随机变量 X 落在 $(-\infty,x]$ 上的概率，因此 X 落在实轴上的任意区间 $(x_1,x_2]$ 上的概率也用 $F(x)$ 表示，即 $P\{x_1<X\leqslant x_2\}=F(x_2)-F(x_1)$，因此掌握了随机变量 X 的分布函数，就了解了随机变量的统计规律性.

注意连续型随机变量的分布函数 $F(x)$ 一定是连续的，但反之未必.

对于连续型随机变量 X，要掌握已知密度函数 $f(x)$ 求分布函数 $F(x)$ 的方法，以及已知 $F(x)$ 求 $f(x)$ 的方法，对于 $F(x)$ 个别点不可导的地方，可令此点密度函数的值为 0.

一定要掌握分布函数，密度函数，分布律的性质.

必须熟练掌握 0 - 1 分布，二项分布，泊松分布，均匀分布，指数分布，正态分布.

求随机变量 X 的函数 $Y=g(X)$ 的分布时，我们一律采用分布函数法.

重要术语及主题

随机变量，分布函数，离散型随机变量及其分布律，0 - 1 分布，二项分布，泊松分布，

连续型随机变量及其密度函数，均匀分布，指数分布，正态分布，随机变量函数的分布.

习题二

一、填空题

(1) 设离散型随机变量 X 的分布律为 $P\{X=i\}=p^i, i=1,2,\cdots,n,\cdots$，其中 $0<p<1$，则 $p=$________.

(2) 某一大批产品的合格律为98%，现随机地从这批产品中抽取20个产品，则抽得的20个产品恰好有 k 个 $(k=0,1,2,\cdots,20)$ 合格品的概率是________.

(3) 在一次试验中事件 A 发生的概率为 p，则在 n 次独立试验中 A 至少发生一次的概率是________，A 至多发生一次的概率是________.

(4) 设随机变量 X 的分布律为 $P\{X=k\}=\dfrac{c}{2^k k!}, k=0,1,2,\cdots$，则 $c=$________.

(5) 已知随机变量 X 的密度函数为 $f(x)=\begin{cases}\dfrac{A}{x^3} & x\geqslant 1\\ 0 & \text{其他}\end{cases}$，则(i) $A=$________；

(ii) X 的分布函数 $F(x)=$________；(iii) $P\{X\leqslant 2\}=$________.

(6) 已知随机变量 X 的密度函数为 $f(x)=\begin{cases}kx+1 & 0\leqslant x\leqslant 2\\ 0 & \text{其他}\end{cases}$，则 $k=$________.

(7) $X\sim U[0,1]$，则 $P\{X^2-\dfrac{3}{4}X+\dfrac{1}{8}\geqslant 0\}=$________.

(8) 设 $X\sim N(\mu,\sigma^2)$，$F(x)$ 为其分布函数，则对任意实数 a，有 $F(\mu+a)+F(\mu-a)=$________.

(9) $X\sim N(1,4)$，$Y\sim N(2,9)$，$P_1=P\{X\leqslant -1\}$，$P_2=P\{Y\geqslant 5\}$，则 $P_1-P_2=$________.

(10) 设随机变量 X 的密度函数为 $f(x)=\begin{cases}4x^3 & 0<x<1\\ 0 & \text{其他}\end{cases}$，又 a 为 $(0,1)$ 中一点，且 $P\{X>a\}=P\{X<a\}$，则 $a=$________.

二、单项选择题

(1) 作为随机变量 X 的分布函数 $F(x)$ 可以写成(　　).

(A) $F(x)=\begin{cases}0 & x<0\\ 4x^{4x} & x\geqslant 0\end{cases}$　　(B) $F(x)=\begin{cases}0 & x<0\\ \dfrac{1}{3} & 0\leqslant x\leqslant 1\\ 1 & x>1\end{cases}$

(C) $F(x)=\begin{cases}0 & x<0\\ \dfrac{1-x}{2} & 0\leqslant x\leqslant 1\\ 1 & x>1\end{cases}$　　(D) $F(x)=\begin{cases}0 & x<0\\ \sin x & 0\leqslant x<\dfrac{\pi}{2}\\ 1 & x\geqslant \dfrac{\pi}{2}\end{cases}$

(2) 设离散型随机变量 X 的分布率为 $P\{X=i\}=\dfrac{a}{i(i+1)}, i=1,2,\cdots$，则 $P\{X<5\}=($ $)$.

(A) $\dfrac{2}{5}$ (B) $\dfrac{2}{9}$ (C) $\dfrac{4}{5}$ (D) $\dfrac{5}{6}$

(3) 设连续型随机变量 X 的密度函数为 $f(x)=\begin{cases} x^2 e^{-\frac{x^3}{3}} & x>0 \\ 0 & x\leqslant 0 \end{cases}$，则 $P\{|x|<1\}=$ ( ).

(A) $e^{-\frac{1}{3}}$ (B) $1-e^{-\frac{1}{3}}$ (C) $e^{\frac{1}{3}}-e^{-\frac{1}{3}}$ (D) $e^{\frac{1}{3}}-1$

(4) 设随机变量 X 的概率密度为 $f(x)=\begin{cases} x^2 & 0<x<3 \\ 0 & \text{其他} \end{cases}$，以 Y 表示对 X 的三次独立重复观察中 $\{X\leqslant 1\}$ 出现的次数，则 $P\{Y=2\}=($ $)$.

(A) $\dfrac{2}{9}$ (B) $\dfrac{1}{9}$ (C) $\dfrac{4}{9}$ (D) $\dfrac{1}{3}$

(5) 设连续型随机变量 X 的分布函数 $F(x)=\begin{cases} A+Be^{-\lambda x} & x>0 \\ 0 & x\leqslant 0 \end{cases}(\lambda>0)$，则 $P\{-1\leqslant X<1\}=($ $)$.

(A) $e^{\lambda}-e^{-\lambda}$ (B) $1-e^{-\lambda}$ (C) $\dfrac{1}{2}(1+e^{-\lambda})$ (D) $\dfrac{1}{2}(1+e^{\lambda})$

(6) $X\sim N(2\,012, 2\,010^2)$，且 $P\{X>c\}=P\{X\leqslant c\}$，则 $c=($ $)$.

(A) 0 (B) 2 010 (C) 2 011 (D) 2 012

(7) 设 $X\sim N(\mu,\sigma^2)$，$\mu<0$，$f(x)$ 为 X 的密度函数，则对任何正数 $a>0$，有( ).

(A) $f(a)<f(-a)$ (B) $f(a)=f(-a)$

(C) $f(a)>f(-a)$ (D) $f(a)+f(-a)=1$

(8) $X\sim N(\mu,\sigma^2)$，则概率 $P\{X\leqslant 1+\mu\}$ ( ).

(A) 随 μ 的增大而变大 (B) 随 μ 的增大而减小

(C) 随 σ 的增大而增大 (D) 随 σ 的增大而减小

(9) 设随机变量 X 的密度函数为 $f(x)=\begin{cases} \dfrac{1}{3} & x\in[0,1] \\ \dfrac{2}{9} & x\in[3,6] \\ 0 & \text{其他} \end{cases}$，若 $P\{X\geqslant k\}=\dfrac{2}{3}$，则 k 的取值范围( ).

(A) $[0,3]$ (B) $[1,4]$ (C) $[1,3]$ (D) $[2,4]$

(10) 设 $F_1(x)$ 和 $F_2(x)$ 都是随机变量的分布函数，则为使 $F(x)=aF_1(x)-bF_2(x)$ 是某随机变量的分布函数，必须满足( ).

(A) $a=\dfrac{3}{5}, b=-\dfrac{2}{5}$ (B) $a=\dfrac{2}{3}, b=-\dfrac{2}{3}$

(C) $a=-\frac{1}{2}, b=\frac{3}{2}$　　(D) $a=-\frac{1}{2}, b=-\frac{3}{2}$

三、计算题

(1) 设随机变量 X 的分布函数为 $F(x)=\begin{cases}0 & x<-2 \\ \frac{1}{5} & -2 \leqslant x<1 \\ \frac{7}{10} & 1 \leqslant x<3 \\ 1 & x \geqslant 3\end{cases}$,求 X 的分布律?

(2) 口袋里装有5个白球,3个黑球,若取出的是黑球,则不放回而另外放入1个白球,这样继续下去,直到取出的球是白球为止,试求抽取次数 X 的分布律?

(3) 甲,乙射手轮流射击一个目标,击中为止,甲击中概率为0.5,乙击中概率为$\frac{1}{3}$,甲先乙后,写出一共射击次数 X 的分布律.

(4) 随机变量 X 的密度函数为 $f(x)=\begin{cases}A\cos\frac{x}{2} & 0 \leqslant x \leqslant \pi \\ 0 & \text{其他}\end{cases}$,对 X 独立观察4次,用 Y 表示观察值大于$\frac{\pi}{3}$的次数,求(i) A;(ii) Y 的分布律.

(5) 设 $X \sim N(-1,16)$,计算下列概率:

(i) $P\{X<2.44\}$;(ii) $P\{X>-1.5\}$;(iii) $P\{X<-2.8\}$;(iv) $P\{|X|<4\}$;

(v) $P\{-5<X<2\}$;(vi) $P\{|X-1|>1\}$

(6) 设某流水生产线上生产的每个产品为不合格品的概率为 p,当生产 k 个不合格品时,立即停止生产进行大修,求在两次大修之间产品总数的分布律.

(7) 自动生产线在调整以后出现废品的概率为 p,生产过程中出现废品时,立即重新进行调整,求在两次调整之间生产的合格品数 X 的分布律.

(8) 某仪器装有3只独立工作的同型号电子元件,其寿命(单位:小时)都服从同一指数分布,密度函数为 $f(x)=\begin{cases}\frac{1}{600}e^{-\frac{x}{600}} & x>0 \\ 0 & x \leqslant 0\end{cases}$,试求在仪器使用的最初200小时内,至少有一只电子元件损坏的概率.

(9) 设某班车起点站上客人数 $X \sim P(\lambda)$,每位乘客在中途下车的概率为 $p(0<p<1)$,且中途下车与否都相互独立,以 Y 表示中途下车的人数,求在发车时有 n 个乘客的条件下,中途有 m 个人下车的概率.

(10) 某校大学一年级数学的考试成绩 X 近似服从正态分布 $N(70,10^2)$,按考分从高到低排名,第100名的成绩为60分,问第20名的成绩是多少分?

(11) 设随机变量 $X \sim U[0,1]$,求 $Y=X+1$ 的密度函数.

第 3 章

多维随机变量及其分布

在许多实际问题中,除了用一个随机变量来描述随机试验的结果外,还经常需要用两个或两个以上的随机变量来描述试验结果,例如研究某地区小学一年级的学生身体情况,首先应观察身高 h 及体重 w,这里样本空间 $S=\{e\}=\{$该地区的小学一年级的全部学生$\}$,而 $h(e)$,$w(e)$ 是定义在 S 上的两个随机变量,又如,某钢厂炼钢时必须考察炼出的钢 e 的硬度 $X(e)$,含碳量 $Y(e)$ 和含硫量 $Z(e)$,这是定义在同一个 $S=\{e\}$ 上的三个随机变量,本章为简明起见,只介绍二维随机变量.

3.1 二维随机变量及其分布

1. 二维随机变量的定义及其分布函数

定义 3.1 设随机试验 E,其样本空间 $S=\{e\}$,设 $X(e)$ 与 $Y(e)$ 是定义在样本空间 S 上的两个随机变量,称 $(X(e),Y(e))$ 为 S 上的二维随机变量或二维随机向量,简记为 (X,Y).

类似地可定义 n 维随机向量.

与一维随机变量相仿,对于二维随机变量,也要通过分布函数来描述其概率分布规律.

定义 3.2 设 (X,Y) 是二维随机变量,对于任意实数 x 和 y,称二元函数

$F(x,y)=P\{X\leqslant x,Y\leqslant y\}$ 为二维随机变量 (X,Y) 的分布函数,或称为随机变量 X 和 Y 的联合分布函数.

类似地,可定义 n 维随机变量的分布函数.

如果将二维随机变量 (X,Y) 看成是平面上随机点的坐标,则分布函数 $F(x,y)$ 在 (x,y) 处的函数值是随机点 (X,Y) 落在如图 3.1 所示的,以点 (x,y) 为顶点,而位于该点左下方的无穷矩形域内的概率(阴影部分).

分布函数 $F(x,y)$ 具有以下基本性质:

(1) $0\leqslant F(x,y)\leqslant 1$;

(2) $F(+\infty,+\infty)=1$, $F(-\infty,y)=F(x,-\infty)=F(-\infty,-\infty)=0$;

(3) $F(x,y)$ 是变量 x 和 y 的不减函数,即对固定的 x,当 $y_2>y_1$ 时,$F(x,y_2)\geqslant$

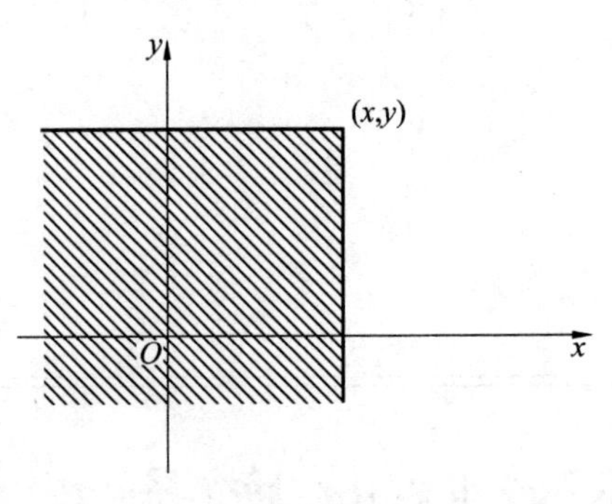

图 3.1

$F(x,y_1)$，对固定的 y，当 $x_2>x_1$ 时，$F(x_2,y)\geqslant F(x_1,y)$；

(4) $F(x,y)$ 关于 x 右连续，关于 y 右连续，即

$$F(x+0,y)=F(x,y);F(x,y+0)=F(x,y)$$

(5) 对任意的 $x_1<x_2,y_1<y_2$ 有 $P\{x_1<X\leqslant x_2,y_1<Y\leqslant y_2\}=F(x_2,y_2)-F(x_2,y_1)-F(x_1,y_2)+F(x_1,y_1)$.

与一维随机变量一样，我们仅讨论二维随机变量的两种类型：离散型与连续型.

2. 二维离散型随机变量

定义 3.3 若二维随机变量 (X,Y) 的所有可能取值是有限对或可数无穷多对，称 (X,Y) 为二维离散型随机变量.

设二维离散型随机变量 (X,Y) 的一切可能取值为 (x_i,y_j)，记 $P\{X=x_i,Y=y_j\}=p_{ij}$，$i,j=1,2,\cdots$，称之为 (X,Y) 的(联合)分布律或(联合)概率分布.

也可用表 3.1 表示

表 3.1

X \ Y	y_1	y_2	$\cdots$	y_j	$\cdots$
x_1	p_{11}	p_{12}	$\cdots$	p_{1j}	$\cdots$
x_2	p_{21}	p_{22}	$\cdots$	p_{2j}	$\cdots$
$\vdots$	$\vdots$	$\vdots$		$\vdots$	$\vdots$
x_i	p_{i1}	p_{i2}	$\cdots$	p_{ij}	$\cdots$
$\vdots$	$\cdots$	$\cdots$	$\cdots$	$\cdots$	$\cdots$

由概率的定义可知 p_{ij} 具有以下性质：

(1) 非负性　$p_{ij}\geqslant 0,i,j=1,2,\cdots$；

(2) 规范性　$\sum\limits_{i=1}\sum\limits_{j=1}p_{ij}=1$.

例 1 设二维离散型随机变量 (X,Y) 的分布律如下所示，求(1) a；(2) (X,Y) 的分布函数 $F(x,y)$.

X \ Y	0	1
0	a	$\frac{3}{10}$
1	$\frac{3}{10}$	$3a$

解　(1) 由规范性可知

$$a+\frac{3}{10}+\frac{3}{10}+3a=1\Rightarrow a=\frac{1}{10}$$

(2) $$F(x,y)=P\{X\leqslant x,Y\leqslant y\}=\begin{cases}0 & x<0\text{ 或 }y<0\\ \frac{1}{10} & 0<x<1,0<y<1\\ \frac{1}{10}+\frac{3}{10}=\frac{2}{5} & 0<x<1,y\geqslant 1\\ \frac{1}{10}+\frac{3}{10}=\frac{2}{5} & x\geqslant 1,0<y<1\\ 1 & x\geqslant 1,y\geqslant 1\end{cases}$$

例 2　盒中装有 5 个球,分别标有号码 1,2,3,4,5,现从这盒中任取 3 个球,X,Y 分别表示取出球的最大标号和最小标号,求随机变量 (X,Y) 的分布律.

解　最大值 X 可能取值为 3,4,5,最小值 Y 可能取值为 1,2,3.

X \ Y	1	2	3
3	$\frac{1}{10}$	0	0
4	$\frac{2}{10}$	$\frac{1}{10}$	0
5	$\frac{3}{10}$	$\frac{2}{10}$	$\frac{1}{10}$

$P\{X=3,Y=1\}=\frac{C_1^1}{C_5^3}=\frac{1}{10}$,$P\{X=4,Y=1\}=\frac{C_2^1}{C_5^3}=\frac{2}{10}$,$P\{X=5,Y=1\}=\frac{C_3^1}{C_5^3}=\frac{3}{10}$,

$P\{X=5,Y=2\}=\frac{C_2^1}{C_5^3}=\frac{2}{10}$,$P\{X=4,Y=2\}=\frac{C_1^1}{C_5^3}=\frac{1}{10}$,$P\{X=5,Y=3\}=\frac{C_1^1}{C_5^3}=\frac{1}{10}$.

3. 二维连续型随机变量

定义 3.4　设随机变量 (X,Y) 的分布函数为 $F(x,y)$,如果存在一个非负可积函数 $f(x,y)$,使得对任意的实数 x,y 有,$F(x,y)=P\{X\leqslant x,Y\leqslant y\}=\int_{-\infty}^{x}\int_{-\infty}^{y}f(u,v)\mathrm{d}u\mathrm{d}v$,称 (X,Y) 为二维连续型随机变量,称 $f(x,y)$ 为 (X,Y) 的联合分布密度函数或概率密度.

按定义概率密度 $f(x,y)$ 具有以下性质:

(1) $f(x,y) \geqslant 0$;

(2) $\int_{-\infty}^{+\infty}\int_{-\infty}^{+\infty} f(x,y)\,\mathrm{d}x\mathrm{d}y = F(+\infty, +\infty) = 1$;

(3) 设 D 是平面 xOy 上的区域,点 (X,Y) 落在 D 内的概率为

$$P\{(X,Y) \in D\} = \iint_D f(x,y)\,\mathrm{d}x\mathrm{d}y$$

(4) 若 $f(x,y)$ 在点 (x,y) 连续,则有 $\dfrac{\partial^2 F(x,y)}{\partial x \partial y} = f(x,y)$;

(5) $P\{(X,Y) \in L\} = 0$, L 是平面内任一条曲线.

例 3 设二维随机变量 (X,Y) 的概率密度为 $f(x,y) = \begin{cases} Axy & 0 \leqslant x \leqslant 1, 0 \leqslant y \leqslant 1 \\ 0 & \text{其他} \end{cases}$.

(1) 确定常数 A; (2) (X,Y) 的分布函数; (3) $P\{X < Y\}$.

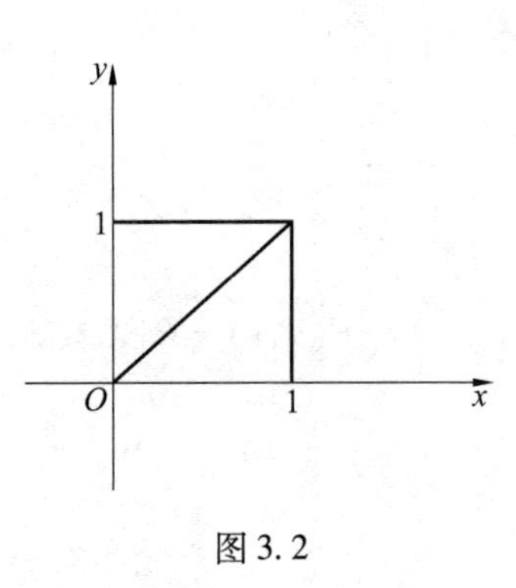

图 3.2

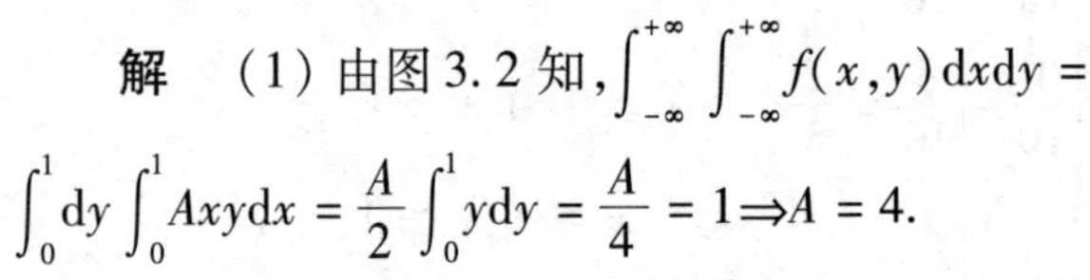

解 (1) 由图 3.2 知, $\int_{-\infty}^{+\infty}\int_{-\infty}^{+\infty} f(x,y)\,\mathrm{d}x\mathrm{d}y = \int_0^1 \mathrm{d}y \int_0^1 Axy\,\mathrm{d}x = \dfrac{A}{2}\int_0^1 y\,\mathrm{d}y = \dfrac{A}{4} = 1 \Rightarrow A = 4$.

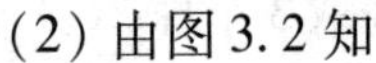

(2) 由图 3.2 知

$$F(x,y) = \int_{-\infty}^{x}\int_{-\infty}^{y} f(x,y)\,\mathrm{d}x\mathrm{d}y = \begin{cases} 0 & x < 0 \text{ 或 } y < 0 \\ \int_0^x \int_0^y 4xy\,\mathrm{d}x\mathrm{d}y = x^2y^2 & 0 \leqslant x < 1, 0 \leqslant y < 1 \\ \int_0^x \int_0^1 4xy\,\mathrm{d}x\mathrm{d}y = x^2 & 0 \leqslant x < 1, y \geqslant 1 \\ \int_0^y \int_0^1 4xy\,\mathrm{d}x\mathrm{d}y = y^2 & x \geqslant 1, 0 \leqslant y < 1 \\ 1 & x \geqslant 1, y \geqslant 1 \end{cases}$$

(3) 由图 3.2 知 $P\{X < Y\} = \int_0^1 \mathrm{d}x \int_x^1 4xy\,\mathrm{d}y = \int_0^1 2x(y^2 \mid_x^1)\,\mathrm{d}x = \int_0^1 2x(1 - x^2)\,\mathrm{d}x = \dfrac{1}{2}$.

与一维随机变量类似,我们给出两种常用的二维随机变量:二维均匀分布和二维正态分布.

(i) 二维均匀分布

如果 (X,Y) 的概率密度为 $f(x,y) = \begin{cases} \dfrac{1}{G\text{ 的面积}} & (x,y) \in G \\ 0 & \text{其他} \end{cases}$,其中 G 是平面上某个区域,称 (X,Y) 服从区域 G 上的均匀分布.

(ii) 二维正态分布

如果 (X,Y) 的概率密度为

$$f(x,y) = \frac{1}{2\pi\sigma_1\sigma_2\sqrt{1-\rho^2}} \mathrm{e}^{-\frac{1}{2(1-\rho^2)}\left[\frac{(x-\mu_1)^2}{\sigma_1^2} - 2\rho\frac{(x-\mu_1)(y-\mu_2)}{\sigma_1\sigma_2} + \frac{(y-\mu_2)^2}{\sigma_2^2}\right]}, -\infty < x < +\infty, -\infty < y < +\infty$$

其中$\mu_1,\mu_2,\sigma_1,\sigma_2,\rho$均为常数,且$\sigma_1>0,\sigma_2>0,-1<\rho<1$,称$(X,Y)$服从参数$\mu_1,\mu_2,\sigma_1,\sigma_2,\rho$的二维正态分布,记作$(X,Y)\sim N(\mu_1,\mu_2,\sigma_1^2,\sigma_2^2,\rho)$.

例 4　设(X,Y)在区域G上服从均匀分布,G由$y=\dfrac{1}{x},y=0,x=1,x=e^2$所围成.

(1) 写出(X,Y)的概率密度;

(2) $P\{X\leqslant e\}$.

解　G如图 3.3 所示.

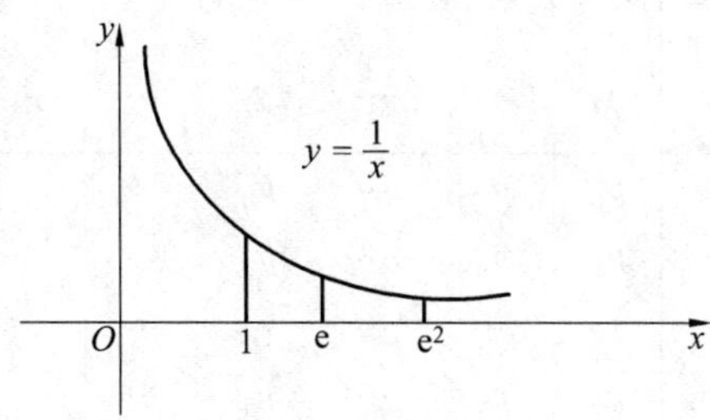

图 3.3

(1) G的面积$S=\int_1^{e^2}\dfrac{1}{x}dx=\ln x\mid_1^{e^2}=2$,所以$(X,Y)$的概率密度为

$$f(x,y)=\begin{cases}\dfrac{1}{2} & (x,y)\in G\\ 0 & 其他\end{cases}$$

(2) $P\{X\leqslant e\}=\int_1^e dx\int_0^{\frac{1}{x}}\dfrac{1}{2}dy=\int_1^e\dfrac{1}{2x}dx=\dfrac{1}{2}\ln x\Big|_1^e=\dfrac{1}{2}$.

3.2　边缘分布

1. 边缘分布函数

二维随机变量(X,Y)作为一个整体,用分布函数$F(x,y)$来描述,而X和Y也是随机变量,它们各自具有分布函数,分别记为$F_X(x)$和$F_Y(y)$,依次称为二维随机变量(X,Y)关于X和Y的边缘分布函数.边缘分布函数可由(X,Y)的分布函数$F(x,y)$来确定,事实上

$$F_X(x)=P\{X\leqslant x\}=P\{X\leqslant x,Y<+\infty\}=F(x,+\infty)$$

$$F_Y(y)=P\{Y\leqslant y\}=P\{X<+\infty,Y\leqslant y\}=F(+\infty,y)$$

例 5　设(X,Y)的分布函数$F(x,y)=A(B+\arctan x)(C+\arctan y)$,求

(1) A,B,C;

(2) 关于X和Y的边缘分布函数$F_X(x)$和$F_Y(y)$.

解　(1) $F(+\infty,+\infty)=1\Rightarrow A(B+\dfrac{\pi}{2})(C+\dfrac{\pi}{2})=1,F(-\infty,y)=A(B-\dfrac{\pi}{2})(C+\arctan y)=0,F(x,-\infty)=A(B+\arctan x)(C-\dfrac{\pi}{2})=0$,由此得$A=\dfrac{1}{\pi^2},B=\dfrac{\pi}{2},C=\dfrac{\pi}{2}$;

(2) $F_X(x)=F(x,+\infty)=\dfrac{1}{\pi^2}(\dfrac{\pi}{2}+\arctan x)(\dfrac{\pi}{2}+\dfrac{\pi}{2})=\dfrac{1}{\pi}(\dfrac{\pi}{2}+\arctan x),-\infty<$

$x<+\infty$；$F_Y(y)=F(y,+\infty)=\frac{1}{\pi^2}(\frac{\pi}{2}+\frac{\pi}{2})(\frac{\pi}{2}+\arctan y)=\frac{1}{\pi}(\frac{\pi}{2}+\arctan y)$，$-\infty<y<+\infty$.

2. 边缘分布律

设(X,Y)为二维离散型随机变量，其分布律为$P\{X=x_i,Y=y_j\}=p_{ij}(i,j=1,2,\cdots)$，称$P\{X=x_i\}=P\{X=x_i,y<+\infty\}(i=1,2,\cdots)$为$X$的边缘分布律，记作$P_{i\cdot}$.

类似地称$P\{Y=y_j\}=P\{x<+\infty,Y=y_j\}=p_{\cdot j}(j=1,2,\cdots)$为$Y$的边缘分布律.

$X \backslash Y$	y_1	y_2	$\cdots$	y_j	$\cdots$	边缘分布律
x_1	p_{11}	p_{12}	$\cdots$	p_{1j}	$\cdots$	$p_{1\cdot}$
x_2	p_{21}	p_{22}	$\cdots$	p_{2j}	$\cdots$	$p_{2\cdot}$
$\vdots$	$\cdots$	$\cdots$	$\cdots$	$\cdots$	$\cdots$	$\vdots$
x_i	p_{i1}	p_{i2}	$\cdots$	p_{ij}	$\cdots$	$p_{i\cdot}$
$\vdots$	$\cdots$	$\cdots$	$\cdots$	$\cdots$	$\cdots$	$\vdots$
边缘分布律	$p_{\cdot 1}$	$p_{\cdot 2}$	$\cdots$	$p_{\cdot j}$	$\cdots$	

例6 设袋中有2个白球和3个红球，现从中随机地抽取两次，每次抽一个，定义随机变量X,Y如下：$X=\begin{cases}0 & \text{第一次抽出白球}\\1 & \text{第一次抽出红球}\end{cases}$，$Y=\begin{cases}0 & \text{第二次抽出白球}\\1 & \text{第二次抽出红球}\end{cases}$.

写出下列两种试验的随机变量(X,Y)的分布律与边缘分布律：(1) 有放回抽取；(2) 无放回抽取.

解 (1) 有放回抽取，(X,Y)的分布律与边缘分布律由表3.2给出.

表3.2

$X \backslash Y$	0	1	$p_{i\cdot}$
0	$\frac{2}{5}\times\frac{2}{5}$	$\frac{2}{5}\times\frac{3}{5}$	$\frac{2}{5}$
1	$\frac{3}{5}\times\frac{2}{5}$	$\frac{3}{5}\times\frac{3}{5}$	$\frac{3}{5}$
$p_{\cdot j}$	$\frac{2}{5}$	$\frac{3}{5}$	

(2) 无放回抽取，(X,Y)的分布律与边缘分布律由表3.3给出.

表3.3

$X \backslash Y$	0	1	$p_{i\cdot}$
0	$\frac{2}{5}\times\frac{1}{4}$	$\frac{2}{5}\times\frac{3}{4}$	$\frac{2}{5}$
1	$\frac{3}{5}\times\frac{2}{4}$	$\frac{3}{5}\times\frac{2}{4}$	$\frac{3}{5}$
$p_{\cdot j}$	$\frac{2}{5}$	$\frac{3}{5}$	

(1) 和(2) 的边缘分布律相同,但(X,Y) 的分布律不同.

由(X,Y) 的分布律可以确定边缘分布律,但不能从边缘分布律确定(X,Y) 的分布律.

3. 边缘密度函数

设二维连续型随机变量(X,Y) 的概率密度为$f(x,y)$,由X的边缘分布函数的定义有

$$F_X(x)=P\{X\leqslant x,Y<+\infty\}=\int_{-\infty}^{x}\left[\int_{-\infty}^{+\infty}f(x,y)\,\mathrm{d}y\right]\mathrm{d}x\quad(-\infty<x<+\infty)$$

因此称

$$f_X(x)=\int_{-\infty}^{+\infty}f(x,y)\,\mathrm{d}y\quad(-\infty<x<+\infty)$$

为X的边缘密度函数.

类似地,称$f_Y(y)=\int_{-\infty}^{+\infty}f(x,y)\,\mathrm{d}x\quad(-\infty<y<+\infty)$为$Y$的边缘密度函数.

例7　设(X,Y) 服从$G:x^2+y^2\leqslant 1$上的均匀分布,求X和Y的边缘密度函数$f_X(x)$,$f_Y(y)$.

解

$$f(x,y)=\begin{cases}\dfrac{1}{\pi} & (x,y)\in G\\ 0 & \text{其他}\end{cases}$$

$$f_X(x)=\int_{-\infty}^{+\infty}f(x,y)\,\mathrm{d}y=\begin{cases}\displaystyle\int_{-\sqrt{1-x^2}}^{\sqrt{1-x^2}}\frac{1}{\pi}\mathrm{d}y=\frac{2}{\pi}\sqrt{1-x^2} & -1\leqslant x\leqslant 1\\ 0 & \text{其他}\end{cases}$$

$$f_Y(y)=\int_{-\infty}^{+\infty}f(x,y)\,\mathrm{d}x=\begin{cases}\displaystyle\int_{-\sqrt{1-y^2}}^{\sqrt{1-y^2}}\frac{1}{\pi}\mathrm{d}x=\frac{2}{\pi}\sqrt{1-y^2} & -1\leqslant y\leqslant 1\\ 0 & \text{其他}\end{cases}$$

例8　设$(X,Y)\sim N(\mu_1,\mu_2,\sigma_1^2,\sigma_2^2,\rho)$,求$X$和$Y$的边缘密度函数.

解　(X,Y) 的密度函数 $f(x,y)=\dfrac{1}{2\pi\sigma_1\sigma_2\sqrt{1-\rho^2}}\mathrm{e}^{-\frac{1}{2(1-\rho^2)}\left[\frac{(x-\mu_1)^2}{\sigma_1^2}-2\rho\frac{(x-\mu_1)(y-\mu_2)}{\sigma_1\sigma_2}+\frac{(y-\mu_2)^2}{\sigma_2^2}\right]}$,

$f_X(x)=\int_{-\infty}^{+\infty}f(x,y)\,\mathrm{d}y$,由于

$$\frac{(y-\mu_2)^2}{\sigma_2^2}-2\rho\frac{(x-\mu_1)(y-\mu_2)}{\sigma_1\sigma_2}=\left(\frac{y-\mu_2}{\sigma_2}-\rho\frac{x-\mu_1}{\sigma_1}\right)^2-\rho^2\frac{(x-\mu_1)^2}{\sigma_1^2}$$

于是

$$f_X(x)=\frac{1}{2\pi\sigma_1\sigma_2\sqrt{1-\rho^2}}\mathrm{e}^{-\frac{(x-\mu_1)^2}{2\sigma_1^2}}\int_{-\infty}^{+\infty}\mathrm{e}^{-\frac{1}{2(1-\rho^2)}\left(\frac{y-\mu_2}{\sigma_2}-\rho\frac{x-\mu_1}{\sigma_1}\right)^2}\mathrm{d}y$$

令$t=\dfrac{1}{\sqrt{1-\rho^2}}\left(\dfrac{y-\mu_2}{\sigma_2}-\rho\dfrac{x-\mu_1}{\sigma_1}\right)$,则有$f_X(x)=\dfrac{1}{\sqrt{2\pi}\sigma_1}\mathrm{e}^{-\frac{(x-\mu_1)^2}{2\sigma_1^2}}$,$-\infty<x<+\infty$,即$X\sim N(\mu_1,\sigma_1^2)$.

同理$f_Y(y)=\dfrac{1}{\sqrt{2\pi}\sigma_2}\mathrm{e}^{-\frac{(y-\mu_2)^2}{2\sigma_2^2}}$,$-\infty<y<+\infty$,即$Y\sim N(\mu_2,\sigma_2^2)$. 反之未必.

3.3 条件分布

由条件概率的定义,自然引出二维随机变量的条件分布.

1. 二维离散型随机变量的条件分布律

定义 3.5 设(X,Y)是二维离散型随机变量,对于固定的j,若$P\{Y=y_j\}>0$,则称$P\{X=x_i \mid Y=y_j\}=\dfrac{P\{X=x_i,Y=y_j\}}{P\{Y=y_j\}}$,$i=1,2,\cdots$为在$Y=y_j$条件下,随机变量$X$的条件分布律.

同样,对于固定的i,若$P\{X=x_i\}>0$,则称$P\{Y=y_j \mid X=x_i\}=\dfrac{P\{X=x_i,Y=y_j\}}{P\{X=x_i\}}$,$j=1,2,\cdots$为在$X=x_i$条件下,随机变量$Y$的条件分布律.

例 9 设(X,Y)的分布律如表 3.4 所示.

表 3.4

X \ Y	-1	0	1
0	$\frac{1}{10}$	$\frac{3}{10}$	0
1	$\frac{3}{10}$	$\frac{1}{10}$	$\frac{2}{10}$

求$P\{Y=1 \mid X=1\}$.

解 $P\{X=1\}=\dfrac{6}{10}$,$P\{Y=1 \mid X=1\}=\dfrac{P\{X=1,Y=1\}}{P\{X=1\}}=\dfrac{\frac{2}{10}}{\frac{6}{10}}=\dfrac{1}{3}$.

2. 二维连续型随机变量的条件分布

定义 3.6 设对于任意固定的正数ε,$P\{y-\varepsilon<Y\leqslant y+\varepsilon\}>0$,若

$$\lim_{\varepsilon\to 0^+}P\{X\leqslant x \mid y-\varepsilon<Y\leqslant y+\varepsilon\}=\lim_{\varepsilon\to 0^+}\frac{P\{X\leqslant x,y-\varepsilon<Y\leqslant y+\varepsilon\}}{P\{y-\varepsilon<Y\leqslant y+\varepsilon\}}$$

存在,则称此极限为在$Y=y$的条件下X的条件分布函数,记作$P\{X\leqslant x \mid Y=y\}$或$F_{X|Y}(x \mid y)$.

设二维连续型随机变量(X,Y)的分布函数为$F(x,y)$,分布密度函数为$f(x,y)$,且$f(x,y)$和$f_Y(y)$连续,$f_Y(y)>0$,则不难验证,在$Y=y$的条件下,X的条件分布函数为$F_{X|Y}(x \mid y)=\int_{-\infty}^{x}\dfrac{f(u,y)}{f_Y(y)}\mathrm{d}u$,若记$f_{X|Y}(x \mid y)$为在$Y=y$的条件下,$X$的条件分布密度函数,则$f_{X|Y}(x \mid y)=\dfrac{f(x,y)}{f_Y(y)}$.

类似地,若边缘分布密度函数$f_X(x)$连续,$f_X(x)>0$,则在$X=x$的条件下,Y的条件分布函数为$F_{Y|X}(y \mid x)=\int_{-\infty}^{y}\dfrac{f(x,v)}{f_X(x)}\mathrm{d}v$,若记$f_{Y|X}(y \mid x)$为在$X=x$的条件下$Y$的条件分布密

度函数,则$f_{Y|X}(y\mid x)=\dfrac{f(x,y)}{f_X(x)}$.

例10　设(X,Y)的密度函数为$f(x,y)=\begin{cases}A(1-x)y & 0<x<1,0<y<x\\ 0 & \text{其他}\end{cases}$.

求(1)A;(2)$f_X(x)$及$f_Y(y)$;(3)$f_{X|Y}(x\mid y)$及$f_{Y|X}(y\mid x)$.

解　(1)由$\int_{-\infty}^{+\infty}\int_{-\infty}^{+\infty}f(x,y)\mathrm{d}x\mathrm{d}y=1$,得$\int_0^1\mathrm{d}x\int_0^x A(1-x)y\mathrm{d}y=\dfrac{A}{2}\int_0^1(1-x)x^2\mathrm{d}x=$

$\dfrac{A}{2}(\dfrac{1}{3}-\dfrac{1}{4})=\dfrac{A}{24}=1\Rightarrow A=24$;

$$(2)f_X(x)=\int_{-\infty}^{+\infty}f(x,y)\mathrm{d}y=\begin{cases}\int_0^x 24(1-x)ydy=12(1-x)x^2 & 0<x<1\\ 0 & \text{其他}\end{cases}$$

$$f_Y(y)=\int_{-\infty}^{+\infty}f(x,y)\mathrm{d}x=\begin{cases}\int_y^1 24(1-x)y\mathrm{d}x=12y(1-y)^2 & 0<y<1\\ 0 & \text{其他}\end{cases}$$

(3)由条件概率密度的定义可知,当$0<y<1$时,有

$$f_{X|Y}(x\mid y)=\frac{f(x,y)}{f_Y(y)}=\begin{cases}\dfrac{24(1-x)y}{12y(1-y)^2}=\dfrac{2(1-x)}{(1-y)^2} & y<x<1\\ 0 & x\leqslant y\text{或}x\geqslant 1\end{cases}$$

又当$0<x<1$时有

$$f_{Y|X}(y\mid x)=\frac{f(x,y)}{f_X(x)}=\begin{cases}\dfrac{24(1-x)y}{12(1-x)x^2}=\dfrac{2y}{x^2} & 0<y<x<1\\ 0 & x\leqslant y\text{或}x\geqslant 1\end{cases}$$

3.4　随机变量的独立性

我们知道,随机事件的独立性在概率的计算中起到很大的作用.下面我们介绍随机变量的独立性,它在概率论和数理统计中占有十分重要的地位.

定义3.7　设随机变量X和Y,若对任意实数x和y,总有$P\{X\leqslant x,Y\leqslant y\}=P\{X\leqslant x\}P\{Y\leqslant y\}$,则称$X$和$Y$是相互独立的.

若二维随机变量(X,Y)的分布函数为$F(x,y)$,其边缘分布函数分别为$F_X(x)$和$F_Y(y)$,则上述独立性等价于$F(x,y)=F_X(x)F_Y(y)$;对于二维离散型随机变量,上述独立性条件等价于,$P\{X=x_i,Y=y_j\}=P\{X=x_i\}\cdot P\{Y=y_j\}$;对于$(X,Y)$的任何可能取的值$(x_i,y_i)$;对于二维连续型随机变量,独立性条件等价于,对一切x和y有$f(x,y)=f_X(x)f_Y(y)$.

例11　二维离散型随机变量(X,Y)的分布律为

Y \ X	-1	0	1	
0	$\frac{1}{16}$	$\frac{1}{16}$	$\frac{1}{8}$	$\frac{1}{4}$
1	$\frac{3}{16}$	$\frac{3}{16}$	$\frac{3}{8}$	$\frac{3}{4}$
	$\frac{1}{4}$	$\frac{1}{4}$	$\frac{1}{2}$	

试判断 X 与 Y 是否独立?

解 显然有 $P\{X=x_i,Y=y_j\}=P\{X=x_i\}P\{Y=y_j\}$,对一切的 i,j 都成立,所以 X 与 Y 独立.

例 12 设 (X,Y) 服从 $G:a\leqslant x\leqslant b,c\leqslant y\leqslant d$ 上的均匀分布,试问 X 与 Y 独立否?

解 (X,Y) 的密度函数为

$$f(x,y)=\begin{cases}\dfrac{1}{(b-a)(d-c)} & (x,y)\in G\\ 0 & 其他\end{cases}$$

$$f_X(x)=\int_{-\infty}^{+\infty}f(x,y)\,\mathrm{d}y=\begin{cases}\displaystyle\int_c^d\frac{1}{(b-a)(d-c)}\mathrm{d}y=\frac{1}{b-a} & a\leqslant x\leqslant b\\ 0 & 其他\end{cases}$$

$$f_Y(y)=\int_{-\infty}^{+\infty}f(x,y)\,\mathrm{d}x=\begin{cases}\displaystyle\int_a^b\frac{1}{(b-a)(d-c)}\mathrm{d}x=\frac{1}{d-c} & c\leqslant y\leqslant d\\ 0 & 其他\end{cases}$$

所以 $f(x,y)=f_X(x)f_Y(y)$,故 X 与 Y 独立.

例 13 设 (X,Y) 在 $G:x^2+y^2\leqslant 1$ 上服从均匀分布,问 X 与 Y 独立否?

解 (X,Y) 的密度函数为

$$f(x,y)=\begin{cases}\dfrac{1}{\pi} & (x,y)\in G\\ 0 & 其他\end{cases}$$

$$f_X(x)=\int_{-\infty}^{+\infty}f(x,y)\,\mathrm{d}y=\begin{cases}\dfrac{2}{\pi}\sqrt{1-x^2} & -1\leqslant x\leqslant 1\\ 0 & 其他\end{cases}$$

$$f_Y(y)=\int_{-\infty}^{+\infty}f(x,y)\,\mathrm{d}x=\begin{cases}\dfrac{2}{\pi}\sqrt{1-y^2} & -1\leqslant y\leqslant 1\\ 0 & 其他\end{cases}$$

$f(x,y)\neq f_X(x)f_Y(y)$,故 X 与 Y 不独立.

例 14 X 和 Y 的密度函数分别为 $f_X(x)=\begin{cases}\mathrm{e}^{-x} & x>0\\ 0 & 其他\end{cases}$,$f_Y(y)=\begin{cases}\mathrm{e}^{-y} & y>0\\ 0 & 其他\end{cases}$,且 X 与 Y 独立,求 $f(x,y)$?

解 因为 X 与 Y 独立,所以 $f(x,y)=f_X(x)f_Y(y)=\begin{cases}\mathrm{e}^{-(x+y)} & x>0,y>0\\ 0 & 其他\end{cases}$.

3.5　两个随机变量函数的分布

设(X,Y)为二维随机变量，$z=h(x,y)$为二元函数，那么$Z=h(X,Y)$是一维随机变量，由(X,Y)的分布就可算出Z的分布.

1. (X,Y)为二维离散型

设(X,Y)为二维离散型随机变量，其分布律为$p_{i,j}=P\{X=x_i,Y=y_j\}$，$i,j=1,2,\cdots$；$z=h(x,y)$为二元函数，$Z=h(X,Y)$是二维随机变量(X,Y)的函数，则随机变量Z的分布律为

$$P\{Z=h(x_i,y_j)\}=p_{ij}\quad(i,j=1,2,\cdots)$$

但要注意取相同$h(x_i,y_j)$值对应的那些概率要合并相加.

例15　设(X,Y)的分布律为

$X \backslash Y$	-1	0	1
0	$\frac{1}{10}$	$\frac{3}{10}$	$\frac{1}{10}$
1	$\frac{1}{10}$	$\frac{1}{10}$	$\frac{3}{10}$

求(1)$X+Y$的分布律；(2)$X-Y$的分布律.

解　由(X,Y)的分布律，得出下表

概率	$\frac{1}{10}$	$\frac{3}{10}$	$\frac{1}{10}$	$\frac{1}{10}$	$\frac{1}{10}$	$\frac{3}{10}$
(X,Y)	$(0,-1)$	$(0,0)$	$(0,1)$	$(1,-1)$	$(1,0)$	$(1,1)$
$X+Y$	-1	0	1	0	1	2
$X-Y$	1	0	-1	2	1	0

从而得到：

(1)$X+Y$的分布律

$X+Y$	-1	0	1	2
概率	$\frac{1}{10}$	$\frac{4}{10}$	$\frac{2}{10}$	$\frac{3}{10}$

(2)$X-Y$的分布律

$X-Y$	-1	0	1	2
概率	$\frac{1}{10}$	$\frac{6}{10}$	$\frac{2}{10}$	$\frac{1}{10}$

例16　设X,Y相互独立，且依次服从$P(\lambda_1)$，$P(\lambda_2)$，证明：$X+Y\sim P(\lambda_1+\lambda_2)$

证明　$X+Y$可能取值为$0,1,2,\cdots$；$P\{X+Y=i\}=P\{X=0,Y=i\}+P\{X=1,Y=i-1\}+\cdots+P\{X=i,Y=0\}=P\{X=0\}P\{Y=i\}+P\{X=1\}P\{Y=i-1\}+\cdots+P\{X=i\}P\{Y=0\}=\mathrm{e}^{-\lambda_1}\dfrac{\lambda_2^i\mathrm{e}^{-\lambda_2}}{i!}+\lambda_1\mathrm{e}^{-\lambda_1}\dfrac{\lambda_2^{i-1}\mathrm{e}^{-\lambda_2}}{(i-1)!}+\cdots+\dfrac{\lambda_1^i\mathrm{e}^{-\lambda_1}}{i!}\mathrm{e}^{-\lambda_2}=\dfrac{\mathrm{e}^{-(\lambda_1+\lambda_2)}}{i!}[\lambda_2^i+$

$C_i^1\lambda_2^{i-1}\lambda_1 + C_i^2\lambda_2^{i-2}\lambda_1^2 + \cdots + C_i^{i-1}\lambda_2\lambda_1^{i-1} + \lambda_1^i] = \dfrac{(\lambda_1+\lambda_2)^i}{i!}e^{-(\lambda_1+\lambda_2)}(i=0,1,2,\cdots)$.

从而 $X+Y \sim P(\lambda_1+\lambda_2)$.

即泊松分布具有可加性.类似地,可以证明二项分布也具有可加性,即 X,Y 相互独立,$X\sim B(n,p)$,$Y\sim B(m,p)$,则 $X+Y\sim B(n+m,p)$.

例 17 设 X,Y 相互独立,且具有同一分布律,X 的分布律为

X	0	1
概率	$\frac{1}{4}$	$\frac{3}{4}$

求 $Z=\max(X,Y)$ 的分布律?

解 显然随机变量 Z 可能取值为0,1,$P\{Z=0\}=P\{\max(X,Y)=0\}=P\{X=0,Y=0\}$ $=P\{X=0\}P\{Y=0\}=\frac{1}{4}\times\frac{1}{4}=\frac{1}{16}$,$P\{Z=1\}=1-P\{Z=0\}=\frac{15}{16}$,因此 Z 的分布律为

Z	0	1
概率	$\frac{1}{16}$	$\frac{15}{16}$

2. (X,Y) 为连续型

设 (X,Y) 为二维连续型随机变量,若其函数 $Z=h(X,Y)$ 仍然是连续型随机变量,则存在密度函数 $f_Z(z)$,求 $f_Z(z)$ 的一般方法(亦称分布函数法)如下:

首先求出 $Z=h(X,Y)$ 的分布函数

$$F_Z(z)=P\{Z\leqslant z\}=P\{h(X,Y)\leqslant z\}=P\{(X,Y)\in D\}=\iint_D f(x,y)\,\mathrm{d}x\mathrm{d}y$$

其中 $f(x,y)$ 是 (X,Y) 的密度函数,$D=\{(x,y)\mid h(x,y)\leqslant z\}$,再利用分布函数与密度函数的关系,对分布函数求导,就得到密度函数 $f_Z(z)$.

下面讨论两种常见的随机变量函数的分布.

(1) $Z=X+Y$ 的分布

设 (X,Y) 的密度为 $f(x,y)$,则 $Z=X+Y$ 的分布函数为

$$F_Z(z)=P\{Z\leqslant z\}=\iint_{x+y\leqslant z} f(x,y)\,\mathrm{d}x\mathrm{d}y=\int_{-\infty}^{+\infty}\mathrm{d}y\int_{-\infty}^{z-y}f(x,y)\,\mathrm{d}x$$

固定 z 和 y,对积分 $\int_{-\infty}^{z-y}f(x,y)\,\mathrm{d}x$ 作变换,令 $x=u-y$ 得

$$\int_{-\infty}^{z-y}f(x,y)\,\mathrm{d}x=\int_{-\infty}^{z}f(u-y,y)\,\mathrm{d}u$$

于是

$$F_Z(z)=\int_{-\infty}^{+\infty}\int_{-\infty}^{z}f(u-y,y)\,\mathrm{d}u\mathrm{d}y=\int_{-\infty}^{z}\left[\int_{-\infty}^{+\infty}f(u-y,y)\,\mathrm{d}y\right]\mathrm{d}u$$

$$F'_Z(z)=f_Z(z)=\int_{-\infty}^{+\infty}f(z-y,y)\,\mathrm{d}y$$

由 X,Y 的对称性，$f_Z(z)$ 又可写成

$$f_Z(z)=\int_{-\infty}^{+\infty}f(x,z-x)\,dx$$

特别地，当 X,Y 独立时，设 (X,Y) 关于 X,Y 的边缘密度分别为 $f_X(x)$，$f_Y(y)$ 则

$$f_Z(z)=\int_{-\infty}^{+\infty}f_X(z-y)f_Y(y)\,dy \tag{3.1}$$

$$f_Z(z)=\int_{-\infty}^{+\infty}f_X(x)f_Y(z-x)\,dx \tag{3.2}$$

这两个公式称为卷积公式，记作 f_X*f_Y，即

$$f_X*f_Y=\int_{-\infty}^{+\infty}f_X(z-y)f_Y(y)\,dy=\int_{-\infty}^{+\infty}f_X(x)f_Y(z-x)\,dx$$

例18　X,Y 独立同分布，都服从 $N(0,1)$ 分布，求 $Z=X+Y$ 的密度函数.

解　由式(3.2)有

$$f_Z(z)=\int_{-\infty}^{+\infty}f_X(x)f_Y(z-x)\,dx=\frac{1}{2\pi}\int_{-\infty}^{+\infty}e^{-\frac{x^2}{2}}e^{-\frac{(z-x)^2}{2}}\,dx=$$

$$\frac{1}{2\pi}e^{-\frac{z^2}{4}}\int_{-\infty}^{+\infty}e^{-\left(x-\frac{z}{2}\right)^2}\,dx$$

令 $t=x-\dfrac{z}{2}$，得

$$f_Z(z)=\frac{1}{2\pi}e^{-\frac{z^2}{4}}\int_{-\infty}^{+\infty}e^{-t^2}\,dt=\frac{1}{2\pi}e^{-\frac{z^2}{4}}\sqrt{\pi}=\frac{1}{2\sqrt{\pi}}e^{-\frac{z^2}{4}}$$

即 $Z\sim N(0,2)$ 分布.

一般地，设 X,Y 独立，$X\sim N(\mu_1,\sigma_1^2)$，$Y\sim N(\mu_2,\sigma_2^2)$，则 $X+Y\sim N(\mu_1+\mu_2,\sigma_1^2+\sigma_2^2)$.

这个结论可以推广到 n 个独立正态随机变量之和的情况，若 $X_i\sim N(\mu_i,\sigma_i^2)(i=1,2,\cdots,n)$，且相互独立，则 $X_1+\cdots X_n\sim N(\mu_1+\cdots+\mu_n,\sigma_1^2+\cdots+\sigma_n^2)$.

更一般地，可以证明有限个相互独立的正态随机变量的线性组合仍然服从正态分布.

(2) $M=\max(X,Y)$ 及 $N=\min(X,Y)$ 的分布

设 X,Y 相互独立，它们的分布函数分别为 $F_X(x)$，$F_Y(y)$，求 $F_{\max}(z)$ 和 $F_{\min}(z)$.

由于 $M=\max(X,Y)$

$$F_{\max}(z)=P\{M\leqslant z\}=P\{X\leqslant z,Y\leqslant z\}=P\{X\leqslant z\}P\{Y\leqslant z\}=$$
$$F_X(z)F_Y(z) \tag{3.3}$$

类似地

$$F_{min}(z)=P\{N\leqslant z\}=1-P\{N>z\}=1-P\{X>z,Y>z\}=$$
$$1-P\{X>z\}P\{Y>z\}=1-[1-F_X(z)][1-F_Y(z)] \tag{3.4}$$

以上结果可推广到 n 个相互独立的随机变量的情况，设 $X_1,X_2,\cdots,X_n$ 是 n 个相互独立的随机变量，它们的分布函数分别为 $F_{X_i}(x_i)(i=1,2,\cdots,n)$，则 $M=\max(X_1,X_2,\cdots,X_n)$ 及 $N=\min(X_1,X_2,\cdots,X_n)$ 的分布函数分别为

$$F_{\max}(z)=F_{X_1}(z)F_{X_2}(z)\cdots F_{X_n}(z) \tag{3.5}$$

$$F_{\min}(z)=1-[1-F_{X_1}(z)][1-F_{X_2}(z)]\cdots[1-F_{X_n}(z)] \tag{3.6}$$

特别地,若当 X_i 相互独立且具有相同分布函数 $F(x)$,则

$$F_{\max}(z) = [F(z)]^n \tag{3.7}$$

$$F_{\min}(z) = 1 - [1 - F(z)]^n \tag{3.8}$$

例 19 设系统 L 由两个相互独立的子系统 L_1, L_2 联接而成,联接方式分别为(i) 串联;(ii) 并联;(iii) 备用 C 为 L_1 损坏时,L_2 开始工作,如图 3.4,设 L_1, L_2 的寿命分别为 X, Y,已知它们的密度分别为

$$f_X(x) = \begin{cases} \alpha e^{-\alpha x} & x > 0 \\ 0 & x \leqslant 0 \end{cases}, f_Y(y) = \begin{cases} \beta e^{-\beta y} & y > 0 \\ 0 & y \leqslant 0 \end{cases}$$

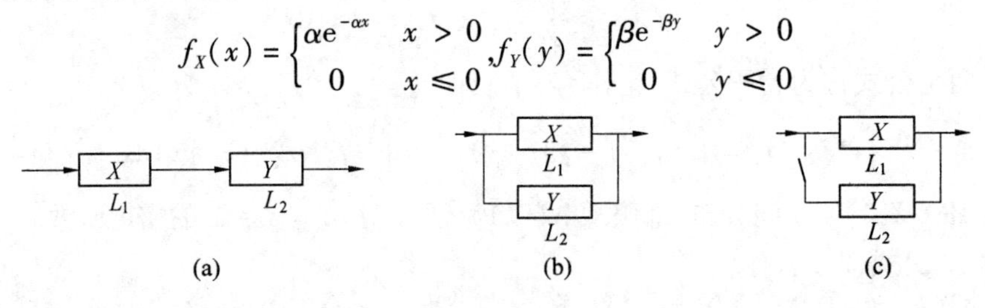

图 3.4

其中 $\alpha > 0, \beta > 0$,且 $\alpha \neq \beta$,试分别就以上三种联接方式写出 L 的寿命 Z 的密度函数.

解 X 的分布函数 $F_X(x) = \begin{cases} 1 - e^{-\alpha x} & x > 0 \\ 0 & x \leqslant 0 \end{cases}$, Y 的分布函数 $F_Y(y) = \begin{cases} 1 - e^{-\beta y} & y > 0 \\ 0 & y \leqslant 0 \end{cases}$.

(i) 串联 $Z = \min(X, Y)$,由式(3.4),知 Z 的分布函数为

$$F_{\min}(z) = 1 - [1 - F_X(z)][1 - F_Y(z)] = \begin{cases} 1 - e^{-(\alpha+\beta)z} & z > 0 \\ 0 & z \leqslant 0 \end{cases}$$

于是 $Z = \min(X, Y)$ 的密度函数为

$$F'_{\min}(z) = f_{\min}(z) = \begin{cases} (\alpha + \beta) e^{-(\alpha+\beta)z} & z > 0 \\ 0 & z \leqslant 0 \end{cases}$$

(ii) 并联 $Z = \max(X, Y)$.

由式(3.3),知 Z 的分布函数为

$$F_{\max}(z) = F_X(z) F_Y(z) = \begin{cases} (1 - e^{-\alpha z})(1 - e^{-\beta z}) & z > 0 \\ 0 & z \leqslant 0 \end{cases}$$

于是 $Z = \max(X, Y)$ 的密度函数为

$$F'_{\max}(z) = f_{\max}(z) = \begin{cases} \alpha e^{-\alpha z} + \beta e^{-\beta z} - (\alpha + \beta) e^{-(\alpha+\beta)z} & z > 0 \\ 0 & z \leqslant 0 \end{cases}$$

(iii) 备用 $Z = X + Y$.

由式(3.1),知当 $z > 0$ 时,$Z = X + Y$ 的密度为

$$f(z) = \int_{-\infty}^{+\infty} f_x(z - y) f_y(y) \, dy = \int_0^z \alpha e^{-\alpha(z-y)} \beta e^{-\beta y} \, dy =$$

$$\alpha\beta e^{-\alpha z} \int_0^z e^{-(\beta-\alpha)y} \, dy = \frac{\alpha\beta}{\beta - \alpha} [e^{-\alpha z} - e^{-\beta z}]$$

当$z \leqslant 0$时,$f(z)=0$,于是$Z=X+Y$的密度函数为$f(z)=\begin{cases}\dfrac{\alpha\beta}{\beta-\alpha}[\mathrm{e}^{-\alpha z}-\mathrm{e}^{-\beta z}] & z>0 \\ 0 & z \leqslant 0\end{cases}$.

百花园

例20　设随机变量X在1,2,3三个数字中等可能地取值,随机变量Y在$1\sim X$中等可能地取一整数值,

(1) 写出(X,Y)的分布律;(2) 关于X和关于Y的边缘分布律;(3) 在$Y=2$条件下X的条件分布律.

解

$$P\{X=1,Y=1\}=P\{X=1\}P\{Y=1\mid X=1\}=\frac{1}{3}\times 1=\frac{1}{3}$$

$$P\{X=2,Y=1\}=P\{X=2\}P\{Y=1\mid X=2\}=\frac{1}{3}\times\frac{1}{2}=\frac{1}{6}$$

$$P\{X=2,Y=2\}=P\{X=2\}P\{Y=2\mid X=2\}=\frac{1}{3}\times\frac{1}{2}=\frac{1}{6}$$

$$P\{X=3,Y=1\}=P\{X=3\}P\{Y=1\mid X=3\}=\frac{1}{3}\times\frac{1}{3}=\frac{1}{9}$$

$$P\{X=3,Y=2\}=P\{X=3\}P\{Y=2\mid X=3\}=\frac{1}{3}\times\frac{1}{3}=\frac{1}{9}$$

$$P\{X=3,Y=3\}=P\{X=3\}P\{Y=3\mid X=3\}=\frac{1}{3}\times\frac{1}{3}=\frac{1}{9}$$

$$P\{X=1,Y=2\}=P\{X=1,Y=3\}=P\{X=2,Y=3\}=0$$

所以(X,Y)的分布律为

X \ Y	1	2	3
1	$\frac{1}{3}$	0	0
2	$\frac{1}{6}$	$\frac{1}{6}$	0
3	$\frac{1}{9}$	$\frac{1}{9}$	$\frac{1}{9}$

(2)X的边缘分布律为

X	1	2	3
P	$\frac{1}{3}$	$\frac{1}{3}$	$\frac{1}{3}$

Y的边缘分布律为

Y	1	2	3
P	$\frac{11}{18}$	$\frac{5}{18}$	$\frac{1}{9}$

(3)$Y=2$的条件下,随机变量X的条件分布律为

X	2	3
P	$\frac{3}{5}$	$\frac{2}{5}$

例 21 设随机变量 $X_i \sim \begin{pmatrix} -1 & 0 & 1 \\ \frac{1}{4} & \frac{1}{2} & \frac{1}{4} \end{pmatrix}, i=1,2$，且 $P\{X_1X_2=0\}=1$，写出 (X_1,X_2) 的分布律，试问 X_1,X_2 独立否.

解 由 $P\{X_1X_2=0\}=1$，知 $P\{X_1X_2\neq 0\}=0$，所以 (X_1,X_2) 的分布律为

X_1 \ X_2	-1	0	1
-1	0	$\frac{1}{4}$	0
0	$\frac{1}{4}$	0	$\frac{1}{4}$
1	0	$\frac{1}{4}$	0

易知 $P\{X_1=-1\}P\{X_2=-1\}\neq P\{X_1=-1,X_2=-1\}$，所以 X_1,X_2 不独立.

例 22 设 (X,Y) 的密度函数为 $f(x,y)=\begin{cases} Ae^{-(2x+y)} & x>0,y>0 \\ 0 & \text{其他} \end{cases}$.

求(1)A；(2)X 的边缘密度函数 $f_X(x)$ 及 Y 的边缘密度函数 $f_Y(y)$；(3)$f_{X|Y}(x\mid y)$ 及 $f_{Y|X}(y\mid x)$.

解 (1) $\int_{-\infty}^{+\infty}\int_{-\infty}^{+\infty}f(x,y)\,dxdy=1$，即

$$\int_0^{+\infty}\int_0^{+\infty}Ae^{-2x}e^{-y}\,dxdy=\frac{A}{2}=1\Rightarrow A=2$$

(2)
$$f_X(x)=\int_{-\infty}^{+\infty}f(x,y)\,dy=\begin{cases}\int_0^{+\infty}2e^{-(2x+y)}\,dy=2e^{-2x} & x>0\\ 0 & x\leqslant 0\end{cases}$$

$$f_Y(y)=\int_{-\infty}^{+\infty}f(x,y)\,dx=\begin{cases}e^{-y} & y>0\\ 0 & y\leqslant 0\end{cases}$$

(3) 当 $f_Y(y)>0$ 时，即 $y>0$，$f_{X|Y}(x\mid y)=\dfrac{f(x,y)}{f_Y(y)}=\begin{cases}2e^{-2x} & x>0\\ 0 & x\leqslant 0\end{cases}$，当 $y\leqslant 0$ 时，$f_Y(y)=0$，$f_{X|Y}(x\mid y)$ 不存在；当 $f_X(x)>0$ 时，即 $x>0$，$f_{Y|X}(y\mid x)=\dfrac{f(x,y)}{f_X(x)}=\begin{cases}e^{-y} & y>0\\ 0 & y\leqslant 0\end{cases}$，当 $x\leqslant 0$ 时，$f_X(x)=0$，$f_{Y|X}(y\mid x)$ 不存在.

例 23 设 $F(x,y)=\begin{cases}1 & x+y\geqslant -1\\ 0 & x+y<-1\end{cases}$，试判断 $F(x,y)$ 能否作为二维随机变量的分布函数?

解 在矩形区域 $\{(x,y)\mid -1<x\leqslant 1,\ -1<y\leqslant 1\}$ 上有

$$F(1,1)-F(1,-1)-F(-1,1)+F(-1,-1)=1-1-1+0=-1<0$$

故 $F(x,y)$ 不能作为二维随机变量的分布函数.

例24　设事件A,B满足$P\{A\}=\frac{1}{4},P\{B\mid A\}=P\{A\mid B\}=\frac{1}{2}$,令$X=\begin{cases}1 & 若A发生\\0 & 否则\end{cases}$,

$Y=\begin{cases}1 & 若B发生\\0 & 否则\end{cases}$,试求$(X,Y)$的分布律.

解　由已知条件可得$P\{AB\}=P\{A\}P\{B\mid A\}=\frac{1}{8},P\{AB\}=P\{B\}P\{A\mid B\}=P\{B\}\times\frac{1}{2}\Rightarrow P\{B\}=\frac{1}{4}$,于是$P\{X=0,Y=0\}=P\{\bar{A}\bar{B}\}=1-P\{A\cup B\}=1-P\{A\}-P\{B\}+P\{AB\}=1-\frac{1}{4}-\frac{1}{4}+\frac{1}{8}=\frac{5}{8},P\{X=0,Y=1\}=P\{\bar{A}B\}=P\{B\}-P\{AB\}=\frac{1}{8}$,$P\{X=1,Y=0\}=P\{A\bar{B}\}=P\{A\}-P\{AB\}=\frac{1}{8},P\{X=1,Y=1\}=P\{AB\}=\frac{1}{8}$,所以$(X,Y)$的分布律为

X \ Y	0	1
0	$\frac{5}{8}$	$\frac{1}{8}$
1	$\frac{1}{8}$	$\frac{1}{8}$

例25　设随机变量X和Y相互独立,下表列出了(X,Y)的分布律及关于X和关于Y的边缘分布的部分数值,将空格中的数值填上.

X \ Y	y_1	y_2	y_3	$P_{i\cdot}$
x_1		$\frac{1}{8}$		
x_2	$\frac{1}{8}$			
$P_{\cdot j}$	$\frac{1}{6}$			

解　记$P\{X=x_i,Y=y_j\}=p_{ij}(i=1,2;j=1,2,3)$,由$p_{\cdot 1}=p_{11}+p_{21}$,得

$$p_{11}=p_{\cdot 1}-p_{21}=\frac{1}{6}-\frac{1}{8}=\frac{1}{24}$$

由$p_{11}=p_{1\cdot}p_{\cdot 1}$,得$p_{1\cdot}=\frac{p_{11}}{p_{\cdot 1}}=\frac{1}{4}$,由$p_{1\cdot}+p_{2\cdot}=1$,得$p_{2\cdot}=1-p_{1\cdot}=\frac{3}{4}$,由$p_{1\cdot}=p_{11}+p_{12}+p_{13}$,得$p_{13}=p_{1\cdot}-p_{11}-p_{12}=\frac{1}{12}$,由$p_{12}=p_{1\cdot}p_{\cdot 2}$,得$p_{\cdot 2}=\frac{p_{12}}{p_{1\cdot}}=\frac{1}{2}$,由$p_{\cdot 1}+p_{\cdot 2}+p_{\cdot 3}=1$,得$p_{\cdot 3}=1-p_{\cdot 1}-p_{\cdot 2}=1-\frac{1}{6}-\frac{1}{2}=\frac{1}{3}$,由$p_{\cdot 2}=p_{12}+p_{22}$,得$p_{22}=p_{\cdot 2}-p_{12}=\frac{1}{2}-\frac{1}{8}=\frac{3}{8}$,由$p_{\cdot 3}=p_{13}+p_{23}$,得$p_{23}=p_{\cdot 3}-p_{13}=\frac{1}{3}-\frac{1}{12}=\frac{1}{4}$,综合上述结果有

$X \backslash Y$	y_1	y_2	y_3	$p_{i\cdot}$
x_1	$\frac{1}{24}$	$\frac{1}{8}$	$\frac{1}{12}$	$\frac{1}{4}$
x_2	$\frac{1}{8}$	$\frac{3}{8}$	$\frac{1}{4}$	$\frac{3}{4}$
$p_{\cdot j}$	$\frac{1}{6}$	$\frac{1}{2}$	$\frac{1}{3}$	

例 26 设(X,Y)服从$G:y=x$与$y=x^2$所围区域上的均匀分布,则$P\{0<x<\frac{1}{2},0<y<\frac{1}{2}\}$.

解 由$y=x$与$y=x^2$所围区域的面积为$S=\int_0^1(x-x^2)\mathrm{d}x=\frac{1}{6}$,所以$(X,Y)$的密度为$f(x,y)=\begin{cases}6 & 0\leqslant x\leqslant 1,x^2\leqslant y\leqslant x\\ 0 & \text{其他}\end{cases}$,由此得

$$P\{0<x<\frac{1}{2},0<y<\frac{1}{2}\}=\int_0^{\frac{1}{2}}\int_0^{\frac{1}{2}}f(x,y)\mathrm{d}x\mathrm{d}y=$$

$$\int_0^1\mathrm{d}x\int_{x^2}^x 6\mathrm{d}y=\frac{1}{2}$$

例 27 设$(X,Y)\sim N(0,0,1,1,0)$,求$Z=\sqrt{X^2+Y^2}$的密度函数.

解 (X,Y)的密度函数$f(x,y)=\frac{1}{2\pi}\mathrm{e}^{-\frac{x^2+y^2}{2}}$, $-\infty<x,y<+\infty$,设Z的分布函数为

$$F_Z(z)=P\{Z\leqslant z\}=P\{\sqrt{x^2+y^2}\leqslant z\}$$

当$z\leqslant 0$时,$F_Z(z)=0$,当$z>0$,有

$$F_Z(z)=\iint\limits_{\sqrt{x^2+y^2}\leqslant z}f(x,y)\mathrm{d}x\mathrm{d}y=\frac{1}{2\pi}\iint\limits_{\sqrt{x^2+y^2}\leqslant z}\mathrm{e}^{-\frac{x^2+y^2}{2}}\mathrm{d}x\mathrm{d}y=\frac{1}{2\pi}\int_0^{2\pi}\mathrm{d}\theta\int_0^z\mathrm{e}^{-\frac{r^2}{2}}r\mathrm{d}r=1-\mathrm{e}^{-\frac{z^2}{2}}$$

$$F'_Z(z)=f_Z(z)=\begin{cases}z\mathrm{e}^{-\frac{z^2}{2}} & z>0\\ 0 & z\leqslant 0\end{cases}$$

小　结

把一维随机变量的概念加以扩充,得到了多维随机变量,本章我们只讨论了二维随机变量.

已知(X,Y)的联合分布,可唯一确定两个边缘分布,条件分布,但反之由两个边缘分布一般不能确定联合分布,同样由两个条件分布也不能确定联合分布.

但X与Y独立时,可由两个边缘分布确定联合分布;如果X与Y不独立,则由边缘分布与一个对应的条件分布可确定联合分布,事实上,对离散型有

$$P_{ij}=P_{i\cdot}P_{j|i}=P_{\cdot j}P_{i|\cdot j}$$

对连续型有

$$f(x,y)=f_X(x)f_{Y|X}(y\mid x)=f_Y(y)f_{X|Y}(x\mid y)$$

其中边缘密度函数

$$f_X(x)=\int_{-\infty}^{+\infty}f(x,y)\,\mathrm{d}y,f_Y(y)=\int_{-\infty}^{+\infty}f(x,y)\,\mathrm{d}x$$

对于连续型随机变量(X,Y),落在区域 D 内的概率 $P\{(X,Y)\in D\}=\iint\limits_D f(x,y)\,\mathrm{d}x\mathrm{d}y$,连续型随机变量$(X,Y)$ 有两个重要分布:

1. 二维均匀分布

(1) 设(X,Y) 服从矩形区域 $G=\{(x,y)\mid a\leqslant x\leqslant b,c\leqslant y\leqslant d\}$ 上的均匀分布,则两个边缘分布都是均匀分布,即 $X\sim U[a,b],Y\sim U[c,d]$,而且 X 与 Y 相互独立,从而两个条件分布也是均匀分布.

(2) 设(X,Y) 服从圆形区域 $D=\{(x,y)\mid x^2+y^2\leqslant R^2\}$ 上的均匀分布,则两个边缘分布都不是均匀分布,且 X 与 Y 不独立,但两个条件分布都是均匀分布.

2. 二维正态分布

若$(X,Y)\sim N(\mu_1,\mu_2,\sigma_1^2,\sigma_2^2,\rho)$,则有下列结论:

(1) 两个边缘分布为正态分布,即 $X\sim N(\mu_1,\sigma_1^2),Y\sim N(\mu_2,\sigma_2^2)$;

(2)X 与 Y 相互独立的充要条件是 $\rho=0$;

(3)X 与 Y 的线性组合 C_1X+C_2Y 仍服从正态分布,即

$$C_1X+C_2Y\sim N(C_1\mu_1+C_2\mu_2,C_1^2\sigma_1^2+C_2^2\sigma_2^2+2C_1C_2\rho\sigma_1\sigma_2)$$

(4)X 关于 $Y=y$ 的条件分布仍为正态分布,且此分布为

$$N(\mu_1+\rho\frac{\sigma_1}{\sigma_2}(y-\mu_2),\sigma_1^2(1-\rho^2))$$

Y 关于 $X=x$ 的条件分布仍为正态分布,且此分布为

$$N(\mu_2+\rho\frac{\sigma_2}{\sigma_1}(x-\mu_1),\sigma_2^2(1-\rho^2))$$

(5)$(X_1,X_2,\cdots,X_n)$ 服从 n 维正态分布的充分必要条件是 $X_1,X_2,\cdots,X_n$ 的任意线性组合 $C_1X_1+C_2X_2+\cdots+C_nX_n$ 服从一维正态分布($C_1,C_2,\cdots,C_n$ 不全为 0 的常数).

注　(i) 任意两个正态随机变量的和不一定服从正态分布;

(ii) 两个边缘分布都是正态分布的二维随机变量不一定服从二维正态分布;

(iii) 二维连续型随机变量的两个分量还是连续型随机变量,但反之不一定成立,即两个分量都是连续型随机变量的二维随机变量不一定是连续型的;

(iv) 一维连续型随机变量的密度函数可以改变有限个点,甚至可列个点上的函数值,二维连续型随机变量的联合密度函数,可以改变一条曲线上的函数值而不影响它们作为相应随机变量的密度函数.

要掌握随机变量 X 与 Y 独立性的本质:就是事件$\{X\leqslant x\}$ 与$\{Y\leqslant y\}$ 的独立性,其中 x,y 为任意实数.

注 (i) 常数与任何随机变量独立;

(ii) 若 X 与 Y 相互独立,则 $f(X)$ 与 $g(Y)$ 也相互独立,其中 $f(\cdot)$,$g(\cdot)$ 一般为连续函数;

(iii) 若 $X_1,X_2,\cdots,X_n$ 相互独立,则 $f_1(X_1),f_2(X_2),\cdots,f_n(X_n)$ 也相互独立;

(iv) 若 $X_1,X_2,\cdots,X_m,X_{m+1},\cdots,X_n$ 相互独立,则 $f(X_1,X_2,\cdots,X_m)$ 与 $g(X_{m+1},\cdots,X_n)$ 也相互独立.

要记住几个分布的可加性:

(1)$X\sim P(\lambda_1)$,$Y\sim P(\lambda_2)$,X 与 Y 相互独立,则 $X+Y\sim P(\lambda_1+\lambda_2)$;

(2)$X\sim B(m,P)$,$Y\sim B(n,P)$,X 与 Y 相互独立,则 $X+Y\sim B(m+n,P)$;

(3)$X\sim N(\mu_1,\sigma_1^2)$,$Y\sim N(\mu_2,\sigma_2^2)$,$X$ 与 Y 相互独立,则 $X+Y\sim N(\mu_1+\mu_2,\sigma_1^2+\sigma_2^2)$.

最后要掌握二维随机变量的函数分布(分布函数法).

重要术语及主题

二维随机变量 (X,Y) 及其分布函数,离散型随机变量 (X,Y) 的分布律及边缘分布律,连续型随机变量 (X,Y) 的密度函数及边缘密度函数,条件分布函数,条件分布律,条件密度函数,两个随机变量 X,Y 的独立性,$Z=X+Y$ 的密度函数,$M=\max(X,Y)$,$N=\min(X,Y)$ 的密度函数.

习题三

一、填空题

(1) 袋中有 5 个球,分别标有号码 1,2,3,4,5,现从这口袋中任取 3 个球,X,Y 分别表示取出球的最大标号和最小标号,写出 (X,Y) 的分布律________.

(2) 盒中有 12 个零件,其中有 2 个次品,在其中取两次,每次任取一只,不放回抽样,我们定义随机变量 X,Y 如下:$X=\begin{cases}1 & \text{若第一次取次品}\\ 0 & \text{若第一次取正品}\end{cases}$,$Y=\begin{cases}1 & \text{若第二次取次品}\\ 0 & \text{若第二次取正品}\end{cases}$,写出 (X,Y) 的分布律__________.

(3) 将一枚均匀硬币连掷三次,以 X 表示三次试验中出现正面的次数,Y 表示出现正面次数与出现反面次数的差的绝对值.

(i) 写出 (X,Y) 的分布律________;

(ii) X 的边缘分布律________;

(iii) Y 的边缘分布律________;

(iv) $Y=1$ 的条件下,X 的分布律________.

(4) 设 (X,Y) 的密度函数为 $f(x,y)=\begin{cases}Ae^{-(3x+4y)} & x>0,y>0\\ 0 & \text{其他}\end{cases}$,则:

(i) 常数 $A=$________;

(ii) (X,Y) 的分布函数 $F(x,y)=$________;

(iii) $P\{0<X\leqslant 1,0<Y\leqslant 2\}=$________.

(5) 设 $P\{X\geqslant 0,Y\geqslant 0\}=\dfrac{3}{7}$,$P\{X\geqslant 0\}=P\{Y\geqslant 0\}=\dfrac{4}{7}$,则 $P\{\max(X,Y)\geqslant 0\}=$

________.

(6) 设 X 与 Y 相互独立，均服从 $[1,3]$ 上的均匀分布，记 $A=\{X\leqslant a\}$，$B=\{Y>a\}$，且 $P\{A\cup B\}=\frac{7}{9}$，则 $a=$________.

(7) 已知 (X,Y) 的密度函数为 $f(x,y)=\begin{cases}e^{-y} & 0<x<y\\ 0 & \text{其他}\end{cases}$，则随机变量 X 的密度函数 $f_X(x)=$________.

(8) 设平面区域 D 由曲线 $y=\frac{1}{x}$ 及直线 $y=0,x=1,x=e^2$ 所围成，二维随机变量 (X,Y) 在区域 D 上服从均匀分布，则 (X,Y) 关于 X 的边缘密度在 $x=2$ 处的值为________.

(9) 设 (X,Y) 在 D 上服从均匀分布，D 是 xOy 平面上由曲线 $y=x$ 与 $y=x^2$ 所围的区域，则关于 X 的边缘分布密度函数 $f_X(x)=$________.

(10) 设相互独立的随机变量 X 与 Y 具有同一分布律，且 X 的分布律为

X	0	1
P	$\frac{1}{2}$	$\frac{1}{2}$

，则随机变量 $Z=\max(X,Y)$ 的分布律为________.

(11) 设随机变量 X 与 Y 相互独立，$X\sim U(0,2)$，$Y\sim E(1)$，则概率 $P\{X+Y>1\}=$________.

(12) 设随机变量 X 与 Y 相互独立，密度函数分别为 $f_X(x)=\begin{cases}1 & 0<x<1\\ 0 & \text{其他}\end{cases}$，$f_Y(y)=\begin{cases}e^{-y} & y>0\\ 0 & y\leqslant 0\end{cases}$，则随机变量 $Z=2X+Y$ 的密度函数 $f_Z(z)=$________.

(13) $X\sim P(1)$，$Y\sim P(2)$，且 X 与 Y 相互独立，则 $P\{\max(X,Y)\neq 0\}=$________，$P\{\min(X,Y)\neq 0\}=$________.

(14) 设 (X,Y) 的概率密度为 $f(x,y)=\begin{cases}6x & 0\leqslant x\leqslant y\leqslant 1\\ 0 & \text{其他}\end{cases}$，则 $P\{X+Y\leqslant 1\}=$______.

(15) 设 $X_1\sim N(0,2)$，$X_2\sim N(1,3)$，$X_3\sim N(0,6)$，且 X_1,X_2,X_3 相互独立，则 $P\{2\leqslant 3X_1+2X_2+X_3\leqslant 8\}=$________.

二、单项选择题

(1) 在下列二元函数中，能够作为分布函数的是(　　).

(A) $F(x,y)=\begin{cases}1 & x+y>0.8\\ 0 & \text{其他}\end{cases}$

(B) $F(x,y)=\int_{-\infty}^{x}\int_{-\infty}^{y}e^{-s-t}\,ds\,dt$

(C) $F(x,y)=\begin{cases}\int_0^x\int_0^y e^{-s-t}\,ds\,dt & x>0,y>0\\ 0 & \text{其他}\end{cases}$

(D) $F(x,y)=\begin{cases} e^{-x-y} & x>0,y>0 \\ 0 & 其他 \end{cases}$

(2) 设随机变量 X 与 Y 相互独立具有同一分布，且 X 的分布律为

X	0	1
P	$\frac{1}{2}$	$\frac{1}{2}$

，则(　　)正确.

(A) $P\{X=Y\}=0$　　(B) $P\{X=Y\}=1$

(C) $P\{X=Y\}=\frac{1}{2}$　　(D) $P\{X\neq Y\}=\frac{1}{3}$

(3) 设 X 与 Y 相互独立，

X	0	1
P	$\frac{1}{2}$	$\frac{1}{2}$

，

Y	0	1
P	$\frac{2}{3}$	$\frac{1}{3}$

，则方程 $t^2+2Xt+Y=0$ 中 t 有相同实根的概率为(　　).

(A) $\frac{1}{3}$　　(B) $\frac{1}{2}$　　(C) $\frac{1}{6}$　　(D) $\frac{2}{3}$

(4) 设 $X_i\sim\begin{pmatrix} -1 & 0 & 1 \\ \frac{1}{4} & \frac{1}{2} & \frac{1}{4} \end{pmatrix}$，$i=1,2$，且满足 $\rho\{X_1X_2=0\}=1$，则 $P\{X_1=X_2\}=$ (　　).

(A) 0　　(B) $\frac{1}{4}$　　(C) $\frac{1}{2}$　　(D) 1

(5) 设相互独立的随机变量 X 与 Y 均服从 $(0,1)$ 区间上的均匀分布，则服从相应区间或区域上均匀分布的有(　　).

(A) X^2　　(B) $X+Y$　　(C) $X-Y$　　(D) (X,Y)

(6) $X\sim E(1)$，则 $Y=\max(1,X)$ 的分布函数 $F_Y(y)$ 是(　　).

(A) $F_Y(y)=\begin{cases} 0 & y<1 \\ 1-e^{-y} & y\geqslant 1 \end{cases}$　　(B) $F_Y(y)=\begin{cases} 0 & y\leqslant 1 \\ 1-e^{-y} & y>1 \end{cases}$

(C) $F_Y(y)=\begin{cases} 0 & y<1 \\ e^{-y} & y\geqslant 1 \end{cases}$　　(D) $F_Y(y)=\begin{cases} 0 & y\leqslant 1 \\ e^{-y} & y>1 \end{cases}$

(7) $X\sim N(0,1)$，$Y\sim N(1,1)$，X 与 Y 相互独立，则(　　).

(A) $P\{X+Y\leqslant 0\}=\frac{1}{2}$　　(B) $P\{X+Y\leqslant 1\}=\frac{1}{2}$

(C) $P\{X-Y\leqslant 0\}=\frac{1}{2}$　　(D) $P\{X-Y\leqslant 1\}=\frac{1}{2}$

(8) (X,Y) 的分布律为

Y \ X	1	2	3
1	$\frac{1}{6}$	$\frac{1}{9}$	$\frac{1}{18}$
2	$\frac{1}{3}$	α	β

又已知 X 与 Y 相互独立,则 α,β 值必为(　　).

(A) $\alpha=\frac{1}{9},\beta=\frac{2}{9}$　　(B) $\alpha=\frac{2}{9},\beta=\frac{1}{9}$

(C) $\alpha=\frac{1}{6},\beta=\frac{1}{6}$　　(D) $\alpha=\frac{5}{18},\beta=\frac{1}{18}$

(9) 设 (X,Y) 的密度函数为 $f(x,y)=\begin{cases}k(x^2+y^2) & 0<x<2,1<y<4\\ 0 & 其他\end{cases}$,则 $k=$ (　　).

(A) $\frac{1}{30}$　　(B) $\frac{1}{50}$　　(C) $\frac{1}{60}$　　(D) $\frac{1}{80}$

(10) 设 $(X,Y)\sim N(0,0,1,1,0)$,则 $P\{\frac{X}{Y}<0\}=$(　　).

(A) $\frac{1}{2}$　　(B) $\frac{1}{3}$　　(C) $\frac{1}{4}$　　(D) $\frac{1}{2\pi}$

三、计算题

(1) 盒中有3个球,它们依次标有数字1,2,3,从盒中任取一球后,不放回,再从盒中任取一球,以 X,Y 分别记第一次,第二次取得球上标有的数字,求:

(i) (X,Y) 的分布律;

(ii) $P\{X\geqslant Y\}$.

(2) 设 (X,Y) 的密度函数为 $f(x,y)=\begin{cases}Ae^{-(2x+4y)} & x>0,y>0\\ 0 & 其他\end{cases}$,求:

(i) 常数 A;

(ii) $P\{X\geqslant Y\}$.

(3) 已知 X 与 Y 的分布律分别为

X	-1	0	1
P	$\frac{1}{4}$	$\frac{1}{2}$	$\frac{1}{4}$

,

Y	0	1
P	$\frac{1}{2}$	$\frac{1}{2}$

,且 $P\{X=0,Y=0\}=0$.

(i) 写出 (X,Y) 的分布律;

(ii) X 与 Y 独立否;

(iii) 写出在 $Y=0$ 的条件下,X 的分布律.

(4) 设 (X,Y) 的分布律为

X \ Y	0	1
0	0.4	a
1	b	0.1

已知随机事件$\{X=0\}$与$\{X+Y=1\}$相互独立,求a,b的值.

(5) 设(X,Y)的密度函数为$f(x,y)=\begin{cases} Axe^{-(x+y)} & x>0,y>0 \\ 0 & \text{其他} \end{cases}$,求:

(i) 常数A;

(ii) 关于X和关于Y的边缘密度函数;

(iii) 判断X与Y独立否.

(6) 设(X,Y)在区域$D=\{(x,y)\mid 0<x<1,|y|<x\}$内服从均匀分布,求:

(i)(X,Y)的密度函数;

(ii) 边缘密度函数;

(iii)X与Y独立否.

(7) 设G是由x轴,y轴及直线$2x+y-2=0$所围的三角形区域,二维随机变量(X,Y)在G内服从均匀分布,求条件密度函数$f_{X|Y}(x\mid y)$及$f_{Y|X}(y\mid x)$.

(8) 设二维随机变量(X,Y)的分布律

X \ Y	1	2	3
1	$\frac{1}{4}$	$\frac{1}{4}$	$\frac{1}{8}$
2	$\frac{1}{8}$	0	0
3	$\frac{1}{8}$	$\frac{1}{8}$	0

求(i)$X+Y$;(ii)$X-Y$;(iii)XY的分布律.

(9) 设(X,Y)的分布律为

X \ Y	1	2	3
1	$\frac{1}{9}$	0	0
2	$\frac{2}{9}$	$\frac{1}{9}$	0
3	$\frac{2}{9}$	$\frac{2}{9}$	$\frac{1}{9}$

求(i)$U=\max(X,Y)$的分布律;

(ii)$V=\min(X,Y)$的分布律.

(10) 设(X,Y)服从D上的均匀分布,D为由直线$x=0,y=0,x=2,y=2$所围成的正方形区域,求$Z=X-Y$的分布函数及密度函数.

第4章 随机变量的数字特征

随机变量的分布函数能全面完整地描述随机现象的统计规律. 有些随机变量的分布不容易求得,但有些实际问题,对分布并不感兴趣,而只对其中的几个特征指标感兴趣. 如平均值,及与平均值偏离的程度等. 本章将介绍随机变量的常用数字特征:数学期望、方差、协方差、相关系数和矩.

4.1 数学期望

先从一个实际问题说起. 一射手打 10 发子弹,中 10 环 4 发,中 9 环 5 发,中 8 环 1 发. 问平均每枪几环?

这是一个十分简单的问题:总环数 $4\times10+5\times9+1\times8=93$,平均环数为$\frac{93}{10}=9.3$. 但我们准备将这个式子改写一下

$$\frac{4\times10+5\times9+1\times8}{10}=10\times\frac{4}{10}+9\times\frac{5}{10}+8\times\frac{1}{10}=9.3$$

用概率的语言翻译成此射手打 10 环的概率为$\frac{4}{10}$,打 9 环的概率为$\frac{5}{10}$,打 8 环的概率为$\frac{1}{10}$. 因此平均环数为 $10\times\frac{4}{10}+9\times\frac{5}{10}+8\times\frac{1}{10}=9.3$.

定义 4.1 设离散型随机变量 X 的分布律为

X	x_1	x_2	$\cdots$	x_n	$\cdots$
P	p_1	p_2	$\cdots$	p_n	$\cdots$

若 $\sum_{i=1}^{\infty}x_ip_i$ 绝对收敛,称级数 $\sum_{i=1}^{\infty}x_ip_i$ 为随机变量 X 的数学期望,记作 $E(X)$. 即 $E(X)=\sum_{i=1}^{\infty}x_ip_i$. 数学期望简称期望或均值.

定义 4.2 设连续型随机变量 X 的密度函数为$f(x)$,若积分$\int_{-\infty}^{+\infty}xf(x)\,\mathrm{d}x$ 绝对收敛,则

称积分$\int_{-\infty}^{+\infty} xf(x)\,\mathrm{d}x$的值为随机变量$X$的数学期望,记作$E(X)$. 即$E(X)=\int_{-\infty}^{+\infty} xf(x)\,\mathrm{d}x$.

例1 甲、乙两人打靶,各打十发. 甲的结果为

X	7	8	9
P	0.5	0.3	0.2

乙的结果为

Y	6	8	9	10
P	0.4	0.1	0.3	0.2

问如何评定两人的成绩好坏?

解 我们用数学期望来评定. 甲的数学期望为$E(X)=7\times\frac{5}{10}+8\times\frac{3}{10}+9\times\frac{2}{10}=7.7$. 乙的数学期望为$E(Y)=6\times\frac{4}{10}+8\times\frac{1}{10}+9\times\frac{3}{10}+10\times\frac{2}{10}=7.9$. 乙的成绩略好于甲的成绩.

例2 将4个球随机地投入4个盒子中去,设X表示空盒子的个数. 求$E(X)$.

解 先求X的分布律. X的可能取值为0,1,2,3,于是

$$P\{X=0\}=\frac{4!}{4^4}=\frac{6}{64}$$

$$P\{X=1\}=\frac{\mathrm{C}_4^1\cdot\mathrm{C}_4^2\cdot\mathrm{C}_3^1\cdot 2!}{4^4}=\frac{36}{64}$$

$$P\{X=2\}=\frac{\mathrm{C}_4^2(2\cdot\mathrm{C}_4^3+\mathrm{C}_4^2)}{4^4}=\frac{21}{64}$$

$$P\{X=3\}=\frac{\mathrm{C}_4^1}{4^4}=\frac{1}{64}$$

于是$E(X)=0\times\frac{6}{64}+1\times\frac{36}{64}+2\times\frac{21}{64}+3\times\frac{1}{64}=\frac{81}{64}$.

例3 已知X的密度函数为$f(x)=\begin{cases}\frac{A}{x^4} & x>1\\ 0 & x\leqslant 1\end{cases}$,求(1)$A$;(2) 分布函数;(3)$E(X)$.

解 (1) 由$\int_{-\infty}^{+\infty} f(x)\,\mathrm{d}x=1$,可知$\int_1^{+\infty}\frac{A}{x^4}\mathrm{d}x=1$,得$\frac{A}{3}=1$,即$A=3$.

(2) 分布函数$F(x)=\int_{-\infty}^{x} f(t)\,\mathrm{d}t=\begin{cases}0 & x\leqslant 1\\ \int_1^x\frac{3}{t^4}\mathrm{d}t=1-\frac{1}{x^3} & x>1\end{cases}$.

(3)$E(X)=\int_{-\infty}^{+\infty} xf(x)\,\mathrm{d}x=\int_1^{+\infty}\frac{3}{x^3}\mathrm{d}x=\frac{3}{2}$.

我们经常需要求随机变量函数的数学期望. 下面用定理的形式给出其结果.

定理4.1 设Y是随机变量X的函数,$Y=h(X)$(h是连续函数).

(i)X 是离散型随机变量,它的分布律为 $P\{X = x_i\} = P_i, i = 1,2,\cdots$. 若 $\sum_{i=1}^{\infty} h(X_i)P_i$ 绝对收敛,则有

$$E(Y) = E[h(X)] = \sum_{i=1}^{\infty} h(X_i)P_i \tag{4.1}$$

(ii)X 是连续型随机变量,它的密度函数为 $f(x)$. 若 $\int_{-\infty}^{+\infty} h(x)f(x)\mathrm{d}x$ 绝对收敛,则有

$$E(Y) = E[h(X)] = \int_{-\infty}^{+\infty} h(x)f(x)\mathrm{d}x \tag{4.2}$$

定理的重要意义在于当我们求 $E(Y)$ 时,不必算出 Y 的分布,而只需利用 X 的分布就可以了.

定理 4.2　设(X,Y) 是二维随机变量,随机变量 Z 是 X,Y 的函数,$Z = h(X \cdot Y)$(h 是连接函数).

(i) 若(X,Y) 为离散散型随机变量,其分布律为 $P\{x = x_i; y = y_i\} = P_{ij}, i,j = 1,2,\cdots$. 则有

$$E(Z) = E[h(x,y)] = \sum_{i=1}^{\infty}\sum_{j=1}^{\infty} h(x_iy_j)P_{ij} \tag{4.3}$$

(假设级数绝对收敛)

(ii) 若(X,Y) 为连续型随机变量,其密度函数为 $f(x,y)$,则有

$$E(Z) = E[h(x,y)] = \int_{-\infty}^{+\infty}\int_{-\infty}^{+\infty} h(x,y)f(x,y)\mathrm{d}x\mathrm{d}y \tag{4.4}$$

(设积分绝对收敛)

下面给出数学期望的几个重要性质(以下假设的随机变量的数学期望都存在):

(1) 设 C 是常数,则有 $E(C) = C$.

(2) 设 X 是一个随机变量,C 是常数,则有 $E(CX) = CE(X)$.

(3) 设 X,Y 是两个随机变量,则有 $E(X+Y) = E(X) + E(Y)$,这一性质可以推广到任意有限个随机变量之和的情况.

(4) 设 X,Y 相互独立,则有 $E(XY) = E(X)E(Y)$.

我们只就连续随机变量来证明(3),(4).

设二维随机变量(X,Y) 的密度函数为 $f(x,y)$,其边缘密度为 $f_X(x)$,$f_Y(y)$. 由式(4.4)知

$$E(X+Y) = \int_{-\infty}^{+\infty}\int_{-\infty}^{+\infty}(x+y)f(x,y)\mathrm{d}x\mathrm{d}y =$$

$$\int_{-\infty}^{+\infty}\int_{-\infty}^{+\infty} xf(x,y)\mathrm{d}x\mathrm{d}y + \int_{-\infty}^{+\infty}\int_{-\infty}^{+\infty} yf(x,y)\mathrm{d}x\mathrm{d}y = E(X) +$$

$E(Y)$

(3) 得证.

又 X,Y 独立

$$E(XY) = \int_{-\infty}^{+\infty}\int_{-\infty}^{+\infty}(xy)f(x,y)\mathrm{d}x\mathrm{d}y =$$

$$\int_{-\infty}^{+\infty}\int_{-\infty}^{+\infty}(xy)f_X(x)f_Y(y)\,\mathrm{d}x\mathrm{d}y =$$

$$\left[\int_{-\infty}^{+\infty}xf_X(x)\,\mathrm{d}x\right]\left[\int_{-\infty}^{+\infty}yf_Y(y)\,\mathrm{d}y\right] = E(X)E(Y)$$

(4) 得证.

最后给出一些重要分布的数学期望.

(1) 两点分布 $X \sim (0-1)$

X	0	1
P	$1-P$	P

$$E(X) = 0 \times (1-P) + 1 \times P = P$$

(2) 二项分布 $X \sim B(n,p)$. X 的分布律为

X	0	1	$\cdots$	k	$\cdots$	n
P	$(1-p)^n$	$C_n^1 p(1-p)^{n-1}$	$\cdots$	$C_n^k p^k(1-p)^{n-k}$	$\cdots$	p^n

解法1 $E(X) = \sum_{k=0}^{n} kC_n^k p^k(1-p)^{n-k} = \sum_{k=1}^{n}\frac{kn!}{k!(n-k)!}p^k(1-p)^{n-k} =$

$$np\sum_{k=1}^{n}\frac{(n-1)!}{(k-1)!(n-k)!}p^{k-1}(1-p)^{(n-1)-(k-1)} = np$$

解法2 设 $X_i = \begin{cases}1 & 第 i 次试验事件发生\\ 0 & 否\end{cases}$

X_i	0	1
P	$1-p$	p

$E(X_i) = p$. 则

$$X = X_1 + X_2 + \cdots + X_n$$

$$E(X) = E(X_1 + X_2 + \cdots + X_n) = E(X_1) + E(X_2) + \cdots + E(X_n) = np$$

求数学期望的这种方法应该掌握.

(3) 泊松分布 $X \sim P(\lambda)$ X 的分布律为

X	0	1	2	$\cdots$	k	$\cdots$
P	$\mathrm{e}^{-\lambda}$	$\lambda\mathrm{e}^{-\lambda}$	$\frac{\lambda^2}{2!}\mathrm{e}^{-\lambda}$	$\cdots$	$\frac{\lambda^k}{k!}\mathrm{e}^{-\lambda}$	$\cdots$

$$E(X) = \sum_{k=0}^{\infty} k\frac{\lambda^k}{k!}\mathrm{e}^{-\lambda} = \lambda\mathrm{e}^{-\lambda}\sum_{k=1}^{\infty}\frac{\lambda^{k-1}}{(k-1)!} = \lambda\mathrm{e}^{-\lambda}\mathrm{e}^{\lambda} = \lambda$$

(4) 均匀分布 $X \sim U[a,b]$,其密度函数为

$$f(x) = \begin{cases}\frac{1}{b-a} & a \leqslant x \leqslant b\\ 0 & 其他\end{cases}$$

$$E(X) = \int_{-\infty}^{+\infty}xf(x)\,\mathrm{d}x = \int_a^b\frac{x}{b-a}\mathrm{d}x = \frac{a+b}{2}$$

(5) 指数分布　$X \sim E(\lambda)$,其密度函数为

$$f(x)=\begin{cases}\lambda e^{-\lambda x} & x>0\\ 0 & x\leqslant 0\end{cases}$$

$$E(X)=\int_{-\infty}^{+\infty}xf(x)\,dx=\int_{0}^{+\infty}\lambda x e^{-\lambda x}dx=\frac{1}{\lambda}$$

(6) 正态分布 $X\sim N(\mu,\sigma^2)$,其密度函数为

$$f(x)=\frac{1}{\sqrt{2\pi}\sigma}e^{-\frac{(x-\mu)^2}{2\sigma^2}},\ -\infty<x<+\infty$$

$$E(X)=\int_{-\infty}^{+\infty}xf(x)\,dx=\frac{1}{\sqrt{2\pi}\sigma}\int_{-\infty}^{+\infty}xe^{-\frac{(x-\mu)^2}{2\sigma^2}}dx\overset{t=\frac{x-\mu}{\sqrt{2}\sigma}}{=}$$

$$\frac{1}{\sqrt{2\pi}\sigma}\int_{-\infty}^{+\infty}\sqrt{2}\sigma(\sqrt{2}\sigma t+\mu)e^{-t^2}dt=$$

$$\frac{1}{\sqrt{2\pi}\sigma}\left[\int_{-\infty}^{+\infty}(\sqrt{2}\sigma)^2te^{-t^2}dt+\int_{-\infty}^{+\infty}\sqrt{2}\sigma\mu e^{-t^2}dt\right]=$$

$$\frac{1}{\sqrt{2\pi}\sigma}(0+\sqrt{2}\sigma\mu\int_{-\infty}^{+\infty}e^{-t^2}dt)=\frac{1}{\sqrt{2\pi}\sigma}(\sqrt{2}\sigma\mu\sqrt{\pi})=\mu$$

例 4　一民航送客车有 20 位旅客自机场开出,旅客有 10 个车站可以下车,如到达一个车站没有旅客下车,车就不停.以 X 表示停车次数(设每位旅客在各站下车都是等可能的,并且相互独立),求 $E(X)$.

解　$X_i=\begin{cases}1 & 第\ i\ 站有人下车\\ 0 & 否则\end{cases}$,$i=1,2,\cdots,10$.于是

$$X=\sum_{i=1}^{10}X_i$$

X_i	0	1
	$(\frac{9}{10})^{20}$	$1-(\frac{9}{10})^{20}$

$$E(X_i)=1-(\frac{9}{10})^{20},i=1,2,\cdots,10$$

$$E(X)=E(X_1+X_2+\cdots X_{10})=10\times\left[1-(\frac{9}{10})^{20}\right]\approx 8.784$$

如求二项分布的数学期望的解法 2 一样.这种解题技巧:将一个复杂的随机变量分解成为简单的 0—1 分布的随机变量的和来简化计算.

4.2　方　差

先从一个例子谈起.

甲、乙两组.甲组有 3 人,乙组有 4 人.一次数学考试.

甲组三人的成绩为:69 分、70 分、71 分;

乙组四人的成绩为:100 分、95 分、45 分、40 分.

两组的平均成绩都是 70 分. 甲组的成绩与均值的偏差很小,乙组的成绩与均值的偏差较大. 因此需要引入一个描述相对均值的偏离程度的指标 —— 方差.

定义 4.3 设 X 是一个随机变量,若 $E\{[X-E(X)]^2\}$ 存在,则称 $E\{[X-E(X)]^2\}$ 为 X 的方差. 记作 $D(X)$ 或 $Var(X)$,即

$$D(X)=Var(X)=E\{[X-E(X)]^2\}$$

依期望的性质,有

$$D(X)=E\{[X-E(X)]^2\}=E\{X^2-2XE(X)+[E(X)]^2\}=$$
$$E(X^2)-2[E(X)]^2+[E(X)]^2=E(X^2)-[E(X)]^2$$

定义 4.4 设随机变量 X 具有数学期望 $E(X)=\mu$,方差 $D(X)=\sigma^2\neq 0$,记 $\widetilde{X}=\frac{X-\mu}{\sigma}$,称 $\widetilde{X}$ 为 X 的标准化变量.

易知 $E(\widetilde{X})=E(\frac{X-\mu}{\sigma})=\frac{1}{\sigma}E(X-\mu)=\frac{1}{\sigma}[E(X)-\mu]=0$;

$$D(\widetilde{X})=E(\widetilde{X}^2)-[E(\widetilde{X})]^2=E[(\frac{X-\mu}{\sigma})^2]=\frac{1}{\sigma^2}E[(X-\mu)^2]=\frac{\sigma^2}{\sigma^2}=1$$

现在给出方差的几个重要性质(设随机变量的方差都存在)

(1) 设 C 为常数. 则 $D(C)=0$.

(2) C 为常数,X 为随机变量. 则 $D(CX)=C^2D(X)$.

(3) 设 X,Y 为两个随机变量. 则

$$D(X+Y)=D(X)+D(Y)+2E\{[X-E(X)][Y-E(Y)]\}$$

特别地,X,Y 独立. 则有

$$D(X+Y)=D(X)+D(Y)$$

这一性质可以推广到 n 个相互独立的随机变量之和的情况.

(4) $D(X)=0$ 的充要条件是 $P\{X=C\}=1$.

证 (1) $D(C)=E\{[C-E(C)]^2\}=0$

(2) $D(CX)=E\{[CX-E(CX)]^2\}=C^2E\{[X-E(X)]^2\}=C^2D(X)$

(3) $D(X+Y)=E\{[(X+Y)-E(X+Y)]^2\}=$

$$E\{[(X-E(X))+(Y-E(Y))]^2\}=$$
$$E\{[X-E(X)]^2\}+E\{[Y-E(Y)]^2\}+$$
$$2E\{[X-E(X)][Y-E(Y)]\}=$$
$$D(X)+D(Y)+2E\{[X-E(X)][Y-E(Y)]\}=$$
$$D(X)+D(Y)+2\{E(XY)-E(X)E(Y)\}$$

特别当 X,Y 独立时,$E(XY)=E(X)E(Y)$,则有 $D(X+Y)=D(X)+D(Y)$.

(4) 证明略.

方差 $D(X)$ 作为偏离均值的分散程度的一个指标,方差的单位是 X 单位的平方. 为了单位的一致,常常使用衡量分散程度的另一个指标 —— 标准差. 即标准差 $\sigma(X)=\sqrt{D(X)}$.

下面将一些重要分布的方差列写如下.

(1) 两点分布　$X\sim(0-1)$

X	0	1
P	$1-p$	p

$$D(X)=E(X^2)-[E(X)]^2=p-p^2=p(1-p)$$

(2) 二项分布　$X\sim B(n,p)$.

$X=X_1+X_2+\cdots+X_n$. $X_i=\begin{cases}1 & \text{第 } i \text{ 次试验事件发生}\\0 & \text{否}\end{cases}$, $X_1,X_2,\cdots,X_n$ 相互独立.

$$D(X)=D(X_1+X_2+\cdots+X_n)=D(X_1)+D(X_2)+\cdots+D(X_n)=np(1-p)$$

(3) 泊松分布　$X\sim P(\lambda)$

X	0	1	2	$\cdots$	k	$\cdots$
P	$e^{-\lambda}$	$\lambda e^{-\lambda}$	$\frac{\lambda^2}{2!}e^{-\lambda}$	$\cdots$	$\frac{\lambda^k}{k!}e^{-\lambda}$	$\cdots$

$$D(X)=E(X^2)-[E(X)]^2=\sum_{k=0}^{\infty}k^2\frac{\lambda^k}{k!}e^{-\lambda}-\lambda^2=$$

$$e^{-\lambda}\left[\sum_{k=2}^{\infty}\frac{\lambda^k}{(k-2)!}+\sum_{k=1}^{\infty}\frac{\lambda^k}{(k-1)!}\right]-\lambda^2=e^{-\lambda}(\lambda^2e^{\lambda}+\lambda e^{\lambda})-\lambda^2=\lambda$$

(4) 均匀分布 $X\sim U[a,b]$,其密度函数为 $f(x)=\begin{cases}\frac{1}{b-a} & a\leqslant x\leqslant b\\0 & \text{其他}\end{cases}$

$$D(X)=E(X^2)-[E(X)]^2=\int_{-\infty}^{+\infty}x^2f(x)\,dx-\left(\frac{a+b}{2}\right)^2=\int_a^b\frac{x^2}{b-a}dx-\left(\frac{a+b}{2}\right)^2=$$

$$\frac{1}{3}(b^2+ab+a^2)-\frac{b^2+2ab+a^2}{4}=\frac{(b-a)^2}{12}$$

(5) 指数分布　$X\sim E(\lambda)$,其密度函数为 $f(x)=\begin{cases}\lambda e^{-\lambda x} & x>0\\0 & x\leqslant 0\end{cases}$

$$D(X)=E(X^2)-[E(X)]^2=\int_{-\infty}^{+\infty}x^2f(x)\,dx-\frac{1}{\lambda^2}=\int_0^{+\infty}\lambda x^2e^{-\lambda x}dx-\frac{1}{\lambda^2}=$$

$$\frac{2}{\lambda^2}-\frac{1}{\lambda^2}-=\frac{1}{\lambda^2}$$

(6) 正态分布 $X\sim N(\mu,\sigma^2)$,其密度函数为 $f(x)=\frac{1}{\sqrt{2\pi}\sigma}e^{-\frac{(x-\mu)^2}{2\sigma^2}}$, $-\infty<x<+\infty$.

$$DX=E[(X-EX)^2]=\int_{-\infty}^{+\infty}\frac{1}{\sqrt{2\pi}\sigma}(x-\mu)^2e^{-\frac{(x-\mu)^2}{2\sigma^2}}dx\xlongequal{\mu^2\frac{x-\mu}{\sigma}}\frac{\sigma^2}{\sqrt{2\pi}}\int_{-\infty}^{+\infty}\mu^2e^{-\frac{\mu^2}{2}}du=$$

$$\frac{\sigma^2}{\sqrt{2\pi}}\left[-\mu e^{-\frac{\mu^2}{2}}\right]_{-\infty}^{+\infty}+\frac{\sigma^2}{\sqrt{2\pi}}\int_{-\infty}^{+\infty}e^{-\frac{\mu^2}{2}}du=\sigma^2$$

例5　随机变量 X 的密度函数为 $f(x)=\begin{cases}\frac{A}{x^5} & x\geqslant 1\\0 & x<1\end{cases}$,求(1) 常数 A, (2) $E(X)$,

(3) $D(X)$.

解 (1) $\int_{-\infty}^{+\infty} f(x)\mathrm{d}x = 1$,即

$$\int_{1}^{+\infty} \frac{A}{x^5}\mathrm{d}x = -\frac{A}{4}\frac{1}{x^4}\bigg|_1^{+\infty} = \frac{A}{4} = 1$$

$$A = 4$$

(2) $E(X) = \int_{-\infty}^{+\infty} xf(x)\mathrm{d}x = \int_{1}^{+\infty} \frac{4}{x^4}\mathrm{d}x = -\frac{4}{3x^3}\bigg|_1^{+\infty} = \frac{4}{3}$

(3) $D(X) = E(X^2) - [E(X)]^2 =$

$$\int_{-\infty}^{+\infty} x^2 f(x)\mathrm{d}x - \frac{16}{9} = \int_{1}^{+\infty} \frac{4}{x^3}\mathrm{d}x - \frac{16}{9} = -\frac{2}{x^2}\bigg|_1^{+\infty} - \frac{16}{9} = \frac{2}{9}$$

4.3 协方差和相关系数

对随机向量(X,Y). 我们希望同随机变量一样,用一些数字指标来反映随机向量的某些重要的统计特征. 由于随机向量的分布中不仅包含单个分量自身的统计规律性,还包含了分量之间相互联系的统计规律性. “协方差”就是其中之一. 我们知道,随机变量 X 和 Y 独立是 X 和 Y 之间的一种关系. 并且有 $E\{[X-E(X)][Y-E(Y)]\}=0$. 由此可见上式不成立,X 与 Y 肯定不独立.

定义4.5 设(X,Y)为二维随机变量,$E(X)$,$E(Y)$ 均存在. 如果$E\{[X-E(X)][Y-E(Y)]\}$ 存在,称$E\{[X-E(X)][Y-E(Y)]\}$ 为随机变量 X 与 Y 的协方差. 记作 $Cov(X,Y)$. 即

$$Cov(X,Y) = E\{[X - E(X)][Y - E(Y)]\}$$

$$\begin{aligned} Cov(X,Y) &= E\{XY - XE(Y) - YE(X) + E(X)E(Y)]\} = \\ &E(XY) - E(X)E(Y) - E(X)E(Y) + E(X)E(Y) = \\ &E(XY) - E(X)E(Y) \end{aligned}$$

这就是计算协方差的公式.

如果(X,Y)是离散型的,分布律为$P\{X=x_i,Y=y_j\}=p_{ij}$,$i,j=1,2,\cdots$. 则(X,Y)的协方差

$$Cov(X,Y) = \sum_{i,j}[x_i - E(X)][y_j - E(Y)]p_{ij}$$

容易验证协方差有如下性质:

(1) $Cov(X,Y) = Cov(Y,X)$;

(2) $Cov(X,X) = D(X)$;

(3) $Cov(X,a) = 0$, a 为常数;

(4) $Cov(aX+b,cY+d) = acCov(X,Y)$, a,b,c,d 为常数;

(5) $Cov(X+Y,Z) = Cov(X,Z) + Cov(Y,Z)$.

显然 $D(X \pm Y) = D(X) + D(Y) \pm 2Cov(X,Y)$.

例6 设(X,Y)的分布律为

X \ Y	-1	0	1
-1	$\frac{1}{10}$	$\frac{3}{10}$	0
0	$\frac{1}{10}$	$\frac{1}{10}$	$\frac{2}{10}$
1	0	$\frac{1}{10}$	$\frac{1}{10}$

求 $Cov(X,Y)$.

解　X 的边缘分布律为

X	-1	0	1
P	$\frac{4}{10}$	$\frac{4}{10}$	$\frac{2}{10}$

$$E(X)=-1\times\frac{4}{10}+0\times\frac{4}{10}+1\times\frac{2}{10}=-\frac{2}{10}=-\frac{1}{5}$$

Y 的边缘分布律为

Y	-1	0	1
P	$\frac{2}{10}$	$\frac{5}{10}$	$\frac{3}{10}$

$$E(Y)=-1\times\frac{2}{10}+0\times\frac{5}{10}+1\times\frac{3}{10}=\frac{1}{10}$$

$$E(XY)=(-1)\times(-1)\times\frac{1}{10}+(-1)\times0\times\frac{3}{10}+(-1)\times1\times0+0\times(-1)\times\frac{1}{10}+$$
$$0\times0\times\frac{1}{10}+0\times1\times\frac{2}{10}+1\times(-1)\times0+1\times0\times\frac{1}{10}+1\times1\times\frac{1}{10}=\frac{2}{10}=\frac{1}{5}$$

$$Cov(X,Y)=E(XY)-E(X)E(Y)=\frac{1}{5}-(-\frac{1}{5})\times\frac{1}{10}=\frac{11}{50}$$

例7　(X,Y) 的密度函数为 $f(x,y)=\begin{cases}Axy & 0\leqslant x\leqslant y\leqslant 1\\ 0 & \text{其他}\end{cases}$，求 (1) A，(2) $E(X)$，$E(Y)$，(3) $Cov(X,Y)$.

解　(1) 如图4.1

$$\int_{-\infty}^{+\infty}\int_{-\infty}^{+\infty}f(x,y)\,\mathrm{d}x\mathrm{d}y=1$$

即

即　$$\int_0^1\mathrm{d}x\int_x^1 Axy\,\mathrm{d}y=\frac{A}{2}\int_0^1 x(1-x^2)\,\mathrm{d}x=\frac{A}{2}(\frac{1}{2}-\frac{1}{4})=\frac{A}{8}=1\Rightarrow A=8$$

(2) $$f_X(x)=\int_{-\infty}^{+\infty}f(x,y)\,\mathrm{d}y=\begin{cases}\int_x^1 8xy\,\mathrm{d}y=4x(1-x^2) & 0\leqslant x\leqslant 1\\ 0 & \text{其他}\end{cases}$$

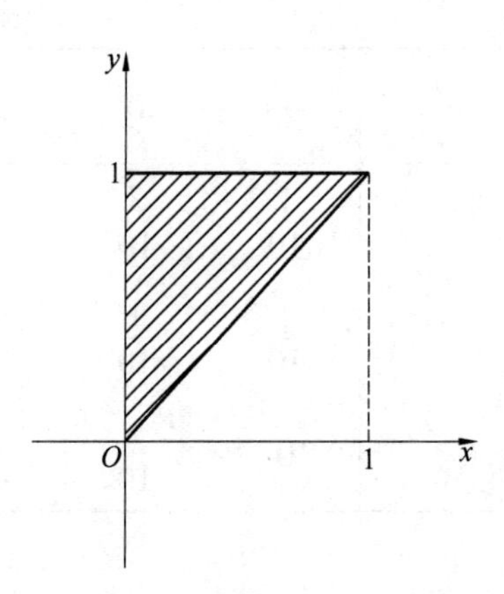

图 4.1

$$E(X)=\int_{-\infty}^{+\infty}xf_X(x)\mathrm{d}x=\int_0^1 4x^2(1-x^2)\mathrm{d}x=\frac{4}{3}-\frac{4}{5}=\frac{8}{15}$$

$$f_Y(y)=\int_{-\infty}^{+\infty}f(x,y)\mathrm{d}x=\begin{cases}\int_0^y 8xy\mathrm{d}x=4y^3 & 0\leqslant y\leqslant 1\\ 0 & \text{其他}\end{cases}$$

$$E(Y)=\int_{-\infty}^{+\infty}yf_Y(y)\mathrm{d}y=\int_0^1 4y^4\mathrm{d}y=\frac{4}{5}$$

(3) $E(XY)=\int_{-\infty}^{+\infty}\int_{-\infty}^{+\infty}xyf(x,y)\mathrm{d}x\mathrm{d}y=\int_0^1\mathrm{d}x\int_x^1 xy\times 8xy\mathrm{d}y=$

$$\frac{8}{3}\int_0^1 x^2(1-x^3)\mathrm{d}x=\frac{8}{3}\left(\frac{1}{3}-\frac{1}{6}\right)=\frac{4}{9}$$

$$Cov(x,y)=E(XY)-E(X)E(Y)=\frac{4}{9}-\frac{8}{15}\times\frac{4}{5}=\frac{4}{225}$$

注意,协方差 $Cov(X,Y)$ 的单位是 X 和 Y 的单位的乘积,当 X 和 Y 使用不同的量纲时,其意义不明确,为此令

$$X^*=\frac{X}{\sigma(X)},Y^*=\frac{Y}{\sigma(Y)}$$

此时 X^*,Y^* 是无量纲的纯数

$$Cov(X^*,Y^*)=Cov\left(\frac{1}{\sigma(X)}X,\frac{1}{\sigma(Y)}Y\right)=\frac{1}{\sigma(X)\sigma(Y)}Cov(X,Y)$$

定义 4.6 设(X,Y)为二维随机变量. X,Y 的方差均存在,且都大于零. 称 $\rho_{XY}=\dfrac{Cov(X,Y)}{\sqrt{D(X)}\sqrt{D(Y)}}$ 为 X 与 Y 之间的相关系数.

定义 4.7 如果 X 与 Y 的相关系数 $\rho_{XY}=0$,称 X 与 Y 不相关.

定理 4.3 ρ_{XY} 是随机变量 X 与 Y 的相关系数,则 $|\rho_{XY}|\leqslant 1$.

(证明略)

例 8 设 X,Y 是两个随机变量,且 $Y=aX+b(a\neq 0,a,b$ 常数$)$,$D(X)$ 存在且不为0,求 ρ_{XY}.

解 $$Cov(X,Y)=Cov(X,aX+b)=aCov(X,X)=aD(X)$$

$$D(Y)=D(aX+b)=a^2D(X)$$

于是

$$\rho_{XY}=\frac{Cov(X,Y)}{\sqrt{D(X)}\sqrt{D(Y)}}=\frac{aD(X)}{\sqrt{D(X)}\sqrt{a^2D(X)}}=\frac{a}{|a|}=\begin{cases}1 & a>0\\ -1 & a<0\end{cases}$$

定理 4.4　设(X,Y)为二维随机变量,$D(X)$,$D(Y)$都大于零. 则$|\rho_{XY}|=1$的充要条件是$P\{Y=aX+b\}=1(a\neq 0,a,b$常数),当$a>0$时,$\rho_{XY}=1$;当$a<0$时,$\rho_{XY}=-1$.

(证明略)

如果$D(X)$,$D(Y)$都存在且大于零,那么X与Y不相关等价于下列任何一个条件:

(1)$\rho_{XY}=0$;

(2)$Cov(X,Y)=0$;

(3)$E(XY)=E(X)E(Y)$;

(4)$D(X\pm Y)=D(X)+D(Y)$.

例 9　设(X,Y)的分布律为

X \ Y	-1	0	1
-1	$\frac{1}{8}$	$\frac{1}{8}$	$\frac{1}{8}$
0	$\frac{1}{8}$	0	$\frac{1}{8}$
1	$\frac{1}{8}$	$\frac{1}{8}$	$\frac{1}{8}$

验证X与Y不相关,但是X与Y不独立.

解

X \ Y	-1	0	1	$P_{i\cdot}$
-1	$\frac{1}{8}$	$\frac{1}{8}$	$\frac{1}{8}$	$\frac{3}{8}$
0	$\frac{1}{8}$	0	$\frac{1}{8}$	$\frac{2}{8}$
1	$\frac{1}{8}$	$\frac{1}{8}$	$\frac{1}{8}$	$\frac{3}{8}$
$P_{\cdot j}$	$\frac{3}{8}$	$\frac{2}{8}$	$\frac{3}{8}$	

显然X与Y不独立(因为$\frac{2}{8}\times\frac{2}{8}\neq P_{22}=0$)

$$E(X)=0,E(Y)=0$$

$$E(XY)=(-1)\times(-1)\times\frac{1}{8}+(-1)\times 1\times\frac{1}{8}+1\times(-1)\times\frac{1}{8}+1\times 1\times\frac{1}{8}=0$$

于是 $Cov(X,Y)=E(XY)-E(X)E(Y)=0$,故 X 与 Y 不相关.

于是有 X 与 Y 独立 $\Rightarrow X$ 与 Y 不相关(反之未必).

例 10 掷硬币100次. 正面出现的次数为 X,反面出现的次数为 Y,求 X 与 Y 的相关系数 ρ_{XY}.

解 显然有 $X+Y=100$,所以 $\rho_{XY}=-1$.

下面再介绍随机变量的另外几个数字特征.

定义 4.8 设 X 是随机变量. 若 $E(X^k)$, $k=1,2,\cdots$ 存在. 称它为 X 的 k 阶原点矩,简称 k 阶矩.

定义 4.9 若 $E\{[X-E(X)]^k\}$, $k=2,3,\cdots$ 存在,称它为 X 的 k 阶中心矩.

定义 4.10 设 X,Y 为随机变量. 若 $E(X^kY^l)$, $k,l=1,2,\cdots$ 存在. 称它为 X 和 Y 的 $k+l$ 阶混合矩.

定义 4.11 设 X,Y 为随机变量. 若 $E\{[X-E(X)]^k[Y-E(Y)]^l\}$, $k,l=1,2,\cdots$ 存在,称之为 X 和 Y 的 $k+l$ 阶混合中心矩.

显然 X 的数学期望 $E(X)$ 是 X 的一阶原点矩,方差 $D(X)$ 是 X 的二阶中心矩,协方差 $Cov(X,Y)$ 是 X 与 Y 的二阶混合中心矩.

百花园

例 11 将一均匀骰子独立地掷3次,三次点数之和为 X,求 $E(X)$.

解 设随机变量 X_i –"第 i 次掷出的点数",$i=1,2,3$.

X_i	1	2	3	4	5	6
P	$\frac{1}{6}$	$\frac{1}{6}$	$\frac{1}{6}$	$\frac{1}{6}$	$\frac{1}{6}$	$\frac{1}{6}$

$$E(X_i)=\frac{1}{6}(1+2+\cdots+6)=3.5$$

显然

$$X=X_1+X_2+X_3, E(X)=E(X_1)+E(X_2)+E(X_3)=3\times3.5=10.5$$

注:如果先求 X 的分布律,再计算 $E(X)$,那是十分麻烦的. 因此要掌握将一个复杂的随机变量分解成简单的随机变量的和.

例 12 已知 N 件产品中含有 M 件次品. 从中任意一次取出 n 件($n\leqslant N$). 设这 n 件产品中的次品数为 X. 求 $E(X)$.

解 将一次取出 n 件理解成为一次取一件不放回地取 n 次,令 $X_i=\begin{cases}1 & \text{第 } i \text{ 次取次品}\\ 0 & \text{第 } i \text{ 次取正品}\end{cases}$, $i=1,2,\cdots,n$. 显然 $X=\sum_{i=1}^{n}X_i$.

X_i	0	1
P	$1-\frac{M}{N}$	$\frac{M}{N}$

$E(X_i)=\frac{M}{N}$,因而$E(X)=\sum_{i=1}^{n}E(X_i)=n\frac{M}{N}$.

注:如果先求出X的分布律.再直接计算较繁.

例13　将n只球相互独立地放入到N只盒子中去.设每个球放入各个盒子是等可能的.X是有球的盒子数.求$E(X)$.

解　设$X_i=\begin{cases}1 & 第i只盒子有球\\0 & 第i只盒子无球\end{cases}$,$i=1,2,\cdots,N$.显然$X=\sum_{i=1}^{n}X_i$.

对第i只盒子,一只球放入的概率为$\frac{1}{N}$,没放入的概率为$1-\frac{1}{N}$,n只球都没放入的概率为$\left(1-\frac{1}{N}\right)^n$.

X_i	0	1
P	$\left(1-\frac{1}{N}\right)^n$	$1-\left(1-\frac{1}{N}\right)^n$

$$E(X_i)=1-(1-\frac{1}{N})^n$$

因此

$$E(X)=\sum_{i=1}^{N}E(X_i)=N[1-(1-\frac{1}{N})^n]$$

注:直接求X的分布律很困难,这就看出来将复杂的随机变量X分解成若干个简单的随机变量X_i之和的优越性.

例14　设某人写了n封投向n个不同地方的信,再写标有n个地址的信封,然后在每个信封内任意装入一封信,若信装入写有该地址的信封,称为一个配对,设配对数为X,求$E(X)$.

解　设$X_i=\begin{cases}1 & 第i封信配对\\0 & 否则\end{cases}$,$i=1,2,\cdots,n$.

X_i	0	1
P	$1-\frac{1}{n}$	$\frac{1}{n}$

$$E(X_i)=\frac{1}{n},X=\sum_{i=1}^{n}X_i$$

因而$E(X)=\sum_{i=1}^{n}E(X_i)=n\frac{1}{n}=1$.

例15　设随机变量X的分布律为

X	−2	0	2
P	0.4	0.3	0.3

求(1)$E(X)$,(2)$E(X^2)$,(3)$E(3X^2+1)$,(4)$D(X)$.

解　(1)$E(X)=-2\times0.4+0\times0.3+2\times0.3=-0.2$

(2)$E(X^2)=(-2)^2\times0.4+2^2\times0.3=2.8$

(3) $E(3X^2+1)=3E(X^2)+1=9.4$

(4) $D(X)=E(X^2)-[E(X)]^2=2.8-(-0.2)^2=2.76$

例 16 设相互独立的随机变量 X,Y 具有同一分布，且 X 的分布律为

X	0	1
P	$\frac{1}{2}$	$\frac{1}{2}$

求 $Z=\min(X,Y)$ 的数学期望和方差.

解 (X,Y) 的分布律为

X \ Y	0	1
0	$\frac{1}{4}$	$\frac{1}{4}$
1	$\frac{1}{4}$	$\frac{1}{4}$

由此可得 $Z=\min(X,Y)$ 的分布律为

Z	0	1
P	$\frac{3}{4}$	$\frac{1}{4}$

因此

$$E(Z)=0\times\frac{3}{4}+1\times\frac{1}{4}=\frac{1}{4},E(Z^2)=0^2\times\frac{3}{4}+1^2\times\frac{1}{4}=\frac{1}{4}$$

$$D(Z)=E(Z^2)-[E(Z)]^2=\frac{1}{4}-\frac{1}{16}=\frac{3}{16}$$

例 17 设随机变量 X 的密度函数为 $f(X)=\begin{cases}A(1-x) & 0<x<1\\ 0 & \text{其他}\end{cases}$. 求(1)$A$. (2) 分布函数 $F(x)$, (3) $E(X)$, (4) $D(X)$.

解 (1) $\int_{-\infty}^{+\infty}f(x)\mathrm{d}x=1$，即$\int_0^1 A(1-x)\mathrm{d}x=A\left(1-\frac{1}{2}x^2\Big|_0^1\right)=\frac{A}{2}=1,\Rightarrow A=2.$

(2) 设分布函数 $F(x)=\int_{-\infty}^{x}f(t)\mathrm{d}t=\begin{cases}0 & x\leqslant 0\\ \int_0^x 2(1-t)\mathrm{d}t=2x-x^2 & 0<x<1\\ 1 & x\geqslant 1\end{cases}$

(3) $E(X)=\int_{-\infty}^{+\infty}xf(x)\mathrm{d}x=\int_0^1 2x(1-x)\mathrm{d}x=x^2\Big|_0^1-\frac{2}{3}x^3\Big|_0^1=\frac{1}{3}$

(4) $D(X)=E(X^2)-[E(X)]^2=\int_{-\infty}^{+\infty}x^2f(x)\mathrm{d}x-\frac{1}{9}=$

$$\int_0^1 2x^2(1-x)\mathrm{d}x-\frac{1}{9}=\frac{2}{3}x^3\Big|_0^1-\frac{1}{2}x^4\Big|_0^1-\frac{1}{9}=\frac{1}{18}$$

例 18　假设公共汽车起点站于每时的 10 分、30 分、50 分发车，某乘客不知道发车的时间，在每小时内任一时刻到达车站是随机的，求该乘客到车站等车时间的数学期望.

解　由于乘客在每小时内的任意时刻到达车站是随机的，因此可以认为该乘客到达车站的时刻 X 为$[0,60]$上的均匀分布，其密度函数 $f(x)=\begin{cases}\frac{1}{60} & 0\leqslant x\leqslant 60\\ 0 & 其他\end{cases}$，乘客等候时间 Y 是到达时间 X 的函数. $Y=g(X)=\begin{cases}10-X & 0<X\leqslant 10\\ 30-X & 10<X\leqslant 30\\ 50-X & 30<X\leqslant 50\\ 60-X+10 & 50<X\leqslant 60\end{cases}$

$$E(Y)=E[g(X)]=\int_{-\infty}^{+\infty}g(x)f(x)\mathrm{d}x=$$

$$\int_0^{10}(10-x)\frac{1}{60}\mathrm{d}x+\int_{10}^{30}(30-x)\frac{1}{60}\mathrm{d}x+\int_{30}^{50}(50-x)\frac{1}{60}\mathrm{d}x+\int_{50}^{60}(70-x)\frac{1}{60}\mathrm{d}x=$$

$$\frac{1}{60}[(100-50)+(600-400)+(1\,000-800)+(700-550)]=\frac{25}{3}$$

例 19　设随机变量 X 的密度函数为 $f(x)=\begin{cases}ax^2+bx+c & 0<x<1\\ 0 & 其他\end{cases}$，已知 $E(X)=0.5$，$D(X)=0.15$，求 a,b,c.

解　$\int_{-\infty}^{+\infty}f(x)\mathrm{d}x=1$，有 $\int_0^1(ax^2+bx+c)\mathrm{d}x=1$，即 $\frac{1}{3}a+\frac{1}{2}b+c=1$.

又
$$E(X)=\int_{-\infty}^{+\infty}xf(x)\mathrm{d}x=\int_0^1 x(ax^2+bx+c)\mathrm{d}x=0.5$$

即
$$\frac{a}{4}+\frac{b}{3}+\frac{c}{2}=\frac{1}{2}$$

再
$$D(X)=E(X^2)-[E(X)]^2,E(X^2)=D(X)+[E(X)]^2=0.4$$

即

$$\int_0^1 x^2(ax^2+bx+c)\mathrm{d}x=0.4,\frac{1}{5}a+\frac{1}{4}b+\frac{1}{3}c=0.4$$

联立解之得 $a=12,b=-12,c=3$.

例 20　设二维随机变量(X,Y)的密度函数为

$$f(x,y)=\begin{cases}A\sin(x+y) & 0\leqslant x\leqslant\frac{\pi}{2},0\leqslant y\leqslant\frac{\pi}{2}\\ 0 & 其他\end{cases}$$

求(1)A，(2)$E(X),E(Y),D(X),D(Y)$，(3)ρ_{XY}.

解　(1) 由 $\int_{-\infty}^{+\infty}\int_{-\infty}^{+\infty}f(x,y)\mathrm{d}x\mathrm{d}y=1$，即 $\int_0^{\frac{\pi}{2}}\int_0^{\frac{\pi}{2}}A\sin(x+y)\mathrm{d}x\mathrm{d}y=1\Rightarrow A=\frac{1}{2}$.

(2) $E(X)=\int_{-\infty}^{+\infty}\int_{-\infty}^{+\infty}xf(x,y)\mathrm{d}x\mathrm{d}y=\int_0^{\frac{\pi}{2}}\int_0^{\frac{\pi}{2}}\frac{1}{2}x\sin(x+y)\mathrm{d}x\mathrm{d}x=\frac{\pi}{4}$

$$E(X^2)=\int_0^{\frac{\pi}{2}}\int_0^{\frac{\pi}{2}}x^2\,\frac{1}{2}\sin(x+y)\,dxdx=\frac{\pi^2}{8}+\frac{\pi}{2}-2$$

$$D(X)=E(X^2)-[E(X)]^2=\frac{\pi^2}{16}+\frac{\pi}{2}-2$$

类似可得

$$E(Y)=\frac{\pi}{4},D(Y)=\frac{\pi^2}{16}+\frac{\pi}{2}-2$$

$$(3)E(XY)=\int_{-\infty}^{+\infty}\int_{-\infty}^{+\infty}xyf(x,y)\,dxdy=\int_0^{\frac{\pi}{2}}\int_0^{\frac{\pi}{2}}xy\,\frac{1}{2}\sin(x+y)\,dxdy=\frac{\pi}{2}-1$$

协方差为

$$Cov(X,Y)=E(XY)-E(X)E(Y)=\frac{\pi}{2}-\frac{\pi^2}{16}-1$$

$$\rho_{XY}=\frac{Cov(X,Y)}{\sqrt{D(X)}\sqrt{D(Y)}}=\frac{\frac{\pi}{2}-\frac{\pi^2}{16}-1}{\frac{\pi^2}{16}+\frac{\pi}{2}-2}=\frac{8\pi-\pi^2-16}{\pi^2+8\pi-32}$$

例 21 某箱装有100件产品,其中一、二、三等品分别为80件、10件、10件,现从中随机抽取一件. 记 $X_i=\begin{cases}1 & \text{若抽到 } i \text{ 等品}\\ 0 & \text{其他}\end{cases}$,$i=1,2,3$. 试求(1)$(X_1,X_2)$ 的分布律,(2)$\rho_{X_1X_2}$.

解 (1)(X_1,X_2) 的所有可能值为(0,0),(0,1),(1,0),(1,1).

$P\{X_1=0,X_2=0\}=P\{X_3=1\}=0.1$;$P\{X_1=0,X_2=1\}=P\{X_2=1\}=0.1$

$P\{X_1=1,X_2=0\}=P\{X_1=1\}=0.8$;$P\{X_1=1,X_2=1\}=P\{\phi\}=0$

X_1 \ X_2	0	1	
0	0.1	0.1	0.2
1	0.8	0	0.8
	0.9	0.1	

(2)$E(X_1)=0.8$,$E(X_2)=0.1$,$D(X_1)=0.8\times0.2=0.16$,$D(X_2)=0.1\times0.9=0.09$.

$$E(X_1X_2)=0\times0\times0.1+0\times1\times0.1+1\times0\times0.8+1\times1\times0=0$$

$$Cov(X_1,X_2)=E(X_1X_2)-E(X_1)E(X_2)=-0.08$$

$$\rho_{X_1X_2}=\frac{Cov(X_1,X_2)}{\sqrt{D(X_1)}\sqrt{D(X_2)}}=\frac{-0.08}{\sqrt{0.16}\sqrt{0.09}}=-\frac{2}{3}$$

例 22 设(X,Y) 在矩形区域 $G=\{(x,y)\mid 0\leqslant x\leqslant2,0\leqslant y\leqslant1\}$ 上服从均匀分布. 记 $U=\begin{cases}1 & X>Y\\ 0 & X\leqslant Y\end{cases}$,$V=\begin{cases}1 & X>2Y\\ 0 & X\leqslant 2Y\end{cases}$,求(1)$(U,V)$ 的分布律,(2)ρ_{UV}.

解 G 如图4.2.

(X,Y) 在 G 上服从均匀分布,于是

$$P\{X<Y\}=\frac{1}{4},P\{Y<X<2Y\}=\frac{1}{4},P\{X>2Y\}=\frac{1}{2}$$

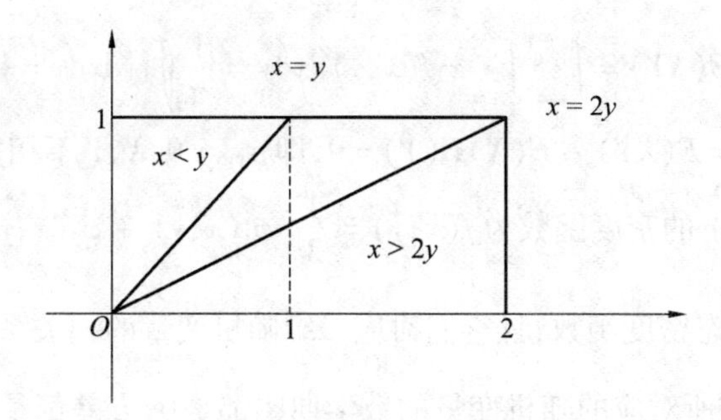

图4.2

$$P\{U=0,V=0\}=P\{X\leqslant Y,X\leqslant 2Y\}=P\{X\leqslant Y\}=\frac{1}{4}$$

$$P\{U=0,V=1\}=P\{X\leqslant Y,X>2Y\}=P\{\varphi\}=0$$

$$P\{U=1,V=0\}=P\{X>Y,X\leqslant 2Y\}=P\{Y<X\leqslant 2Y\}=\frac{1}{4}$$

$$P\{U=1,V=1\}=P\{X>Y,X>2Y\}=P\{X>2Y\}=\frac{1}{2}$$

(U,V) 的分布律为

U \ V	0	1
0	$\frac{1}{4}$	0
1	$\frac{1}{4}$	$\frac{1}{2}$

$$E(U)=0\times\frac{1}{4}+1\times\frac{3}{4}=\frac{3}{4},E(V)=\frac{1}{2},D(U)=\frac{3}{16},D(V)=\frac{1}{4}$$

$$E(UV)=0\times 0\times\frac{1}{4}+0\times 1\times 0+1\times 0\times\frac{1}{4}+1\times 1\times\frac{1}{2}=\frac{1}{2}$$

$$Cov(U,V)=E(UV)-E(U)E(V)=\frac{1}{2}-\frac{3}{4}\times\frac{1}{2}=\frac{1}{8}$$

$$\rho_{UV}=\frac{Cov(U,V)}{\sqrt{D(U)}\sqrt{D(V)}}=\frac{\sqrt{3}}{3}$$

例23　(X,Y) 在 $G=\{(x,y)\mid x^2+y^2\leqslant 1\}$ 上服从均匀分布，求 ρ_{XY}.

解　(X,Y) 的密度函数为 $f(x,y)=\begin{cases}\frac{1}{\pi} & (x,y)\in G\\ 0 & 其他\end{cases}$，于是

$$E(X)=\int_{-\infty}^{+\infty}\int_{-\infty}^{+\infty}xf(x,y)\mathrm{d}x\mathrm{d}y=\frac{1}{\pi}\iint_G x\mathrm{d}x\mathrm{d}y=0$$

$$E(Y)=\int_{-\infty}^{+\infty}\int_{-\infty}^{+\infty}yf(x,y)\mathrm{d}x\mathrm{d}y=\frac{1}{\pi}\iint_G y\mathrm{d}x\mathrm{d}y=0$$

$$E(XY)=\int_{-\infty}^{+\infty}\int_{-\infty}^{+\infty}xyf(x,y)\,\mathrm{d}x\mathrm{d}y=\frac{1}{\pi}\iint_G xy\,\mathrm{d}x\mathrm{d}y=0$$

因此 $Cov(X,Y)=E(XY)-E(X)E(Y)=0$,即 $\rho_{XY}=0$,X,Y 不相关,但是 X,Y 不独立.

例 24 设(X,Y) 的密度函数为 $f(x,y)=\frac{1}{2}[\varphi_1(x,y)+\varphi_2(x,y)]$,其中 $\varphi_1(x,y)$ 和 $\varphi_2(x,y)$ 都是二维正态密度函数,且它们对应二维随机变量的相关系数分别为$\frac{1}{3}$ 和 $-\frac{1}{3}$. 它们的边缘密度函数所对应的随机变量的数学期望都是0,方差都是1. 求(1) 随机变量 X 和 Y 的密度函数 $f_1(x)$ 和 $f_2(y)$ 及 X 和 Y 的相关系数. (2) X 与 Y 独立否,为什么?

解 (1) 设 $\varphi_1(x,y)$ 和 $\varphi_2(x,y)$ 所对应的二维随机变量分别是(X_1,Y_1) 和(X_2,Y_2). 于是

$$\varphi_{X_1}(x)=\int_{-\infty}^{+\infty}\varphi_1(x,y)\,\mathrm{d}y=\frac{1}{\sqrt{2\pi}}\mathrm{e}^{-\frac{x^2}{2}},\varphi_{Y_1}(y)=\int_{-\infty}^{+\infty}\varphi_1(x,y)\,\mathrm{d}x=\frac{1}{\sqrt{2\pi}}\mathrm{e}^{-\frac{y^2}{2}}$$

$$E(X_1Y_1)=\frac{1}{3}$$

$$\varphi_{X_2}(x)=\frac{1}{\sqrt{2\pi}}\mathrm{e}^{-\frac{x^2}{2}},\varphi_{Y_2}(y)=\frac{1}{\sqrt{2\pi}}\mathrm{e}^{-\frac{y^2}{2}},E(X_2Y_2)=-\frac{1}{3}$$

因此

$$f_1(x)=\int_{-\infty}^{+\infty}f(x,y)\,\mathrm{d}y=\frac{1}{2}[\int_{-\infty}^{+\infty}\varphi_1(x,y)\,\mathrm{d}y+\int_{-\infty}^{+\infty}\varphi_2(x,y)\,\mathrm{d}y]=$$

$$\frac{1}{2}[\frac{1}{\sqrt{2\pi}}\mathrm{e}^{-\frac{x^2}{2}}+\frac{1}{\sqrt{2\pi}}\mathrm{e}^{-\frac{x^2}{2}}]=\frac{1}{\sqrt{2\pi}}\mathrm{e}^{-\frac{x^2}{2}}$$

$$f_2(y)=\int_{-\infty}^{+\infty}f(x,y)\,\mathrm{d}x=\frac{1}{2}[\int_{-\infty}^{+\infty}\varphi_1(x,y)\,\mathrm{d}x+\int_{-\infty}^{+\infty}\varphi_2(x,y)\,\mathrm{d}x]=$$

$$\frac{1}{2}[\frac{1}{\sqrt{2\pi}}\mathrm{e}^{-\frac{y^2}{2}}+\frac{1}{\sqrt{2\pi}}\mathrm{e}^{-\frac{y^2}{2}}]=\frac{1}{\sqrt{2\pi}}\mathrm{e}^{-\frac{y^2}{2}}$$

故 $X\sim N(0,1),Y\sim N(0,1)$.

$$\rho_{XY}=\frac{Cov(X,Y)}{\sqrt{D(X)}\sqrt{D(Y)}}=Cov(X,Y)=E(XY)-E(X)E(Y)=E(XY)=\int_{-\infty}^{+\infty}\int_{-\infty}^{+\infty}xyf(x,y)\,\mathrm{d}x\mathrm{d}y=$$

$$\frac{1}{2}[\int_{-\infty}^{+\infty}\int_{-\infty}^{+\infty}xy\varphi_1(x,y)\,\mathrm{d}x\mathrm{d}y+\int_{-\infty}^{+\infty}\int_{-\infty}^{+\infty}xy\varphi_2(x,y)\,\mathrm{d}x\mathrm{d}y]=\frac{1}{2}[\frac{1}{3}-\frac{1}{3}]=0$$

(2) 由题设

$$\varphi_1(x,y)=\frac{1}{2\pi\sqrt{1-(\frac{1}{3})^2}}\mathrm{e}^{-\frac{1}{2(1-\frac{1}{3^2})}(x^2-2\times\frac{1}{3}xy+y^2)}=\frac{3\sqrt{2}}{8\pi}\mathrm{e}^{-\frac{9}{16}(x^2-\frac{2}{3}xy+y^2)}$$

$$\varphi_2(x,y)=\frac{1}{2\pi\sqrt{1-(-\frac{1}{3})^2}}\mathrm{e}^{-\frac{1}{2(1-\frac{1}{3^2})}(x^2+2\times\frac{1}{3}xy+y^2)}=\frac{3\sqrt{2}}{8\pi}\mathrm{e}^{-\frac{9}{16}(x^2+\frac{2}{3}xy+y^2)}$$

因此

$$f(x,y)=\frac{1}{2}[\varphi_1(x,y)+\varphi_2(x,y)]=\frac{3\sqrt{2}}{16\pi}[\mathrm{e}^{-\frac{9}{16}(x^2-\frac{2}{3}xy+y^2)}+\mathrm{e}^{-\frac{9}{16}(x^2+\frac{2}{3}xy+y^2)}]$$

$$f_1(x)f_2(y)=\frac{1}{2\pi}\mathrm{e}^{-\frac{1}{2}(x^2+y^2)}$$

故 $f_1(x)f_2(y)\neq f(x,y)$，所以 X 与 Y 不独立.

小　结

随机变量的分布确定了随机变量的数字特征，而随机变量的数字特征能描述随机变量某一方面的特征. 最重要的数字特征是数学期望和方差. 数学期望 $E(X)$ 描述了随机变量 X 的均值，方差 $D(X)=E\{[X-E(X)]^2\}$ 描述随机变量 X 与其均值 $E(X)$ 的偏离程度. 数字特征虽然不能像分布函数、分布律或密度函数一样完整地描述随机变量，但有时它们能描述随机变量某些重要的特征，它们在理论或应用上都非常重要.

对二维随机变量 (X,Y)，通常用相关系数 ρ_{XY} 来描述 (X,Y) 的两个分量 X,Y 之间的线性关系的紧密程度，当 $|\rho_{XY}|$ 较小时，X,Y 的线性相关的程度较差；当 $\rho_{XY}=0$ 时，称 X,Y 不相关，不相关指 X,Y 之间不存在线性关系. X,Y 不相关，它们还可能存在除线性关系之外的其他关系. 如 $X^2+Y^2=1$.

将随机变量 (X,Y) 的值，标在 xOy 平面上，我们称为散点图.

散点图和与之相对应的相关系数 ρ_{XY} 的值的大致关系可以用图 4.3 来说明.

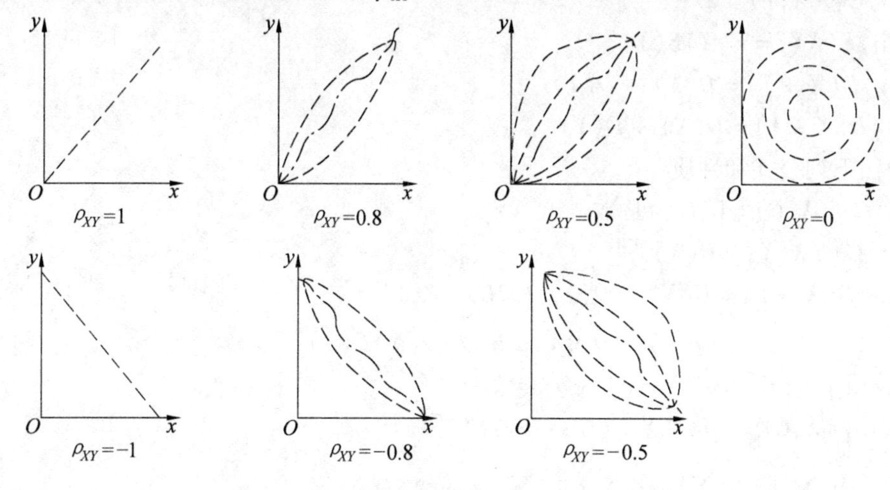

图 4.3

常见的分布的数学期望与方差必须记住，列表如下

分布	数学期望	方差
$X \sim (0-1)$	p	$p(1-p)$
$X \sim B(n,p)$	np	$np(1-p)$
$X \sim P(\lambda)$	λ	λ
$X \sim U(a,b)$	$\frac{a+b}{2}$	$\frac{1}{12}(b-a)^2$
$X \sim E(\lambda)$	$\frac{1}{\lambda}$	$\frac{1}{\lambda^2}$
$X \sim N(\mu,\sigma^2)$	μ	σ^2

如果$(X,Y) \sim N(\mu_1,\mu_2,\sigma_1^2,\sigma_2^2,\rho)$,则

(i)$X \sim N(\mu_1,\sigma_1^2)$, $Y \sim N(\mu_2,\sigma_2^2)$

(ii)$\rho_{XY}=\rho$, $Cov(X,Y)=\rho\sigma_1\sigma_2$

(iii)X 和 Y 独立$\Leftrightarrow$$X$ 和 Y 不相关,即$\rho=0$

(iv)$c_1X+c_2Y \sim N(c_1\mu_1+c_2\mu_2, c_1^2\sigma_1^2+c_2^2\sigma_2^2+2c_1c_2\rho\sigma_1\sigma_2)$.

下面5个条件为等价条件

(i)$\rho_{XY}=0$

(ii)$Cov(X,Y)=0$

(iii)$E(XY)=E(X)E(Y)$

(iv)$D(X+Y)=D(X)+D(Y)$

(v)$D(X-Y)=D(X)+D(Y)$

记住下列公式和性质

(i)$Cov(X,C)=0$,C 为常数

(ii)$Cov(X,X)=D(X)$

(iii)$D(X \pm Y)=D(X)+D(Y) \pm 2Cov(X,Y)=$

$$D(X)+D(Y) \pm 2\rho_{XY}\sqrt{D(X)D(Y)}$$

(iv)$|\rho_{XY}|=1 \Leftrightarrow P\{Y=aX+b\}=1$

(v)$\rho(CX,CY)=\rho(X,Y)$,($C \neq 0$ 常数)

(vi)$D(\sum_{i=1}^{n} X_i)=\sum_{i=1}^{n} D(X_i)+2\sum_{1 \leq i<j \leq n} Cov(X_i,X_j)$

重要术语及主题

数学期望,随机变量函数的数学期望,数学期望的性质,方差,标准差,方差的性质,标准化的随机变量,协方差,相关系数,相关系数的性质,X,Y 不相关,矩,几种重要分布的数学期望和方差.

习题四

一、填空题

(1) 已知 X 的分布律为

X	1	2	3
P	0.2	0.3	0.5

则 $E(X) =$ ________, $D(X) =$ ________.

(2) 设 X 的密度函数为 $f(x) = \begin{cases} Ax^2 & 0 < x < 2 \\ 0 & \text{其他} \end{cases}$,则(i) $A =$ ________;

(ii) $E(X) =$ ________;(iii) $D(X) =$ ________.

(3) 设 X 的密度函数为 $f(x) = \begin{cases} ax + b & 0 < x < 1 \\ 0 & \text{其他} \end{cases}$, $E(X) = \dfrac{1}{2}$,则 $a =$ ________, $b =$ ________.

(4) 设 X 的分布律为

X	-2	0	2
P	0.4	0.3	0.3

则 $E(X^2) =$ ________.

(5) X 的密度函数为 $f(x) = \begin{cases} 4xe^{-2x} & x > 0 \\ 0 & x \leqslant 0 \end{cases}$,则 $D(2X + 3) =$ ________.

(6) 设 X 表示 10 次独立重复射击命中目标的次数,每次射中目标的概率为 0.4,则 $E(X^2) =$ ________.

(7) 设一次试验成功的概率为 P. 进行 100 次独立重复试验. 当 $P =$ ________时,成功次数 X 的标准差最大,其最大值为________.

(8) 已知随机变量 X 与 Y 相互独立,且 $X \sim P(2)$, $Y \sim N(-3,1)$,设随机变量 $Z = X - 2Y - 9$,则 $E(Z) =$ ________, $D(Z) =$ ________.

(9) 设 X 服从参数为 λ 的泊松分布,已知 $E(X^2 + 2X - 4) = 0$,则 $P\{X \neq 0\} =$ ________.

(10) 设随机变量 X 与 Y 的相关系数 $\rho_{XY} = 0.7$. 若 $Z = X + 0.8$,则 $\rho_{YZ} =$ ________.

(11) 设随机变量 $X \sim N(0,1)$, $Y \sim X^{2n}$(n 是正整数),则相关系数 $\rho_{XY} =$ ________.

(12) 设随机变量 X 与 Y 分别服从参数为 $\dfrac{3}{4}$ 与 $\dfrac{1}{2}$ 的0—1 分布,且相关系数 $\rho_{XY} = \dfrac{\sqrt{3}}{3}$,则 (X,Y) 的分布律为________.

二、单项选择题

(1)X 的分布律为

X	1	2	3
P	p_1	p_2	p_3

$E(X)=2.3, D(X)=0.61$,则(　　).

(A) $P_1=0.1, P_2=0.2, P_3=0.7$　　(B)$P_1=0.2, P_2=0.3, P_3=0.5$

(C)$P_1=0.3, P_2=0.5, P_3=0.2$　　(D)$P_1=0.2, P_2=0.5, P_3=0.3$

(2) 设 $E(X)=\mu, D(X)=\sigma^2(\sigma>0)$. 则对任意常数 C(　　) 成立.

(A)$E(X-C)^2=E(X^2)-C^2$　　(B)$E(X-C)^2=E(X-\mu)^2$

(C)$E(X-C)^2<E(X-\mu)^2$　　(D)$E(X-C)^2\geqslant E(X-\mu)^2$

(3) 对于随机变量 X 和 Y,若 $E(XY)=E(X)E(Y)$. 则(　　) 成立.

(A)X 和 Y 相互独立　　(B)X 和 Y 不独立

(C)$D(X+Y)=D(X)+D(Y)$　　(D)$D(XY)=D(X)D(Y)$

(4) 设相互独立的随机变量 X 和 Y 的方差分别为 1 和 2. 则 $D(2X-3Y)=$(　　).

(A) 22　　(B) 20　　(C)18　　(D)8

(5) 设电压(以 V 计)$X\sim N(0,9)$,将电压加到一检波器,其输出电压为 $Y=5X^2$,则 $E(Y)=$(　　).

(A)45　　(B)9　　(C)5　　(D)0

(6) 设随机变量 X 和 Y 相互独立,且同服从(0,1) 上的均匀分布,则服从相应区间或区域上均匀分布的是(　　).

(A)X^2　　(B) $X+Y$　　(C)$X-Y$　　(D) (X,Y)

(7) 设随机变量 X 和 Y 相互独立. $X\sim N(0,1), Y\sim N(2,3)$,则(　　) 是正确的.

(A) $P\{X-Y\leqslant 0\}=\frac{1}{2}$　　(B)$P\{X-Y\leqslant -2\}=\frac{1}{2}$

(C)$P\{X+Y\leqslant 0\}=\frac{1}{2}$　　(D)$P\{X+Y\leqslant -2\}=\frac{1}{2}$

(8) 设随机变量 X 和 Y 独立同分布,且方差不为 0. 记 $\xi=X+Y, \eta=X-Y$,则 ξ 与 η(　　).

(A) 不独立　　(B) 独立　　(C) 相关系数为零(D) 相关系数不为零

(9) 在 n 次独立重复试验中,X 和 Y 分别表示成功和失败的次数. 则 $X+Y$ 和 $X-Y$ 的相关系数必为(　　).

(A) -1　　(B) 0　　(C) $\frac{1}{2}$　　(D)1

(10)$(X,Y)\sim N(\mu_1,\mu_2,\sigma_1^2,\sigma_2^2,\rho)$,则(　　) 正确.

(A)X 与 Y 都服从正态分布

(B)X 与 Y 都不服从正态分布

(C)X 与 Y 只有一个服从正态分布

(D)X 与 Y 可能服从正态分布,也可能服从其他分布

(11) X 与 Y 独立,且都服从正态分布,则(　　)正确.

(A) (X,Y) 一定服从正态分布　　(B) (X,Y) 一定不服从正态分布

(C) (X,Y) 未必服从正态分布　　(D) $Cov(X,Y) \neq 0$

(12) X 与 Y 都服从正态分布且不相关,则(　　).

(A) X,Y 一定独立　　(B) (X,Y) 一定服从正态分布

(C) X,Y 未必独立　　(D) (X,Y) 必不是正态分布

三、计算题

(1) 已知甲、乙两箱中装有同种产品,其中甲箱装有3件合格品和3件次品,乙箱装有3件合格品.从甲箱中任取3件产品放入乙箱后.设此时乙箱中的次品数为 X,求 $E(X)$.

(2) 设随机变量 X 的分布律为

X	-1	0	1	2
P	$\frac{1}{8}$	$\frac{1}{2}$	$\frac{1}{8}$	$\frac{1}{4}$

求 $E(X)$,$E(X^2)$,$E(2X+3)$.

(3) 箱中有 N 只球,其中白球数量是随机变量 X,且 $E(X)=n$. 试求从箱中任取一球为白球的概率.

(4) $X \sim B(n,p)$,且 $E(X)=2.4$,$D(X)=1.44$. 求 n 及 p.

(5) 一台设备由三个部件构成,在设备运转中各部件需要调整的概率相应为0.1、0.2、0.3. 假设各部件的状态相互独立,以 X 表示同时需调整的部件数. 求 $E(X)$ 及 $D(X)$.

(6) 设 X_1,X_2,X_3 相互独立. $X_1 \sim U[0,6]$,$X_2 \sim N(0,4)$,$X_3 \sim P(3)$. 记 $Y=X_1-2X_2+3X_3$. 求 $E(Y)$ 及 $D(Y)$.

(7) 随机变量 X 与 Y 独立,$X \sim N(1,2)$,$Y \sim N(0,1)$,求 $Z=2X-Y+3$ 的密度函数,及 $E(Z)$,$D(Z)$.

(8) 随机变量 X 的密度函数为 $f(x)=\frac{1}{\sqrt{\pi}}e^{-x^2+2x-1}$,求 $E(X)$ 及 $D(X)$.

(9) 随机变量 X 的密度函数为 $f(x)=\begin{cases}\frac{x}{a^2}e^{-\frac{x^2}{2a^2}} & x>0\\ 0 & x\leqslant 0\end{cases}$,求 $Y=\frac{1}{X}$ 的数学期望.

(10) 设随机变量 X 与 Y 同分布. X 的密度函数为 $f(x)=\begin{cases}\frac{3}{8}x^2 & 0<x<2\\ 0 & \text{其他}\end{cases}$.

(i) 已知事件 $A=\{X>a\}$ 和 $B=\{Y>a\}$ 独立,且 $P(A\cup B)=\frac{3}{4}$,求常数 a;

(ii) 求 $E(\frac{1}{X^2})$.

(11) 已知 X 的密度函数为 $f(x)=\begin{cases}Ax^2+Bx & 0<x<1\\ 0 & \text{其他}\end{cases}$,又知 $E(X)=\frac{1}{2}$. 求

(i) A 与 B 的值;

(ii) $E(X^2)$ 及 $D(X^2)$.

(12) 设随机变量 $\xi \sim E(\lambda)$,且 $E(\xi)=5$. 求方程 $x^2+\xi x+1=0$ 有实根的概率.

(13) 设某人每月收入服从指数分布,月平均收入为 2 000 元. 按规定月收入超过 3 000 元 应缴纳个人所得税. 设此人在一年内各月收入是相互独立的. 又设此人每年有 ξ 个月需要缴纳个人所得税. 求

(i) 此人每月需要交个人所得税的概率;

(ii) 随机变量 ξ 的分布;

(iii) 每年平均有几个月需交个人所得税.

(14) 某商品的每月需求量 $X \sim U[10,30]$,而经销商进货数量为区间[10,30]中的某个整数值. 商店每销售一单位商品可获利 500 元. 若供大于求,则削价处理,每处理 1 单位亏损 100 元;当供不应求,则可以从外部调剂供应. 此时每一单位商品获利 300 元. 为使商店所获利的期望值不少于 9 280 元. 试确定最少进货量.

(15) (X,Y) 的分布律为

X \ Y	1	4
-2	0	$\frac{1}{4}$
-1	$\frac{1}{4}$	0
1	$\frac{1}{4}$	0
2	0	$\frac{1}{4}$

求 $Cov(X,Y)$ 及 ρ_{XY}.

(16) 设 (X,Y) 的密度函数为 $f(x,y)=\begin{cases}\frac{1}{8}(x+y) & 0 \leqslant x \leqslant 2, 0 \leqslant y \leqslant 2 \\ 0 & \text{其他}\end{cases}$. 求 $E(X)$, $E(Y)$, $Cov(X,Y)$, ρ_{XY}, $D(X+Y)$.

第 5 章

大数定律与中心极限定理

在第 1 章我们指出,事件发生的频率具有双重性,即波动性与稳定性. 其稳定性表现为随着实验次数增加,事件发生的频率在某个固定值附近摆动,而发生较大的偏离的可能性很小,它的理论根据就是大数定律.

5.1　大数定律

定义 5.1　设 $X_1, X_2, \cdots, X_n, \cdots$ 是一列随机变量. a 是一个常数,如果对任意 $\varepsilon > 0$,恒有 $\lim\limits_{n\to\infty} P\{|X_n - a| < \varepsilon\} = 1$. 则称序列 $X_1, X_2, \cdots, X_n, \cdots$ 依概率收敛于 a. 记作 $X_n \xrightarrow{P} a$.

依概率收敛的序列还有以下性质:设 $X_n \xrightarrow{P} a$, $Y_n \xrightarrow{P} b$. 函数 $h(x,y)$ 在点 (a,b) 连续,则 $h(X_n, Y_n) \xrightarrow{P} h(a,b)$.

下面先介绍一个重要不等式 —— 切比雪夫不等式.

设随机变量 X 具有数学期望 $E(X) = \mu$ 及方差 $D(X) = \sigma^2$. 则对于任意正数 ε,不等式 $P\{|X - \mu| \geqslant \varepsilon\} \leqslant \dfrac{\sigma^2}{\varepsilon^2}$ 成立.

证　我们只就连续型随机变量的情况来证明. 设 X 的密度函数为 $f(x)$,则有

$$P\{|X - \mu| \geqslant \varepsilon\} = \int_{|x-\mu| \geqslant \varepsilon} f(x)\,\mathrm{d}x \leqslant \int_{|x-\mu| \geqslant \varepsilon} \frac{|x - \mu|^2}{\varepsilon^2} f(x)\,\mathrm{d}x \leqslant$$

$$\frac{1}{\varepsilon^2}\int_{-\infty}^{+\infty} (x - \mu)^2 f(x)\,\mathrm{d}x = \frac{D(X)}{\varepsilon^2} = \frac{\sigma^2}{\varepsilon^2} \tag{1}$$

切比雪夫不等式也可写成另一种等价形式

$$P\{|X - \mu| < \varepsilon\} \geqslant 1 - \frac{\sigma^2}{\varepsilon^2} \tag{2}$$

这个不等式给出了 X 的分布未知时,$P\{|X - \mu| < \varepsilon\}$ 的下限估计. 例如在(2) 式中,取 $\varepsilon = 3\sigma$,得到 $P\{|X - \mu| < 3\sigma\} \geqslant 0.888\,9$.

我们用切比雪夫不等式来证明大数定律.

定理 5.1　(切比雪夫大数定律) 设 $X_1, X_2, \cdots, X_n, \cdots$ 是相互独立的随机变量序列,均

存在有限的数学期望 $E(X_k)$ 及方差 $D(X_k)$，$k=1,2,\cdots$，并且对于所有的 $k=1,2,\cdots$，有 $D(X_k)<l$，其中 l 是与 k 无关的正的常数，则对任给的 $\varepsilon>0$，有

$$\lim_{n\to\infty}P\left\{\left|\frac{1}{n}\sum_{i=1}^{n}X_i-\frac{1}{n}\sum_{i=1}^{n}E(X_i)\right|<\varepsilon\right\}=1$$

证明　因 $X_1,X_2,\cdots,X_n,\cdots$ 相互独立，所以

$$D\left(\frac{1}{n}\sum_{i=1}^{n}X_i\right)=\frac{1}{n^2}\sum_{i=1}^{n}D(X_i)<\frac{1}{n^2}(nl)=\frac{l}{n}$$

又因 $E\left(\frac{1}{n}\sum_{i=1}^{n}X_i\right)=\frac{1}{n}\sum_{i=1}^{n}E(X_i)$，对于任意 $\varepsilon>0$. 由(2)式有

$$P\left\{\left|\frac{1}{n}\sum_{i=1}^{n}X_i-\frac{1}{n}\sum_{i=1}^{n}E(X_i)\right|<\varepsilon\right\}\geqslant 1-\frac{l}{n\varepsilon^2}$$

所以

$$1-\frac{l}{n\varepsilon^2}\leqslant P\left\{\left|\frac{1}{n}\sum_{i=1}^{n}X_i-\frac{1}{n}\sum_{i=1}^{n}E(X_i)\right|<\varepsilon\right\}\leqslant 1$$

因此

$$\lim_{n\to\infty}P\left\{\left|\frac{1}{n}\sum_{i=1}^{n}X_i-\frac{1}{n}\sum_{i=1}^{n}E(X_i)\right|<\varepsilon\right\}=1$$

定理 5.2　（切比雪夫大数定律的特殊情况）设 $X_1,X_2,\cdots,X_n,\cdots$ 是相互独立的，且具有相同的数学期望和方差：$E(X_k)=\mu,D(X_k)=\sigma^2,k=1,2\cdots$. 记 $Y_n=\frac{1}{n}\sum_{i=1}^{n}X_i$，则对任给的 $\varepsilon>0$，有 $\lim\limits_{n\to\infty}P\{|Y_n-\mu|<\varepsilon\}=1$.

注：1. 在定理的条件下，$\frac{1}{n}\sum_{i=1}^{n}X_i\xrightarrow{P}\mu$

2. 虽然 $X_1,X_2,\cdots,X_n,\cdots$ 是随机变量. 但 $\frac{1}{n}\sum_{i=1}^{n}X_i$ 当 n 非常大时，它几乎就是一个常数 μ 了.

定理 5.3　（伯努利大数定律）设 n_A 是 n 次独立重复试验中事件 A 发生的次数，P 是事件 A 在每次试验中发生的概率. 则对于任意 $\varepsilon>0$，有 $\lim\limits_{n\to\infty}P\left\{\left|\frac{n_A}{n}-P\right|<\varepsilon\right\}=1$ 或 $\lim\limits_{n\to 0}P\left\{\left|\frac{n_A}{n}-P\right|\geqslant\varepsilon\right\}=0$.

证　引入随机变量 $X_i=\begin{cases}1 & \text{若在第 } i \text{ 次试验 } A \text{ 发生}\\ 0 & \text{若在第 } i \text{ 次试验 } A \text{ 不发生}\end{cases}$，$i=1,2,\cdots$. 显然 $n_A=\sum_{i=1}^{n}X_i$，$X_1,X_2,\cdots$ 相互独立.

$$E(X_i)=P,D(X_i)=P(1-P)$$

由定理 5.2 有

$$\lim_{n\to\infty}P\left\{\left|\frac{1}{n}\sum_{i=1}^{n}X_i-P\right|<\varepsilon\right\}=1$$

即

$$\lim_{n\to\infty}P\left\{\left|\frac{n_A}{n}-P\right|<\varepsilon\right\}=1.$$

伯努利大数定律揭示了当试验次数较大时,我们可以用频率来代替抽象的概率了,同时从理论上证明了大量重复独立试验中事件 A 发生的频率具有稳定性.

定理5.2中要求随机变量 $X_i(i=1,2,\cdots)$ 的方差存在,前苏联数学家辛钦提出随机变量若服从同一分布,可将方差存在这一条件去掉.

定理5.4　(辛钦大数定律)设随机变量 $X_1,X_2,\cdots$ 相互独立服从同一分布,且具有数学期望 $E(X_k)=\mu,k=1,2,\cdots$. 则对任给的 $\varepsilon>0$,有 $\lim\limits_{n\to\infty}P\left\{\left|\frac{1}{n}\sum\limits_{i=1}^{n}X_i-\mu\right|<\varepsilon\right\}=1$.

显然伯努利大数定律是辛钦大数定律的特殊情况.

大数定律使算数平均值的法则有了理论依据. 如需测定某一物理量 a,在不变的条件下,重复测量 n 次,得观测值 $X_1,X_2,\cdots,X_n$,我们用其算数平均值 $\frac{1}{n}\sum\limits_{i=1}^{n}X_i$ 作为 a 的近似值.

例1　设随机变量 X 的方差为2. 由切比雪夫不等式 $P\{|X-E(X)|\geqslant 2\}\leqslant$ ________.

解　$P\{|X-E(X)|\geqslant\varepsilon\}\leqslant\frac{D(X)}{\varepsilon^2}$,有 $P\{|X-E(X)|\geqslant 2\}\leqslant\frac{D(X)}{2^2}=\frac{1}{2}$.

例2　设随机变量 X 的数学期望 $E(X)=11$,方差 $D(X)=9$,用切比雪夫不等式估计 $P\{2<X<20\}\geqslant$ ________.

解　由切比雪夫不等式 $P\{|X-E(X)|<\varepsilon\}\geqslant 1-\frac{D(X)}{\varepsilon^2}$,有

$$P\{2<X<20\}=P\{11-9<X<11+9\}=P\{|X-11|<9\}\geqslant 1-\frac{9}{9^2}=\frac{8}{9}$$

例3　设 $E(X)=75,D(X)=5$,用切比雪夫不等式估计 $P\{|X-75|\geqslant k\}\leqslant 0.05$,则 $k=$ ________.

解　$P\{|X-75|\geqslant k\}\leqslant\frac{D(X)}{k^2}=\frac{5}{k^2}=0.05$,所以 $k=10$.

例4　设随机变量 X 和 Y 分别服从 $N(1,1)$ 与 $N(0,1)$,$E(XY)=-0.1$,则根据切比雪夫不等式估计 $P\{-4<X+2Y<6\}\geqslant$ ________.

解　$E(X)=1,D(X)=D(Y)=1,E(Y)=0,E(XY)=-0.1$. 因此

$$E(X+2Y)=E(X)+2E(Y)=1,Cov(X,Y)=E(XY)-E(X)E(Y)=-0.1$$

$$D(X+2Y)=D(X)+4D(Y)+4Cov(X,Y)=1+4+4\times(-0.1)=4.6$$

由切比雪夫不等式有

$$P\{-4<X+2Y<6\}=P\{|X+2Y-1|<5\}\geqslant 1-\frac{D(X+2Y)}{5^2}=0.816$$

例5　设 $E(X)=-2,E(Y)=2,D(X)=1,D(Y)=4,\rho_{XY}=-0.5$,用切比雪夫不等式估计 $P\{|X+Y|\geqslant 6\}\leqslant$ ________.

解　$Z=X+Y,E(Z)=E(X)+E(Y)=0$

$$D(Z)=D(X)+D(Y)+2\rho_{XY}\sqrt{D(X)}\sqrt{D(Y)}=1+4+2\times(-\frac{1}{2})\times 1\times 2=3$$

由切比雪夫不等式有

$$P\{|X+Y|\geqslant 6\}=P\{|Z-E(Z)|\geqslant 6\}\leqslant \frac{D(Z)}{6^2}=\frac{1}{12}$$

5.2　中心极限定理

在现实生活中许多随机变量,都是由大量的相互独立的微小的随机因素综合形成的.这种随机变量服从或近似服从正态分布. 这种现象就是中心极限定理的客观背景. 在1920年,由数学教家波利亚取名为中心极限定理.

本节只介绍2个常见的中心极限定理.

定理5.5 (独立同分布中心极限定理) 设随机变量设 $X_1,X_2,\cdots,X_n,\cdots$ 相互独立服从同一分布,且具有相同的数学期望和方差:$E(X_k)=\mu,D(X_k)=\sigma^2,k=1,2,\cdots$. 则随机变量之和 $\sum\limits_{i=1}^{n}X_i$ 的标准化变量 $Y_n=\dfrac{\sum\limits_{i=1}^{n}X_i-E(\sum\limits_{i=1}^{n}X_i)}{\sqrt{D(\sum\limits_{i=1}^{n}X_i)}}=\dfrac{\sum\limits_{i=1}^{n}X_i-n\mu}{\sqrt{n}\sigma}$ 的分布函数 $F_n(x)$ 对于任意的 x 满足 $\lim\limits_{n\to\infty}F_n(x)=\lim\limits_{n\to\infty}P\{\dfrac{\sum\limits_{i=1}^{n}X_i-n\mu}{\sqrt{n}\sigma}\leqslant x\}=\int_{-\infty}^{x}\dfrac{1}{\sqrt{2\pi}}\mathrm{e}^{-\frac{t^2}{2}}\mathrm{d}t=\Phi(x)$.

(证明略)

由定理5.5可知

(1) 当 n 充分大时,近似地有 $\dfrac{\sum\limits_{i=1}^{n}X_i-n\mu}{\sqrt{n}\sigma}\sim N(0,1)$;(2) 当 n 充分大时,近似地有 $\sum\limits_{i=1}^{n}X_i\sim N(n\mu,n\sigma^2)$;

(3) 当 n 充分大时,近似地有 $\dfrac{\sum\limits_{i=1}^{n}X_i-n\mu}{\sqrt{n}\sigma}=\dfrac{\frac{1}{n}\sum\limits_{i=1}^{n}X_i-\mu}{\frac{\sigma}{\sqrt{n}}}=\dfrac{\overline{X}-\mu}{\sigma}\sqrt{n}\sim N(0,1)$;

(4) 当 n 充分大时,近似地有 $\overline{X}\sim N(\mu,\dfrac{\sigma^2}{n})$.

这就是说,均值为 μ,方差为 $\sigma^2>0$ 的独立同分布的随机变量 $X_1,X_2,\cdots,X_n$ 的算术平均数 $\overline{X}=\dfrac{1}{n}\sum\limits_{i=1}^{n}X_i$,当 n 充分大时,近似地服从 $N(\mu,\dfrac{\sigma^2}{n})$. 这一结果是数理统计中大样本统计推断的基础.

(5) 当 n 充分大时,近似地有 $\dfrac{1}{n}\sum\limits_{i=1}^{n}X_i-\mu\sim N(0,\dfrac{\sigma^2}{n})$,

由此我们比较一下大数定律与中心极限定理：大数定律揭示当 $n\to\infty$ 时，$\frac{1}{n}\sum_{i=1}^{n}X_i \xrightarrow{P} \mu$. 即 $\forall \varepsilon>0$，有 $P\{|\frac{1}{n}\sum_{i=1}^{n}X_i-\mu|>\varepsilon\}\to 0$. 那么，对固定的 $\varepsilon>0$，$P\{|\frac{1}{n}\sum_{i=1}^{n}X_i-\mu|>\varepsilon\}$ 的值究竟有多大？大数定律没有告诉我们任何内容. 但是中心极限定理表明 $\frac{1}{n}\sum_{i=1}^{n}X_i-\mu \overset{\text{近似地}}{\sim} N(0,\frac{\sigma^2}{n})$. 因而

$$P\{|\frac{1}{n}\sum_{i=1}^{n}X_i-\mu|>\varepsilon\}=1-P\{|\frac{1}{n}\sum_{i=1}^{n}X_i-\mu|\leqslant\varepsilon\}=1-P\left\{\left|\frac{\frac{1}{n}\sum_{i=1}^{n}X_i-\mu}{\frac{\sigma}{\sqrt{n}}}\right|\leqslant\frac{\varepsilon}{\frac{\sigma}{\sqrt{n}}}\right\}\approx$$

$$1-\left[2\Phi\left(\frac{\varepsilon}{\frac{\sigma}{\sqrt{n}}}\right)-1\right]=2\left[1-\Phi\left(\frac{\varepsilon}{\frac{\sigma}{\sqrt{n}}}\right)\right]$$

由此可见，中心极限定理比大数定律的结论更加“精细”.

例 6　每袋白糖平均重 500 克，标准差 10 克. 每箱装有 100 袋. 问一箱重量在 49 750 ~ 50 250 克的概率.

解　设 X_i— 第 i 袋重量，一箱重量为 X. $X=X_1+X_2+\cdots+X_{100}$，由定理 5.5

$$P\{49\ 750\leqslant X\leqslant 50\ 250\}=P\left\{\frac{-250}{100}\leqslant\frac{X-100\times500}{100}\leqslant\frac{250}{100}\right\}\approx$$

$$\Phi(2.5)-\Phi(-2.5)=2\Phi(2.5)-1=$$

$$2\times0.993\ 8-1=0.9876$$

例 7　一生产线生产的产品成箱包装，每箱重量是随机的. 假设每箱平均重 50 千克，标准差 5 千克. 若用最大载重为 5 吨的汽车承运. 试用独立同分布中心极限定理说明每辆汽车最多装多少箱，才能保证不超载的概率大于 0.977.

解　设 X_i—“装运的第 i 箱重量”（单位：千克）. n 为所求的箱数. 则 $X_1,\cdots,X_n$ 相互独立同分布. $E(X_i)=50, D(X_i)=5^2=25, i=1,2,\cdots,n$. n 箱的重量 $X=X_1+\cdots+X_n$. 由定理 5.5

$$P\{X\leqslant 5\ 000\}=P\left\{\frac{\sum_{i=1}^{n}X_i-50n}{5\sqrt{n}}\leqslant\frac{5\ 000-50n}{5\sqrt{n}}\right\}\approx\Phi(\frac{1\ 000-10n}{\sqrt{n}})>0.977=\Phi(2)$$

即 $\frac{1\ 000-10n}{\sqrt{n}}>2$，解得 $n<98.019\ 9$.

故最多可装 98 箱.

作为定理 5.5 的推论. 我们给出历史上著名的棣莫弗 – 拉普拉斯中心极限定理.

定理 5.6　设随机变量 $X\sim B(n,p)\ (0<p<1)$，则

(i)【拉普拉斯定理】局部极限定理：当 n 充分大时，$P\{X=k\}=C_n^k p^k(1-p)^{n-k}\approx\frac{1}{\sqrt{2\pi np(1-p)}}e^{-\frac{(k-np)^2}{2np(1-p)}}=\frac{1}{\sqrt{np(1-p)}}\varphi(\frac{k-np}{\sqrt{np(1-p)}})$

$$k=0,1,2,\cdots,n,\varphi(x)=\frac{1}{\sqrt{2\pi}}e^{-\frac{x^2}{2}}$$

(ii)【棣莫弗 - 拉普拉斯定理】积分极限定理:对于任意的 x,恒有

$$\lim_{n\to\infty}P\left\{\frac{X-np}{\sqrt{np(1-p)}}\leqslant x\right\}=\frac{1}{\sqrt{2\pi}}\int_{-\infty}^{x}e^{-\frac{t^2}{2}}dt=\Phi(x)$$

由此定理可知,当 n 充分大时,二项分布可用正态分布来近似. 例如,设 $X_n\sim B(n,p)$,要计算 $P\{a\leqslant X_n<b\}=\sum\limits_{a\leqslant k\leqslant b}C_n^kp^k(1-p)^{n-k}$,当 n 很大时,它的计算量是十分大的. 现在由定理 5.6 $\frac{X_n-np}{\sqrt{npq}}\overset{\text{近似地}}{\sim}N(0,1)$ 或等价地 $X_n\overset{\text{近似地}}{\sim}N(np,npq)$,于是

$$P\{a\leqslant X_n<b\}=P\{\frac{a-np}{\sqrt{npq}}\leqslant\frac{X_n-np}{\sqrt{npq}}<\frac{b-np}{\sqrt{npq}}\}\approx\Phi(\frac{b-np}{\sqrt{npq}})-\Phi(\frac{a-np}{\sqrt{npq}})$$

由此很容易得到 $P\{a\leqslant X_n<b\}$ 的相当精确的值.

例8 某工厂有100台车床彼此独立地工作. 每台车床的实际工作时间占全部工作时间的80%. 求

(1) 任一时刻有70 ~ 86台车床在工作的概率;

(2) 任一时刻有80台以上车床在工作的概率.

解 (1) 设 X 表示在任一时刻工作着的车床的数目,则由题设知 $X\sim B(100,0.8)$,$E(X)=np=80,D(X)=np(1-p)=16$,由棣莫弗 - 拉普拉斯定理

$$P\{70\leqslant X\leqslant 86\}=P\left\{\frac{70-80}{4}\leqslant\frac{X-80}{4}\leqslant\frac{86-80}{4}\right\}\approx$$

$$\Phi(1.5)-\Phi(-2.5)=\Phi(1.5)+\Phi(2.5)-1=0.927\ 0$$

(2) $P\{X>80\}=1-P\{X\leqslant 80\}=1-P\left\{\frac{X-80}{4}\leqslant\frac{80-80}{4}\right\}\approx 1-\Phi(0)=\frac{1}{2}$

注 作为二项分布的随机变量 X,有事件 $\{X>85\}=\{85<X\leqslant 100\}$,但在用中心极限定理计算时,不要将 $P\{X>85\}$ 写成 $P\{85<X\leqslant 100\}$ 来计算. 因为写成后者,一般会产生较大的误差. 其他类似的问题,请不要弄错.

例9 设有2 500位同一年龄段和同一社会阶层的人参加了某保险公司的人寿保险. 假设在一年中,每个人死亡的概率为0.002. 每人在年初向保险公司交纳保费120元. 而死亡时,家属可以从保险公司领到20 000元赔偿. 问

(1) 保险公司亏本的概率是多少;

(2) 保险公司获利不少于100 000元的概率;

(3) 如果保险公司希望99.90%可能性获利不少于500 000元,问公司至少需发展多少客户.

解 设 X 表示2 500人中死亡的人数. 则 $X\sim B(2\ 500,0.002)$,由棣莫弗 - 拉普拉斯定理知

(1) 保险公司亏本的概率

$P\{2\ 500\times 120-20\ 000X<0\}=P\{X>15\}=1-P\{X\leqslant 15\}=$

$$1 - P\left\{\frac{X - 2\,500 \times 0.002}{\sqrt{2\,500 \times 0.002 \times 0.998}} \leqslant \frac{15 - 2\,500 \times 0.002}{\sqrt{2\,500 \times 0.002 \times 0.998}}\right\} =$$

$$1 - P\left\{\frac{X - 5}{\sqrt{4.99}} \leqslant \frac{10}{\sqrt{4.99}}\right\} \approx 1 - \Phi(4.4766) = 0.000\,069$$

(2) 保险公司获利不少于 100 000 元得概率

$$P\{2\,500 \times 120 - 20\,000X \geqslant 100\,000\} = P\{X \leqslant 10\} =$$

$$P\left\{\frac{X - 2\,500 \times 0.002}{\sqrt{2\,500 \times 0.002 \times 0.998}} \leqslant \frac{10 - 2\,500 \times 0.002}{\sqrt{2\,500 \times 0.002 \times 0.998}}\right\} =$$

$$P\left\{\frac{X - 5}{\sqrt{4.99}} \leqslant \frac{5}{\sqrt{4.99}}\right\} \approx \Phi\left(\frac{5}{\sqrt{4.99}}\right) = \Phi(2.238) = 0.987\,4$$

(3) 设公司至少发展 n 个客户. X_n 表示 n 个客户中死亡的人数. 则 $X_n \sim B(n, 0.002)$, 由棣莫弗 - 拉普拉斯定理

$$P\{120n - 20\,000X_n \geqslant 500\,000\} = P\{X_n \leqslant 0.006n - 25\} =$$

$$P\left\{\frac{X_n - 0.002n}{\sqrt{n \times 0.002 \times 0.998}} \leqslant \frac{0.006n - 25 - 0.002n}{\sqrt{n \times 0.002 \times 0.998}}\right\} \approx$$

$$\Phi\left(\frac{0.004n - 25}{0.044\,68\sqrt{n}}\right) \geqslant 0.999$$

即 $0.004n - 0.134\,48\sqrt{n} - 25 \geqslant 0$, $n \geqslant 4\,770.733$. 故公司至少要发展 4 771 个客户.

百花园

例 10　随机掷 6 个骰子, 利用切比雪夫不等式估计 6 个骰子出现点数之和在 15 点到 27 点之间的概率.

解　设 X_i— 第 i 个骰子的点数, 则 $X_1, \cdots, X_6$ 相互独立同分布.

$$E(X_i) = \frac{1}{6}(1 + 2 + 3 + 4 + 5 + 6) = \frac{7}{2}, E(X_i^2) = \frac{1}{6}(1^2 + 2^2 + 3^2 + 4^2 + 5^2 + 6^2) = \frac{91}{6},$$

$$D(X_i) = E(X_i^{\ 2}) - [(E(X_i)]^2 = \frac{35}{12}.$$

设 X 是 6 个骰子的点数, 显然

$$X = X_1 + X_2 + \cdots + X_6, E(X) = E(X_1) + E(X_2) + \cdots + E(X_6) = 21$$

$$D(X) = D(X_1) + D(X_2) + \cdots + D(X_6) = \frac{35}{2}$$

由切比雪夫不等式有

$$P\{15 \leqslant X \leqslant 27\} = P\{|X - 21| \leqslant 6\} \geqslant 1 - \frac{D(X)}{6^2} = \frac{37}{72} \approx 0.513\,9$$

例 11　分别利用切比雪夫不等式和中心极限定理估计, 当掷一枚均匀硬币时需掷多少次, 才能保证使得出正面的频率在 0.4 至 0.6 之间的概率不小于 90%.

解　设需掷 n 次, 用 X_n 表示正面出现的次数, 则 $X_n \sim B(n, 0.5)$. 于是 $E(X_n) = 0.5n$,

$D(X_n)=0.25n$.

(1) 由切比雪夫不等式有

$$P\left\{0.4\leqslant\frac{X_n}{n}\leqslant 0.6\right\}=P\left\{\left|\frac{X_n}{n}-0.5\right|\leqslant 0.1\right\}\geqslant 1-\frac{D(\frac{X_n}{n})}{0.1^2}=1-\frac{0.25n}{0.01n^2}=1-\frac{25}{n}\geqslant 0.9$$

解得 $n\geqslant 250$.

(2) 由棣莫弗 - 拉普拉斯中心极限定理有

$$P\left\{0.4\leqslant\frac{X_n}{n}\leqslant 0.6\right\}=P\{0.4n<X_n<0.6n\}=$$

$$P\left\{\frac{0.4n-0.5n}{\sqrt{0.25n}}\leqslant\frac{X_n-0.5n}{\sqrt{0.25n}}\leqslant\frac{0.6n-0.5n}{\sqrt{0.25n}}\right\}\approx$$

$$\Phi(0.2\sqrt{n})-\Phi(-0.2\sqrt{n})=2\Phi(0.2\sqrt{n})-1\geqslant 0.90\Rightarrow$$

$$\Phi(0.2\sqrt{n})\geqslant 0.95\Rightarrow 0.2\sqrt{n}\geqslant 1.645\Rightarrow n\geqslant 68$$

注　由此题可以看出切比雪夫不等式与中心极限定理得出的结论相差很大.切比雪夫不等式只能粗略估计方差存在的随机变量在以 $E(X)$ 为中心对称区间上的概率,而中心极限定理所做的计算结果远比切比雪夫不等式所作的结果精确,而且中心极限定理能近似计算非对称区间上的概率.

例 12　对某一目标进行多次同等规模的轰炸,每次轰炸命中目标的炸弹数目是一个随机变量.设数学期望为 2,方差为 1.计算在 100 次轰炸命中目标的炸弹总数在 180 颗到 220 颗的概率.

解　设 X_k— 第 k 次轰炸命中目标的炸弹数,$k=1,2,\cdots,100$.

$$E(X_k)=2,D(X_k)=1,k=1,2,\cdots,100,X=\sum_{k=1}^{100}X_k$$

由定理 5.5 知

$$P\{180\leqslant X\leqslant 220\}=P\left\{180\leqslant\sum_{k=1}^{100}X_k\leqslant 220\right\}=$$

$$P\left\{\frac{180-100\times 2}{\sqrt{100}\times 1}\leqslant\frac{\sum_{k=1}^{100}X_k-100\times 2}{\sqrt{100}\times 1}\leqslant\frac{220-100\times 2}{\sqrt{100}\times 1}\right\}\approx$$

$$\Phi(2)-\Phi(-2)=2\Phi(2)-1=2\times 0.9772-1=0.9544$$

例 13　有 100 道单项选择题,每个题有 4 个备选答案,且其中只有一个答案正确.选择正确得 1 分,选择错误得 0 分.假设一无知者来选(没有不选的),问他能超过 35 分的概率.

解　设 X 是答对的题数,$X\sim B(100,\frac{1}{4})$,$E(X)=25$,$D(X)=\frac{75}{4}$.由棣莫弗 - 拉普拉斯定理知

$$P\{X>35\}=1-P\{X\leqslant 35\}=1-P\left\{\frac{X-25}{\sqrt{\frac{75}{4}}}\leqslant\frac{35-25}{\sqrt{\frac{75}{4}}}\right\}\approx$$

$$1-\Phi\left(\frac{4}{\sqrt{3}}\right)=1-\Phi(2.3094)=0.0104$$

例 14　设每颗炮弹命中飞机的概率为 0.01,求 500 发炮弹命中 5 发的概率.

解　500 发炮弹命中飞机的炮弹数目为 X,则 $X\sim B(500,0.01)$,下面用 3 种方法计算并加以比较.

(i) 用二项分布公式计算

$P\{X=5\}=C_{500}^{5}0.01^{5}\times(0.99)^{495}=0.17635$;

(ii) 用泊松公式计算

$$np=\lambda=5,k=5$$

$$C_{500}^{5}0.01^{5}\times0.99^{495}\approx\frac{\lambda^{5}}{5!}e^{-\lambda}=\frac{5^{5}}{5!}e^{-5}\approx0.175467$$

(iii) 用定理 5.6(i)

$$P\{X=5\}\approx\frac{1}{\sqrt{np(1-p)}}\varphi\left(\frac{5-np}{\sqrt{np(1-p)}}\right)\approx0.1793$$

可见后者不如前者精确.

小　结

本章介绍了切比雪夫不等式、4 个大数定律和 2 个中心极限定理.

当随机变量 X 的分布未知,只知道 $E(X)$ 和 $D(X)$ 的情况下,对事件$\{|X-E(X)|\leqslant\varepsilon\}$概率用切比雪夫不等式给出了估计的下限. 凡是遇到以 $E(X)$ 为对称中心的区间内的概率,首先要想到切比雪夫不等式.

由于人们在长期的实践中认识到事件的频率具有稳定性,当试验次数增大时,事件的频率稳定在一个数的左右. 伯努利大数定律以严密的数学形式论证了频率的稳定性. 这一事实表明了,可以用一个数来刻画事件发生的可能性大小,进而给出了事件概率的定义.

大数定律揭示了独立同分布的随机变量的和的算术平均值,当其个数逐渐增大时,它几乎不再是一个随机变量了.

中心极限定理表明,独立同分布的随机变量的和,随着个数逐渐增加时,其和的分布趋于正态分布,这就说明无论随机变量 X_k 服从什么分布,其和 $\sum_{k=1}^{n}X_k$ 当 n 很大时,都可以用正态分布来近似代替.

中心极限定理的内容包含极限,加上它在统计中的重要性,在 1920 年由波利亚给它取名为中心极限定理.

重要术语及主题

切比雪夫不等式,依概率收敛,切比雪夫大数定律及其特殊情况,伯努利大数定律,辛钦大数定律,独立同分布中心极限定理,棣莫弗 - 拉普拉斯中心极限定理.

习题五

一、填空题

(1) 设$E(X)=\mu, D(X)=\sigma^2$, 则由切比雪夫不等式估计$P\{|X-\mu|<k\sigma\}\geqslant$ ________.

(2) 设$E(X)=11, D(X)=9$,则由切比雪夫不等式估计$P\{5<X<17\}\geqslant$ ________.

(3) 设$E(X)=2, D(X)=1, E(Y)=2, D(Y)=4, \rho_{XY}=0.5$,则由切比雪夫不等式估计$P\{|X-Y|\geqslant 6\}$ ________.

(4)$E(X)=13, D(X)=4$,则由切比雪夫不等式估计$P\{|X-13|\geqslant C\}\leqslant 0.01$,则$C$ = ________.

(5) 设$X_1,\cdots X_n$是n个相互独立的随机变量,$E(X_i)=\mu, D(X_i)=4, i=1,2,\cdots,n, \overline{X}=\frac{1}{n}\sum_{i=1}^{n}X_i$. 则由切比雪夫不等式估计$P\{\mu-2<\overline{X}<\mu+2\}\geqslant$ ________.

二、单项选择题

(1) 设$E(X), D(X)$存在,且满足$P\{|X-E(X)|\geqslant 4\}\leqslant\frac{3}{16}$,则一定有(　　).

(A)$D(X)=3$　　(B)$D(X)\neq 3$

(C)$P\{|X-E(X)|<4\}<\frac{3}{16}$　　(D)$P\{|X-E(X)|<4\}\geqslant\frac{13}{16}$

(2) 设随机变量$X_1,\cdots X_9$相互独立,$E(X_i)=1, D(X_i)=1, i=1,2,\cdots,9$. 令$S_9=\sum_{i=1}^{9}X_i$,则对任意$\varepsilon>0$,由切比雪夫不等式直接可得(　　).

(A)$P\left\{\left|\frac{1}{9}S_9-1\right|<\varepsilon\right\}\geqslant 1-\frac{9}{\varepsilon^2}$　　(B)$P\{|S_9-9|<\varepsilon\}\geqslant 1-\frac{9}{\varepsilon^2}$

(C)$P\left\{\left|\frac{1}{9}S_9-1\right|<\varepsilon\right\}\geqslant 1-\frac{1}{\varepsilon^2}$　　(D)$P\{|S_9-9|<\varepsilon\}\geqslant 1-\frac{1}{\varepsilon^2}$

(3) 设随机变量$X_1,X_2\cdots$相互独立且服从参数为λ的指数分布,则(　　)正确.

(A) $\lim\limits_{n\to\infty}P\left\{\frac{\lambda\sum_{i=1}^{n}X_i-n}{\sqrt{n}}\leqslant x\right\}=\Phi(x)$　　(B) $\lim\limits_{n\to\infty}P\left\{\frac{\sum_{i=1}^{n}X_i-n}{\sqrt{n}}\leqslant x\right\}=\Phi(x)$

(C) $\lim\limits_{n\to\infty}P\left\{\frac{\sum_{i=1}^{n}X_i-\lambda}{\sqrt{n}\lambda}\leqslant x\right\}=\Phi(x)$　　(D) $\lim\limits_{n\to\infty}P\left\{\frac{\sum_{i=1}^{n}X_i-\lambda}{n\lambda}\leqslant x\right\}=\Phi(x)$

(4) 设随机变量$X_1,X_2,\cdots,X_n$相互独立,$S_n=X_1+X_2+\cdots+X_n$,只要$X_1,X_2,\cdots,X_n$满足(　　),当n充分大时,S_n近似服从正态分布.

(A) 有相同的数学期望　　(B) 有相同的方差

(C) 服从同一指数分布　　(D) 服从同一离散型分布

(5) 设 $X \sim B(n,p)$. 对任意 $0 < p < 1$,由切比雪夫不等式 $P\{|X-np| \geq \sqrt{2n}\} \leq$ (　　).

(A) $\frac{1}{2}$　　(B) $\frac{1}{4}$　　(C) $\frac{1}{8}$　　(D) $\frac{1}{16}$

三、计算题

(1) 一食品店有三种蛋糕出售,由于售出那一种蛋糕是随机的,因而售出一只蛋糕的价格是一个随机变量,它取 1(元)、1.2(元)、1.5(元) 各个值得概率分别为 0.3、0.2、0.5. 某天售出 300 只蛋糕,求(i) 这天的收入至少 400(元) 的概率;(ii) 这天售出价格为 1.2(元) 的蛋糕多于 60 只的概率.

(2) 某产品的检查员逐个检查产品,每次花 10 秒钟检查一个,但也可能有的产品需要再花 10 秒钟重复检查一次,假设每个产品需要复检的概率为 0.5,求在 8 小时内检查员检查的产品个数多于 1 900 个的概率.

(3) 一复杂的系统由 100 个相互独立起作用的部件组成,在整个运行期间每个部件损坏的概率为 0.10,为了使整个系统起作用,至少必须有 85 个部件正常工作,求整个系统起作用的概率.

(4) 一复杂的系统由 n 个相互独立起作用的部件组成,每个部件的可靠性(即部件正常工作的概率) 为 0.90,且必须至少有 80% 的部件工作才能使整个系统工作,问 n 至少为多大才能使系统的可靠性不低于 0.95.

(5) 银行为支付某日即将到期的债券,须准备一笔现金. 已知这批债券共发放 500 张,每张须付本息 1 000 元. 设持券人(1 人 1 张) 到期到银行领取本息的概率为 0.4. 问银行于该日应准备多少现金才能以 99.9% 的把握满足客户的兑换.

(6) 某保险公司多年的统计资料表明,在索赔户中被盗索赔户占 20%,以 X 表示在随机抽查的 100 个索赔户中因被盗向保险公司索赔的户数,求被盗索赔户不少于 14 户且不多于 30 户的概率.

(7) 对于一个学生而言,来参加家长会的家长人数是一个随机变量. 设一个学生无家长、1 名家长、2 名家长来参加家长会的概率分别为 0.05、0.80、0.15. 若学校共有 400 名学生,设各学生参加会议的家长数是相互独立的,且服从同一分布. (i) 求参加会议的家长数 X 超过 450 的概率;(ii) 求有 1 名家长来参加会议的学生数不多于 340 的概率.

(8) 一船舶在某海区航行. 已知每遭遇一次波浪的冲击,纵摇角大于 $3°$ 的概率为 $P = \frac{1}{3}$. 若船舶遭受了 90 000 次波浪的冲击,问其中有 29 600 ~ 30 400 次纵摇角大于 $3°$ 的概率是多少.

(9) 某车间有 200 台车床,由于各种原因每台车床只有 60% 的时间在开工,每台车床开工期间耗电量为 E,问至少供给此车间多少电量才能以 99.9% 的概率保证此车间不因供电不足而影响生产.

(10) 计算器在进行加法时,将每个加数舍入最靠近它的整数,设所有舍入误差是独立的且在 $(-0.5,0.5)$ 上服从均匀分布.

(i) 若将 1 500 个数相加,问误差总和的绝对值超过 15 的概率是多少?

(ii) 最多可能几个数相加使得误差总和的绝对值小于 10 的概率不小于 0.90.

第 6 章 数理统计的基础知识

前5章讨论了概率论的基本内容. 概率论是统计学的数学基础. 统计学从某种角度上也可以看成概率论的重要应用. 然而统计学作为一门独立学科有它自身的特点和规律. 本章重点介绍统计学的基本概念及常用统计量的分布.

6.1 基本概念

总体和样本是统计学中的两个基本概念.

总体是具有一定的共同属性的研究对象的全体. 如要了解哈尔滨市高等学校在校大学生的体质情况,则在哈高校的全体大学生便是我们研究的总体,而每位大学生就是个体.

统计学中关心的不是每个个体的所有的具体特征,而仅仅是它的某一项或某几项的数量指标. 如身高或体重. 对于选定的数量指标,我们用随机变量 X 表示(可以是向量).

定义 6.1 统计学中称随机变量(或向量) X 为总体. 称 X 的分布为总体分布.

注 (1) 总体 X 即可以是一维随机变量,也可以是随机向量. 本节只讨论一维随机变量.

(2) 有时个体特征本身不是直接由数量来描述的. 如电视机厂生产的各种型号的电视机,我们可将各种型号数量化,仍可用一个随机变量表示.

(3) 总体分布就是随机变量 X 的分布. 一般说来它是未知的,有时虽然已知分布的类型(如正态分布),但不知道其中的参数.

统计学的主要任务,就是通过一组样本,对其进行推断.

所谓样本,就是在总体中按一定规则抽出的一部分. 个体为样品. 样品的统计指标称为样本. 样本所包含的个体的个数称为样本的容量.

在相同的条件下,对总体 X 进行了 n 次重复独立的观察,得到 n 个结果. 这 n 个结果具有双重性,

(1) 可将每个结果看作一个实际的观察值 $x_i, i = 1, 2, \cdots, n$;

(2) 可将每个结果看作一个随机变量 $X_i, i = 1, 2, \cdots, n$.

一般情况下,我们都将它们看作为随机变量,称随机变量.

$X_1,X_2,\cdots,X_n$ 为来自总体 X 的简单随机样本,它具有两条性质:

(1)$X_1,X_2,\cdots,X_n$ 相互独立;

(2)$X_1,X_2,\cdots,X_n$ 都与总体 X 具有相同的分布.

综上所述,我们给出下列定义.

定义6.2　设总体X,其分布函数为$F(x)$,若$X_1,X_2,\cdots,X_n$相互独立且具有同一分布函数 $F(x)$,称 $X_1,X_2,\cdots,X_n$ 为从总体 X 得到的容量为 n 的简单随机样本,简称样本.

定义6.3　设$X_1,X_2,\cdots,X_n$是来自总体X的一个样本,$h(X_1,X_2,\cdots,X_n)$是$X_1,X_2,\cdots,X_n$ 的函数,且不包含任何未知参数,则称 $h(X_1,X_2,\cdots X_n)$ 是一个统计量.

下面给出几个常见的统计量

(1) 样本平均值 $\overline{X}=\frac{1}{n}\sum_{i=1}^{n}X_i$;

(2) 样本方差 $S^2=\frac{1}{n-1}\sum_{i=1}^{n}(X_i-\overline{X})^2=\frac{1}{n-1}(\sum_{i=1}^{n}X_i^2-n\overline{X}^2)$;

(3) 未修正的样本方差 $S_o^2=\frac{1}{n}\sum_{i=1}^{n}(X_i-\overline{X})^2$,显然 $S^2=\frac{n}{n-1}S_o^2$;

(4) 样本标准差 $S=\sqrt{S^2}=\sqrt{\frac{1}{n-1}\sum_{i=1}^{n}(X_i-\overline{X})^2}$;

(5) 样本 k 阶原点矩 $A_k=\frac{1}{n}\sum_{i=1}^{n}X_i^k,k=1,2,\cdots$;

(6) 样本 k 阶中心矩 $B_k=\frac{1}{n}\sum_{i=1}^{n}(X_i-\overline{X})^k,k=2,3,\cdots$.

它们的观察值分别为 $\overline{x}=\frac{1}{n}\sum_{i=1}^{n}x_i$;$s^2=\frac{1}{n-1}\sum_{i=1}^{n}(x_i-\overline{x})^2=\frac{1}{n-1}(\sum_{i=1}^{n}(x_i{}^2-n\overline{x}^2)$,等. 我们指出,若 $E(X^k)\overset{\text{记成}}{=}\mu_k$ 存在,则当 $n\to\infty$ 时,有

$$A_k=\frac{1}{n}\sum_{i=1}^{n}X_i^k\xrightarrow{P}\mu_k,k=1,2,\cdots$$

这就是下一章的矩估计的理论依据.

(7) 顺序统计量

$X_1,X_2,\cdots,X_n$ 是总体 X 的一个样本,将样本中的诸分量由小到大的顺序排列成

$$X_{(1)}\leqslant X_{(2)}\leqslant\cdots\leqslant X_{(n)}$$

称$(X_{(1)},X_{(2)},\cdots,X_{(n)})$为样本的一组顺序统计量. 称 $X_{(i)}$ 为样本的第 i 个顺序统计量. 特别地,称 $X_{(1)}=\min(X_1,X_2,\cdots,X_n)$ 与 $X_{(n)}=\max(X_1,X_2,\cdots,X_n)$ 分别为样本极小值与样本极大值,并称 $X_{(n)}-X_{(1)}$ 为样本的极差.

定义6.4　(枢轴量) 一个样本函数 $g(X_1,X_2,\cdots,X_n)$ 中仅含有一个未知参数,称 $g(X_1,X_2,\cdots,X_n)$ 为枢轴量.

例如 $X\sim N(\mu,4)$,$X_1,X_2,\cdots,X_n$ 样本,则$\frac{\sqrt{n}(\overline{X}-\mu)}{2}$就是一个枢轴量.

若μ已知,则是一个统计量.

定义 6.5 （分位点）设随机变量 X 的分布函数为 $F(x)$，满足 $P\{X > Z_\alpha\} = \alpha,(0 < \alpha < 1)$，点 Z_α 称为 X 的上 α 分位点.

若 $X_1,X_2,\cdots,X_n$ 为 X 的样本. X 的分布函数为 $F(x)$，密度函数为 $f(x)$，则 $(X_1,X_2,\cdots,X_n)$ 的分布函数为 $F^*(x_1,x_2,\cdots,x_n)=\prod_{i=1}^{n}F(x_i)$，$(X_1,X_2,\cdots,X_n)$ 的概率密度函数为 $f^*(x_1,x_2,\cdots,x_n)=\prod_{i=1}^{n}f(x_i)$.

如果总体 X 有概率分布 $P\{X=a_i\}=p_i,i=1,2,\cdots$，则样本 $X_1,X_2,\cdots,X_n$ 的概率分布为 $P\{X_1=x_1,X_2=x_2,\cdots,X_n=x_n\}=\prod_{i=1}^{n}P\{X_i=x_i\}$，其中 x_i 取 $a_1,a_2,\cdots$ 中的某一个数.

6.2　几个重要的抽样分布

统计量是样本的函数，它是一个随机变量. 统计量的分布称为抽样分布，在进行统计推断时，常常需要知道它的分布. 下面我们介绍 12 个基本公式. 为了好记忆，将它们分为四个板块，每个板块有 3 个公式.

第一板块：正态分布

一、$X \sim N(\mu,\sigma^2)$，$X_1,X_2,\cdots,X_n$ 样本

1. $\overline{X}=\frac{1}{n}\sum_{i=1}^{n}X_i \sim N(\mu,\frac{\sigma^2}{n})$

2. $Z=\frac{\overline{X}-\mu}{\sigma}\sqrt{n} \sim N(0,1)$

3. $\overline{X}$ 与 $S^2=\frac{1}{n-1}\sum_{i=1}^{n}(X_i-\overline{X})^2$ 相互独立

第二板块：χ^2 分布

二、4. $X \sim N(0,1)$，$X_1,X_2,\cdots,X_n$ 样本

则随机变量 $\chi^2=X_1^2+X_2^2+\cdots+X_n^2$ 所服从的分布为自由度为 n 的 χ^2 分布. 记作 $\chi^2 \sim \chi^2(n)$.

注　(1) $\chi^2(n)$ 的密度函数为 $f(x)=\begin{cases}\frac{1}{2^{\frac{n}{2}}\Gamma(\frac{n}{2})}e^{-\frac{x}{2}}x^{\frac{n}{2}-1} & x>0\\ 0 & \text{其他}\end{cases}$，$\Gamma(\alpha)=\int_0^{+\infty}x^{\alpha-1}e^{-x}dx$；

(2) 若 $X \sim \chi^2(n)$，$Y \sim \chi^2(m)$，X 与 Y 相互独立，则有可加性 $X+Y \sim \chi^2(n+m)$；

(3) $\chi^2 \sim \chi^2(n)$，则 $E(\chi^2)=n$，$D(\chi^2)=2n$；

(4) χ^2 分布的上 α 分为点 $\chi_\alpha^2(n)$，即 $P\{\chi^2 > \chi_\alpha^2(n)\}=\alpha$. 当 $n>45$ 时，$\chi_\alpha^2(n) \approx \frac{1}{2}(Z_\alpha+\sqrt{2n-1})^2$，其中 Z_α 是标准正态分布的上 α 分位点.

例如

$$\chi^2_{0.05}(50) \approx \frac{1}{2}(Z_{0.05} + \sqrt{2\times 50 - 1})^2 = \frac{1}{2}(1.645 + \sqrt{99})^2 \approx 67.221$$

5. $X \sim N(\mu,\sigma^2)$，$X_1, X_2, \cdots, X_n$ 样本，则

$$\chi^2 = \sum_{i=1}^{n}\left(\frac{X_i - \mu}{\sigma}\right)^2 = \frac{1}{\sigma^2}\sum_{i=1}^{n}(X_i - \mu)^2 \sim \chi^2(n)$$

6. $X \sim N(\mu,\sigma^2)$，$X_1, X_2, \cdots, X_n$ 样本，μ 未知. 则

$$\chi^2 = \frac{\sum_{i=1}^{n}(X_i - \overline{X})^2}{\sigma^2} = \frac{(n-1)S^2}{\sigma^2} \sim \chi^2(n-1)$$

第三板块：t 分布

7. 设 $X \sim N(0,1)$，$Y \sim \chi^2(n)$，X 与 Y 相互独立，则随机变量 $t = \dfrac{X}{\sqrt{\dfrac{Y}{n}}}$ 所服从的分布称为自由度为 n 的 t 分布. 记作 $t \sim t(n)$.

注　(1) t 的密度函数为 $f(x) = \dfrac{\Gamma\left(\dfrac{n+1}{2}\right)}{\sqrt{n\pi}\,\Gamma\left(\dfrac{n}{2}\right)}\left(1 + \dfrac{x^2}{n}\right)^{-\frac{n+1}{2}}$，$-\infty < x < +\infty$. 其图形关于 y 轴对称，如图6.1.

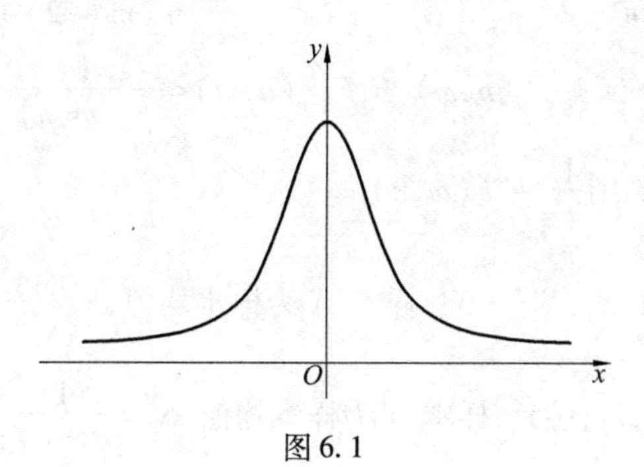

图6.1

当 n 充分大时，t 分布近似于 $N(0,1)$ 分布.

(2) $E(t) = 0 \quad n > 1$，$D(t) = \dfrac{n}{n-2} \quad n > 2$.

(3) $\lim\limits_{n\to\infty} f(x) = \dfrac{1}{\sqrt{2\pi}}e^{-\frac{x^2}{2}}$.

(4) t 分布的上 α 分位点 $t_\alpha(n)$，由对称性可知 $t_{1-\alpha}(n) = -t_\alpha(n)$，$t_{0.5}(n) = 0$.

当 $n > 45$ 时，$t_\alpha(n) \approx Z_\alpha$，其中 Z_α 是标准正态分布的上 α 分位点.

8. $X \sim N(\mu,\sigma^2)$，$X_1, X_2, \cdots, X_n$ 样本. σ^2 未知，则 $t = \dfrac{\overline{X} - \mu}{S}\sqrt{n} \sim t(n-1)$，$S$ 为样本标准差.

9. $X \sim N(\mu_1,\sigma^2)$，$X_1, X_2, \cdots, X_n$ 样本. 样本均值为 $\overline{X}$；样本方差为 S_1^2；$Y \sim N(\mu_2,\sigma^2)$，

$Y_1,Y_2,\cdots,Y_n$ 样本.样本均值为 $\overline{Y}$;样本方差为 S_2^2. X,Y 独立,则

$$t=\frac{(\overline{X}-\overline{Y})-(\mu_1-\mu_2)}{S_w\sqrt{\frac{1}{n_1}+\frac{1}{n_2}}}\sim t(n_1+n_2-2)$$

其中 $S_w^2=\dfrac{(n_1-1)S_1^2+(n_2-1)S_2^2}{n_1+n_2-2}$

第四板块:F 分布

10. 设若 $X\sim\chi^2(n)$,$Y\sim\chi^2(m)$,X 与 Y 相互独立,则随机变量 $F=\dfrac{\frac{X}{n}}{\frac{Y}{m}}$ 所服从的分布称为自由度为(n,m) 的 F 分布. 记作 $F\sim F(n,m)$,n 称为第一自由度,m 称为第二自由度.

注 (1)F 的密度函数为 $f(x)=\begin{cases}\dfrac{\Gamma(\frac{n+m}{2})}{\Gamma(\frac{n}{2})\Gamma(\frac{m}{2})}\left(\dfrac{n}{m}\right)^{\frac{n}{2}}x^{\frac{n}{2}-1}\left(1+\dfrac{n}{m}x\right)^{-\frac{n+m}{2}} & x>0\\ 0 & x\leqslant 0\end{cases}$

(2)$E[F(n,m)]=\dfrac{m}{m-2}$,$m>2$;$D[F(n,m)]=\dfrac{2m^2(n+m-2)}{n(m-2)^2(m-4)}$,$m>4$.

(3)F 分布的上 α 分位点 $F_\alpha(n,m)$ 有 $F_{1-\alpha}(n,m)=\dfrac{1}{F_\alpha(m,n)}$.

11. 若 $F\sim F(n,m)$,则$\dfrac{1}{F}\sim F(m,n)$.

12. $X\sim N(\mu_1,\sigma_1{}^2)$,$X_1,X_2,\cdots X_{n_1}$ 样本. $\overline{X}$ 为样本均值,$S_1^2=\dfrac{1}{n_1-1}\sum\limits_{i=1}^{n_1}(X_i-\overline{X})^2$ 样本方差;$Y\sim N(\mu_2,\sigma_2^2)$,$Y_1,Y_2,\cdots Y_{n_2}$ 样本. $\overline{Y}$ 为样本均值,$S_2^2=\dfrac{1}{n_2-1}\sum\limits_{i=1}^{n_2}(Y_i-\overline{Y})^2$ 样本方差,X,Y 相互独立. 则 $F=\dfrac{\frac{S_1^2}{\sigma_1^2}}{\frac{S_2^2}{\sigma_2^2}}\sim F(n_1-1,n_2-1)$.

例 1 设总体 $X\sim B(1,p)$,$X_1,X_2,\cdots,X_n$ 为样本. 求$(X_1,X_2,\cdots,X_n)$ 的概率分布.

解

X	0	1
P	$1-p$	p

它可以表示为 $P(x)=\begin{cases}p^x(1-p)^{1-x} & x=0 \text{ 或 } x=1\\ 0 & \text{其他}\end{cases}$,所以样本$(X_1,X_2,\cdots,X_n)$ 的概率分布为

$$P_n(x_1,x_2,\cdots,x_n)=\prod_{i=1}^{n}P(x_i)=\begin{cases}p^{x_1+x_2+\cdots+x_n}(1-p)^{n-(x_1+x_2+\cdots+x_n)} & x_i=1\text{或}0\\ 0 & \text{其他}\end{cases}=$$

$$\begin{cases}p^{n\bar{x}}(1-p)^{n(1-\bar{x})} & x_i=0\text{或}1\\ 0 & \text{其他}\end{cases}$$

例2　设某电话交换台一小时内收到的呼叫次数 $X\sim P(\lambda)$, $X_1,X_2,\cdots,X_n$ 为来自总体 X 的样本. (1) 求 $(X_1,X_2,\cdots,X_n)$ 的联合分布律, (2) 求 $\sum\limits_{i=1}^{n}X_i$ 和 $\bar{X}=\frac{1}{n}\sum\limits_{i=1}^{n}X_i$ 的分布律.

解　$P\{X=k\}=\frac{\lambda^k}{k!}e^{-\lambda}$, $k=0,1,2,\cdots$. 于是

(1) 样本 $(X_1,X_2,\cdots,X_n)$ 的联合分布律为

$$P\{X_1=x_1,X_2=x_2,\cdots,X_n=x_n\}=\prod_{k=1}^{n}P\{X_k=x_k\}=\prod_{k=1}^{n}\frac{\lambda^{x_k}}{x_k!}e^{-\lambda}=\frac{\lambda^{\sum\limits_{k=1}^{n}x_k}}{x_1!\,x_2!\cdots x_n!}e^{-n\lambda}$$

$$x_k=0,1,2,\cdots,k=1,2,\cdots,n$$

(2) 因为 $X_1,X_2,\cdots,X_n$ 相互独立且服从 $P(\lambda)$ 分布. 由泊松分布的可加性知 $\sum\limits_{i=1}^{n}X_i\sim P(n\lambda)$, 于是 $\sum\limits_{i=1}^{n}X_i$ 的分布律为 $P\{\sum\limits_{i=1}^{n}X_i=k\}=\frac{(n\lambda)^k}{k!}e^{-n\lambda}$, $k=0,1,2,\cdots$. 而 $\bar{X}=\frac{1}{n}\sum\limits_{i=1}^{n}X_i$, $\sum\limits_{i=1}^{n}X_i=n\bar{X}$, $P\left\{\bar{X}=\frac{k}{n}\right\}=P\{\sum\limits_{i=1}^{n}X_i=k\}=\frac{(n\lambda)^k}{k!}e^{-n\lambda}$, $k=0,1,2,\cdots$.

例3　某灯泡的寿命 $X\sim E(\lambda)$, $X_1,X_2,\cdots,X_n$ 样本. 求 $(X_1,X_2,\cdots,X_n)$ 的联合密度函数.

解　$X\sim E(\lambda)$, 其密度函数为 $f(x)=\begin{cases}\lambda e^{-\lambda x} & x>0\\ 0 & x\leqslant 0\end{cases}$, 所以 $(X_1,X_2,\cdots X_n)$ 的联合密度函数

$$f(x_1,x_2,\cdots,x_n)=\prod_{k=1}^{n}f(x_k)=\begin{cases}\prod\limits_{k=1}^{n}\lambda e^{-\lambda x_k} & x_k>0,k=1,2,\cdots,n\\ 0 & \text{其他}\end{cases}=$$

$$\begin{cases}\lambda^n e^{-\lambda\sum\limits_{k=1}^{n}x_k} & x_k>0,k=1,2,\cdots,n\\ 0 & \text{其他}\end{cases}$$

例4　设 $X\sim P(\lambda)$, $X_1,X_2,\cdots,X_n$ 为样本. $\bar{X}$ 为样本平均值, S^2 为样本方差. 求 $E(\bar{X})$, $D(\bar{X})$, $E(S^2)$.

解

$$E(\bar{X})=E\Big(\frac{1}{n}\sum_{i=1}^{n}X_i\Big)=\frac{1}{n}\sum_{i=1}^{n}E(X_i)=\frac{1}{n}(n\lambda)=\lambda$$

$$D(\bar{X})=D\Big(\frac{1}{n}\sum_{i=1}^{n}X_i\Big)=\frac{1}{n^2}\sum_{i=1}^{n}D(X_i)=\frac{\lambda}{n}$$

$$E(S^2)=E\left[\frac{1}{n-1}\left(\sum_{i=1}^{n}X_i^2-n\overline{X}^2\right)\right]=\frac{1}{n-1}\left[\sum_{i=1}^{n}E(X_i{}^2)-nE(\overline{X}^2)\right]=$$

$$\frac{1}{n-1}\left\{\sum_{i=1}^{n}[D(X_i)+E^2(X_i)]-n[D(\overline{X})+E^2(\overline{X})]\right\}=$$

$$\frac{1}{n-1}\left\{nD(X)+nE^2(X)-n\left[\frac{D(X)}{n}+E^2(X)\right]\right\}=D(X)=\lambda$$

注:无论总体 X 服从什么分布,只要存在均值及方差,总有 $E(S^2)=D(X)$.

例 5 设 X 服从 $N(0,3^2)$,而 $X_1,\cdots,X_{18}$ 为来自 X 的样本,则

(1) 求系数 a,b,c,d 使统计量

$$Y=aX_1^2+b(X_2+X_3)^2+c(X_4+X_5+X_6)^2+d(X_7+X_8+X_9+X_{10})^2$$

服从 χ^2 分布,且求其自由度.

(2) $Y=\dfrac{X_1+X_2+\cdots+X_9}{\sqrt{X_{10}^2+X_{11}^2+\cdots+X_{18}^2}}$ 服从什么分布.

(3) $Y=k\dfrac{X_1^2+X_2^2+X_3^2+X_4^2}{X_5^2+X_6^2+X_7^2+X_8^2}$,$k$ 为何值时,Y 服从什么分布.

解 (1) 诸 X_i 相互独立,$X_i\sim N(0,9)$,$X_2+X_3\sim N(0,18)$,$X_4+X_5+X_6\sim N(0,27)$,$X_7+X_8+X_9+X_{10}\sim N(0,36)$.

于是 $\dfrac{X_1}{3}\sim N(0,1)$,$\dfrac{X_2+X_3}{3\sqrt{2}}\sim N(0,1)$,$\dfrac{X_4+X_5+X_6}{3\sqrt{3}}\sim N(0,1)$,

$\dfrac{X_7+X_8+X_9+X_{10}}{6}\sim N(0,1)$,

$\dfrac{X_1^2}{9}\sim\chi^2(1)$,$\dfrac{(X_2+X_3)^2}{18}\sim\chi^2(1)$,$\dfrac{(X_4+X_5+X_6)^2}{27}\sim\chi^2(1)$,

$\dfrac{(X_7+X_8+X_9+X_{10})^2}{36}\sim\chi^2(1)$

且它们相互独立,由 χ^2 分布的可加性知

$$Y=\frac{1}{9}X_1^2+\frac{1}{18}(X_2+X_3)^2+\frac{1}{27}(X_4+X_5+X_6)^2+\frac{1}{36}(X_7+X_8+X_9+X_{10})^2\sim\chi^2(4)$$

故 $a=\dfrac{1}{9}$,$b=\dfrac{1}{18}$,$c=\dfrac{1}{27}$,$d=\dfrac{1}{36}$.

(2) $X\sim N(0,9)$,$X_1+X_2+\cdots+X_9\sim N(0,9^2)$,$\overline{X}=\dfrac{X_1+X_2+\cdots+X_9}{9}\sim N(0,1)$,

$\dfrac{X_i}{3}\sim N(0,1)$,$Z=\displaystyle\sum_{i=10}^{18}\left(\frac{X_i}{3}\right)^2=\frac{X_{10}^2+X_{12}^2+\cdots+X_{18}^2}{9}\sim\chi^2(9)$,由 t 分布知 $Y=\dfrac{\overline{X}}{\sqrt{\dfrac{Z}{9}}}=$

$\dfrac{X_1+X_2+\cdots+X_9}{\sqrt{X_{10}^2+X_{12}^2+\cdots+X_{18}^2}}\sim t(9)$,$k=1$,$Y\sim t(9)$.

(3) $\dfrac{X_i}{3}\sim N(0,1)$,$\dfrac{X_i^2}{9}\sim\chi^2(1)$,$\dfrac{X_1^2+X_2^2+X_3^2+X_4^2}{9}\sim\chi^2(4)$. 同理

$$\frac{X_5^2+X_6^2+X_7^2+X_8^2}{9}\sim\chi^2(4)$$，两者独立，故$\dfrac{\dfrac{X_1^2+X_2^2+X_3^2+X_4^2}{9\times4}}{\dfrac{X_5^2+X_6^2+X_7^2+X_8^2}{9\times4}}=\dfrac{X_1^2+X_2^2+X_3^2+X_4^2}{X_5^2+X_6^2+X_7^2+X_8^2}\sim F(4,4)$. 所以当 $k=1$ 时，它服从 $F(4,4)$.

例6　设 $t\sim t(n)$，求 t^2 服从什么分布.

解　$t\sim t(n)$，所以 $t=\dfrac{X}{\sqrt{\dfrac{Y}{n}}}$，$X\sim N(0,1)$，$Y\sim\chi^2(n)$，$X,Y$ 独立.

$$t^2=\frac{X^2}{\dfrac{Y}{n}}=\frac{\dfrac{X^2}{1}}{\dfrac{Y}{n}}$$，$X^2\sim\chi^2(1)$，所以 $t^2\sim F(1,n)$，由此可知 $\dfrac{1}{t^2}\sim F(n,1)$.

例7　设 $X_1,\cdots X_{10}$ 为 $N(0,0.3^2)$ 的一个样本. 求 $P\{\sum\limits_{i=1}^{10}X_i^2>1.44\}$.

解　$\dfrac{X_i}{0.3}\sim N(0,1)$，所以 $\sum\limits_{i=1}^{10}\left(\dfrac{X_i}{0.3}\right)^2=\dfrac{\sum\limits_{i=1}^{10}X_i^2}{0.09}\sim\chi^2(10)$.

$$P\{\sum_{i=1}^{10}X_i^2>1.44\}=P\left\{\frac{\sum\limits_{i=1}^{10}X_i^2}{0.09}>\frac{1.44}{0.09}\right\}=P\left\{\frac{\sum\limits_{i=1}^{10}X_i^2}{0.09}>16\right\}=P\{\chi^2(10)>16\}\overset{\text{查表}}{\approx}0.1.$$

百花园

例8　设总体 $X\sim N(\mu,\sigma^2)$，$X_1,\cdots,X_{2n}(n\geqslant2)$ 为来自 X 的样本，其样本均值 $\dfrac{1}{2n}\sum\limits_{i=1}^{2n}X_i$. 求统计量 $Y=\sum\limits_{i=1}^{n}(X_i+X_{n+i}-2\overline{X})^2$ 的数学期望 $E(Y)$.

解　因为 $X_1,X_2\cdots,X_{2n}$ 独立都服从 $N(\mu,\sigma^2)$ 分布，于是 $X_1+X_{n+1},X_2+X_{n+2},\cdots,X_n+X_{2n}$ 也相互独立且服从 $N(2\mu,2\sigma^2)$ 分布. 由此可将 $X_1+X_{n+1},X_2+X_{n+2},\cdots,X_n+X_{2n}$ 看作来自 $N(2\mu,2\sigma^2)$ 的一个样本，其样本均值、样本方差分别为 $\dfrac{1}{n}\sum\limits_{i=1}^{n}(X_i+X_{n+i})=\dfrac{1}{n}\sum\limits_{i=1}^{2n}X_i=2\overline{X}$，$\dfrac{1}{n-1}\sum\limits_{i=1}^{n}(X_i+X_{n+i}-2\overline{X})^2=\dfrac{1}{n-1}Y$，于是 $E(\dfrac{1}{n-1}Y)=\dfrac{1}{n-1}E(Y)=2\sigma^2$，所以 $E(Y)=2(n-1)\sigma^2$.

例9　设 $X_1,X_2,\cdots,X_n$ 为来自正态分布 $N(\mu,\sigma^2)$ 的样本，求样本的二阶原点矩，$A_2=\dfrac{1}{n}\sum\limits_{i=1}^{n}X_i^2$ 的方差.

解　样本方差 $S^2=\dfrac{1}{n-1}\sum\limits_{i=1}^{n}(X_i-\overline{X})^2=\dfrac{1}{n-1}(\sum\limits_{i=1}^{n}X_i^2-n\overline{X}^2)$

$$A_2 = \frac{1}{n}\sum_{i=1}^{n} X_i^2 = \frac{(n-1)}{n}S^2 + \overline{X}^2$$

$\overline{X}$ 与 S^2 独立，因此 $\overline{X}^2$ 与 S^2 独立，并且

$$\overline{X} \sim N(0, \frac{\sigma^2}{n})$$

于是$\frac{\overline{X}}{\sigma}\sqrt{n} \sim N(0,1)$.

由此可知$\frac{\overline{X}^2}{\sigma^2}n \sim \chi^2(1)$，所以

$$D(\frac{\overline{X}^2}{\sigma^2}n) = 2 \Rightarrow D(\overline{X}^2) = \frac{2\sigma^4}{n^2}$$

因为

$$\frac{n-1}{\sigma^2}S^2 \sim \chi^2(n-1)$$

所以

$$D(\frac{n-1}{\sigma^2}S^2) = \frac{(n-1)^2}{\sigma^4}D(S^2) = 2(n-1)$$

于是 $D(S^2) = \frac{2\sigma^4}{n-1}$.

由此

$$D(A_2) = D(\frac{1}{n}\sum_{i=1}^{n} X_i^2) = D(\frac{(n-1)}{n}S^2 + \overline{X}^2) = \frac{(n-1)^2}{n^2}D(S^2) + D(\overline{X}^2) =$$

$$\frac{(n-1)^2}{n^2} \times \frac{2\sigma^4}{n-1} + \frac{2\sigma^4}{n^2} = \frac{2\sigma^4}{n}$$

例 10 设总体 $X \sim N(\mu,\sigma^2)$，$X_1, X_2 \cdots, X_n$ 是来自 X 的样本，$Y_1 = \frac{1}{6}\sum_{i=1}^{6} X_i$，$Y_2 = \frac{1}{3}\sum_{i=7}^{9} X_i$，$S^2 = \frac{1}{2}\sum_{i=7}^{9}(X_i - Y_i)^2$，$Z = \frac{\sqrt{2}(Y_1 - Y_2)}{S}$. 证明统计量 Z 服从自由度为 2 的 t 分布.

证 因为 $X \sim N(\mu,\sigma^2)$，所以 $Y_1 = \frac{1}{6}\sum_{i=1}^{6} X_i \sim N(\mu, \frac{\sigma^2}{6})$，$Y_2 \sim N(\mu, \frac{\sigma^2}{3})$，$Y_1 - Y_2 \sim N(0, \frac{\sigma^2}{2})$.

$$U = \frac{Y_1 - Y_2}{\sigma}\sqrt{2} \sim N(0,1), \frac{2S^2}{\sigma^2} \sim \chi^2(2)$$

Y_1, Y_2, S^2 相互独立，从而 $Y_1 - Y_2$ 与 S^2 相互独立. 于是由 t 分布的定义得

$$Z = \frac{\sqrt{2}(Y_1 - Y_2)}{S} = \frac{U}{\sqrt{\frac{2S^2}{2\sigma^2}}} \sim t(2)$$

例 11 在总体 $X \sim N(52, 6.3^2)$ 中抽出一容量为 36 的样本. 样本均值 $\overline{X}$ 落在 50.8 到

53.8 之间的概率为多少？

解　样本均值 $\overline{X} \sim N(52,\frac{6.3^2}{36})$.

$$P\{50.8 < \overline{X} < 53.8\} = P\left\{\frac{50.8-52}{\frac{6.3}{6}} < \frac{\overline{X}-52}{\frac{6.3}{6}} < \frac{53.8-52}{\frac{6.3}{6}}\right\} =$$

$$P\left\{-\frac{8}{7} < \frac{\overline{X}-52}{\frac{6.3}{6}} < \frac{12}{7}\right\} \approx \Phi(\frac{12}{7}) - \Phi(-\frac{8}{7}) \approx$$

$$\Phi(1.714) - \Phi(-1.143) =$$

$$0.956\,4 + 0.872\,9 - 1 = 0.829\,3$$

例 12　设总体 $X \sim N(\mu,\sigma^2)$，$X_1,X_2\cdots,X_{16}$ 为其样本，μ,σ^2 未知，样本方差 S^2，求 (1) $P\left\{\frac{S^2}{\sigma^2} \leqslant 2.041\right\}$；(2) $D(S^2)$.

解　$X \sim N(\mu,\sigma^2)$，则 $\frac{(n-1)S^2}{\sigma^2} \sim \chi^2(n-1)$.

(1) $$P\left\{\frac{S^2}{\sigma^2} \leqslant 2.041\right\} = P\left\{\frac{15S^2}{\sigma^2} \leqslant 15 \times 2.041\right\} =$$

$$P\{\chi^2(15) \leqslant 30.615\} = 1 - P\{\chi^2(15) > 30.615\} \approx$$

$$1 - 0.01 = 0.99;$$

(2) $D\left[\frac{(n-1)S^2}{\sigma^2}\right] = 2(n-1)$，$\frac{(n-1)^2}{\sigma^4}D(S^2) = 2(n-1)$，$D(S^2) = \frac{2\sigma^4}{(n-1)} = \frac{2\sigma^4}{15}$.

例 13　设总体 $X \sim N(0,\sigma^2)$，$X_1,X_2\cdots,X_{26}$ 为其一个样本，求 $P\left\{\frac{\sum_{i=1}^{10}X_i}{\sqrt{\sum_{j=11}^{26}X_j^2}} \leqslant 1.675\,9\right\}$.

解　$X_i \sim N(0,\sigma^2)$，$i = 1,2,\cdots,26$.

$$\sum_{i=1}^{10}X_i \sim N(0,10\sigma^2), \frac{\sum_{i=1}^{10}X_i}{\sqrt{10}\sigma} \sim N(0,1)$$

$$\frac{X_i}{\sigma} \sim N(0,1), i = 1,2,\cdots,26$$

$$\frac{1}{\sigma^2}\sum_{j=11}^{26}X_j^2 \sim \chi^2(16)$$

由 t 分布的定义知 $\dfrac{\dfrac{\sum_{i=1}^{10} X_i}{\sqrt{10}\sigma}}{\sqrt{\dfrac{\sum_{j=11}^{26} X_j^2}{16\sigma^2}}} = \dfrac{\sqrt{1.6}\sum_{i=1}^{10} X_i}{\sqrt{\sum_{j=11}^{26} X_j^2}} \sim t(16)$

$$P\left\{\frac{\sum_{i=1}^{10} X_i}{\sqrt{\sum_{j=11}^{26} X_j^2}} \leqslant 1.675\,9\right\} = P\left\{\frac{\sqrt{1.6}\sum_{i=1}^{10} X_i}{\sqrt{\sum_{j=11}^{26} X_j^2}} \leqslant \sqrt{1.6} \times 1.675\,9\right\} =$$

$$1 - P\left\{\frac{\sqrt{1.6}\sum_{i=1}^{10} X_i}{\sqrt{\sum_{j=11}^{26} X_j^2}} > \sqrt{1.6} \times 1.675\,9\right\} =$$

$$1 - P\{t(16) > 2.119\,9\} =$$

$$1 - 0.025 = 0.975$$

小　结

在数理统计中往往研究有关对象的某一项数量指标,对这一数量指标进行试验和观察,将其全部可能的观察值称为总体 X,每个观察值称为个体. 总体中的每个个体一般情况下认为是一个随机变量 X_i,且 X_i 与 X 具有同分布. 来自总体 X 的样本,它具有两条性质:

1. $X_1, X_2, \cdots, X_n$ 相互独立;

2. $X_1, X_2, \cdots, X_n$ 与总体 X 具有相同的分布.

由样本 $X_1, X_2, \cdots, X_n$ 确定的不含未知参数的函数 $h(X_1, X_2, \cdots, X_n)$ 称为统计量,它是一个随机变量,它是统计推断的一个十分重要的工具.

样本平均值 $\overline{X} = \dfrac{1}{n}\sum_{i=1}^{n} X_i$ 和样本方差 $S^2 = \dfrac{1}{n-1}\sum_{i=1}^{n}(X_i - \overline{X})^2$ 是两个最重要的统计量. 统计量的分布称为抽样分布.

我们要掌握三大抽样分布:χ^2 分布、t 分布和 F 分布. 应该清楚这三大分布的结构.

(1)$\chi^2 = X_1^2 + X_2^2 + \cdots + X_n^2$,$X_i \sim N(0,1)$,则 $\chi^2 \sim \chi^2(n)$.

(2)$t = \dfrac{X}{\sqrt{\dfrac{Y}{n}}}$,$X \sim N(0,1)$,$Y \sim \chi^2(n)$,$X$ 与 Y 相互独立,则 $t \sim t(n)$.

(3)$F = \dfrac{\dfrac{X}{n}}{\dfrac{Y}{m}}$,$X \sim \chi^2(n)$,$Y \sim \chi^2(m)$,$X$ 与 Y 相互独立,则 $F \sim F(n,m)$.

更应该记住正态总体的常用统计量的分布

1. 单个正态总体的抽样分布

设 $X \sim N(\mu,\sigma^2)$,$X_1,X_2,\cdots,X_n$ 为样本,$\overline{X}$,S^2 分别是样本均值与样本方差. 则

(1) $\overline{X} \sim N(\mu,\frac{\sigma^2}{n})$

(2) $\frac{\overline{X}-\mu}{\sigma}\sqrt{n} \sim N(0,1)$

(3) $\overline{X}$ 与 S^2 相互独立,且 $E(\overline{X})=\mu$,$E(S^2)=\sigma^2$.

(4) $\frac{(n-1)S^2}{\sigma^2}=\frac{1}{\sigma^2}\sum_{i=1}^{n}(X_i-\overline{X})^2 \sim \chi^2(n-1)$

(5) $\frac{1}{\sigma^2}\sum_{i=1}^{n}(X_i-\mu)^2 \sim \chi^2(n)$

(6) $\frac{\overline{X}-\mu}{S}\sqrt{n} \sim t(n-1)$

2. 两个正态总体的抽样分布

设 $X \sim N(\mu_1,\sigma_1^2)$,$X_1,X_2,\cdots,X_{n_1}$ 样本,$\overline{X}$,S_1^2 分别为样本均值与样本方差. $Y \sim N(\mu_2,\sigma_2^2)$,$Y_1,Y_2,\cdots,Y_{n_2}$ 样本,$\overline{Y}$ 与 S_2^2 分别为样本均值与样本方差. X,Y 独立. 则

(1) $\overline{X}\pm\overline{Y} \sim N(\mu_1\pm\mu_2,\frac{\sigma_1^2}{n_1}+\frac{\sigma_2^2}{n_2})$

(2) $\frac{(\overline{X}-\overline{Y})-(\mu_1-\mu_2)}{\sqrt{\frac{\sigma_1^2}{n_1}+\frac{\sigma_2^2}{n_2}}} \sim N(0,1)$

(3) $\frac{(n_1-1)S_1^2}{\sigma_1^2}+\frac{(n_2-1)S_2^2}{\sigma_2^2} \sim \chi^2(n_1+n_2-2)$

(4) $\frac{\frac{\sum_{i=1}^{n_1}(X_i-\mu_1)^2}{n_1\sigma_1^2}}{\frac{\sum_{i=1}^{n_2}(X_i-\mu_2)^2}{n_2\sigma_2^2}} \sim F(n_1,n_2)$

(5) $\frac{\frac{S_1^2}{\sigma_1^2}}{\frac{S_2^2}{\sigma_2^2}}=\frac{\frac{S_1^2}{S_2^2}}{\frac{\sigma_1^2}{\sigma_2^2}} \sim F(n_1-1,n_2-1)$

(6) 当 $\sigma_1^2=\sigma_2^2=\sigma^2$ 时

$\frac{(\overline{X}-\overline{Y})-(\mu_1-\mu_2)}{S_w\sqrt{\frac{1}{n_1}+\frac{1}{n_2}}} \sim t(n_1+n_2-2)$;其中 $S_w{}^2=\frac{(n_1-1)S_1^2+(n_2-1)S_2^2}{n_1+n_2-2}$.

重要术语及主题

总体,样本,统计量,χ^2 分布,t 分布,F 分布,上 α 分位点.

习题六

一、填空题

(1) 设 $X_1,X_2,\cdots,X_n$ 为来自 $t(n)$ 的一个样本. $\overline{X}$、S^2 分别为样本均值和样本方差,则 $E(\overline{X})=$________,$D(\overline{X})=$________,$E(S^2)=$________.

(2)$X\sim N(\mu,\sigma^2)$,$X_1,X_2,\cdots,X_n$ 为样本,$\overline{X}$ 为样本均值,则统计量 $W=n\left(\frac{\overline{X}-\mu}{\sigma}\right)^2$ 服从________分布,参数为________.

(3) 设 $X\sim U[0,\theta]$,$X_1,X_2,\cdots,X_n$ 为样本,则$(X_1,X_2,\cdots,X_n)$ 的联合密度函数为 $f(x_1,\cdots,x_n)=$________.

(4)$X\sim N(0,1)$,X_1,X_2,X_3,X_4 样本. 则 $Y=\frac{X_1+X_2}{\sqrt{X_3^2+X_4^2}}\sim$ ________分布.

(5)$X\sim N(0,9)$,$X_1,X_2,\cdots,X_{15}$ 为样本,

则统计量 $Y=\frac{1}{2}\frac{X_1^2+\cdots+X_{10}^2}{X_{11}^2+\cdots+X_{15}^2}\sim$ ________.

(6)$X\sim N(0,\sigma^2)$,$X_1,X_2,\cdots,X_{10}$ 为样本,则统计量

(i)$Y=\frac{X_1+\cdots+X_5}{\sqrt{X_6^2+\cdots+X_{10}^2}}\sim$ ________.

(ii)$Y=\left(\frac{X_1+X_2}{X_1-X_2}\right)^2\sim$ ________.

(7)$X\sim N(\mu,\sigma^2)$,$X_1,X_2,\cdots,X_n$ 为样本,S^2 为样本方差,则 $E(S^2)=$________,$D(S^2)=$________.

(8)$X\sim N(0,2^2)$,X_1,X_2,X_3,X_4 样本.

则统计量 $Y=\frac{1}{20}(X_1-2X_2)^2+\frac{1}{100}(3X_3-4X_4)^2\sim$ ________.

(9)$X\sim N(0,0.5^2)$,$X_1,X_2,\cdots,X_7$ 为样本,则 $P\{\sum_{i=1}^{7}X_i^2>4\}=$________.

(10)$X\sim t(10)$,且已知 $P\{X^2<\lambda\}=0.05$. 则 $\lambda=$________.

二、单项选择题

(1) $X\sim N(0,1)$,$Y\sim N(0,1)$,则(　　).

(A)$X+Y\sim N(0,2)$　　(B) $X^2+Y^2\sim\chi^2(2)$

(C) $\frac{X^2}{Y^2}\sim F(1,1)$　　(D)X^2 和 Y^2 均服从$\chi^2(1)$ 分布

(2)$X_1,X_2,\cdots,X_n$ 为来自总体 $X\sim N(\mu,\sigma^2)$,其中μ,σ^2 未知,S^2 为样本方差. 下列哪个是统计量(　　).

(A) $\frac{1}{n}\sum_{i=1}^{n}(X_i-\mu)^2$　　(B) $\frac{(n-1)S^2}{\sigma^2}$

(C)$\max\{X_1+\mu,X_2+\mu,\cdots,X_n+\mu\}-\min\{X_1+\mu,X_2+\mu,\cdots,X_n+\mu\}$

(D) $\sum_{i=1}^{n}\left(\frac{X_i-\mu}{\sigma}\right)^2$

(3) $X \sim N(0,4)$, $Y \sim N(0,9)$, X,Y 独立,则 $D(X^2 - 2Y^2) = ($　　).

(A)680　　(B)480　　(C) 280　　(D)40

(4) $X \sim N(\mu,\sigma^2)$, $X_1,X_2,\cdots,X_n$ 为样本, $\overline{X}$ 为样本均值. 记 $S_1^2 = \sum_{i=1}^{n}(X_i - \mu)^2$, $S_2^2 = \sum_{i=1}^{n}(X_i - \overline{X})^2$,则可以构造服从 $t(n-1)$ 的分布的随机变量为(　　).

(A) $T = \frac{\overline{X} - \mu}{S_1}(n-1)$　　(B) $T = \frac{\overline{X} - \mu}{S_2}\sqrt{n^2 - n}$

(C) $T = \frac{\overline{X} - \mu}{S_1}\sqrt{n^2 - n}$　　(D) $T = \frac{\overline{X} - \mu}{S_1}n$

(5) $X \sim N(3,4^2)$, $X_1,X_2,\cdots,X_{16}$ 样本,样本均值为 $\overline{X}$,则(　　)正确.

(A) $\overline{X} - 3 \sim N(0,1)$　　(B) $4(\overline{X} - 3) \sim N(0,1)$

(C) $\frac{\overline{X} - 3}{4} \sim N(0,1)$　　(D) $\frac{\overline{X} - 3}{16} \sim N(0,1)$

(6) $X \sim N(\mu,\sigma^2)$, $X_1,X_2,\cdots,X_n$ 为样本,统计量 $Y = n\left(\frac{\overline{X} - \mu}{S}\right)^2$,则(　　).

(A) $Y \sim \chi^2(n-1)$　　(B) $Y \sim t(n-1)$

(C) $Y \sim F(n-1,1)$　　(D) $Y \sim F(1,n-1)$

(7) 设 $X \sim N(0,\sigma^2)$, $X_1,X_2,\cdots,X_9$ 为样本,则可以构造服从 F 分布的统计量是(　　).

(A) $F = \frac{X_1^2 + X_2^2 + X_3^2}{X_4^2 + \cdots + X_9^2}$　　(B) $F = \frac{X_1^2 + \cdots + X_5^2}{X_5^2 + \cdots + X_9^2}$

(C) $F = \frac{2(X_1^2 + X_2^2 + X_3^2)}{X_4^2 + \cdots + X_9^2}$　　(D) $F = \frac{X_1^2 + X_2^2 + X_3^2}{2(X_4^2 + \cdots + X_9^2)}$

(8) $X \sim N(0,1)$, $X_1,X_2,\cdots,X_n$ 为样本,则统计量 $Y = \frac{\sqrt{n-1}X_1}{\sqrt{\sum_{i=2}^{n} X_i^2}}$(　　).

(A) $Y \sim \chi^2(n-1)$　　(B) $Y \sim t(n-1)$

(C) $Y \sim F(n,1)$　　(D) $Y \sim F(1,n-1)$

三、计算题

(1) $X \sim N(80,25)$, $X_1,X_2,\cdots,X_{36}$ 为样本, $\overline{X}$ 为样本均值,求 $P\{78 \leqslant \overline{X} \leqslant 82.5\}$.

(2) $X \sim N(62,100)$,从中抽取一容量为 n 的样本,为使样本均值大于 60 的概率不小于 0.95. 问样本容量 n 至少应取多大?

(3) 在天平上重复称一重为 a 的物品. 假设各次称重相互独立,且服从 $N(a,0.2^2)$. 若以 $\overline{X_n}$ 表示 n 次称重结果的算术平均值. 则为使 $P\{|\overline{X_n} - a| < 0.1\} \geqslant 0.9$,则 n 的最小值是多少?

四、证明题

设 $\overline{X} = \frac{1}{n}\sum_{i=1}^{n} X_i$,试证(i) $\sum_{i=1}^{n}(X_i - \mu)^2 = \sum_{i=1}^{n}(X_i - \overline{X})^2 + n(\overline{X} - \mu)^2$;

(ii) $\sum_{i=1}^{n}(X_i - \overline{X})^2 = \sum_{i=1}^{n} X_i^2 - n\overline{X}^2$.

第 7 章

参数估计

统计推断的基本问题可以分成两大类,一类是估计问题,一类是假设检验问题. 本章讨论的是总体参数的点估计和区间估计.

7.1 点估计

在实际问题中往往可以根据经验判断出其分布的类型. 如指数分布 $E(\lambda)$,或正态分布 $N(\mu,\sigma^2)$. 但不知道其中的参数 λ 或 μ,σ^2.

我们想依据样本 $X_1,X_2,\cdots,X_n$ 来估计其中的参数.

定义 7.1 设总体 X 的分布函数为 $F(x,\theta)$, θ 是未知参数. $X_1,X_2,\cdots,X_n$ 是 X 的样本. 样本值为 $x_1,x_2,\cdots,x_n$. 构造一个统计量 $\hat{\theta}(X_1,X_2,\cdots,X_n)$,用它的观察值 $\hat{\theta}(x_1,x_2,\cdots,x_n)$ 作为 θ 的估计值. 这种问题称为点估计. 习惯上称随机变量 $\hat{\theta}(X_1,X_2,\cdots,X_n)$ 为 θ 的估计量,而称 $\hat{\theta}(x_1,x_2,\cdots,x_n)$ 为 θ 的估计值.

构造估计量 $\hat{\theta}(X_1,X_2,\cdots,X_n)$ 的方法很多,下面主要介绍矩法和最大似然估计法.

1. 矩法

矩估计法是英国统计学家皮尔逊于 1894 年首先提出的. 基本思想是替换原理,即用样本矩替换同阶总体矩. 其优点是不需要已知总体分布的类型,只要未知参数可以表示成总体矩的函数,就能求出其矩估计. 当总体分布类型已知时,由于没有充分利用总体分布所提供的信息,矩法估计不一定是理想的估计,但因矩法估计简便易行,所以人们常常使用.

定义 7.2 用样本的矩(原点矩或中心矩)代替相应的总体的矩,样本的矩(原点矩或中心矩)的函数代替相应的总体矩的同一函数而求得未知参数的估计方法叫矩法.

如果总体 X 的分布中包含 l 个未知函数 $\theta_1,\theta_2,\cdots,\theta_l$,矩估计的步骤为:

(1) 求出总体的矩 $E(X^k)$, $k=1,2,\cdots,l$,或 $E[X-E(X)]^k$.

(2) 列矩估计方程 $E(X^k)=\dfrac{1}{n}\sum\limits_{i=1}^{n}X_i^k$, $k=1,2,\cdots,l$,

或 $E[X-E(X)]^k=\dfrac{1}{n}\sum\limits_{i=1}^{n}(X_i-\overline{X})^k$.

(3) 解上述方程(或方程组) 得 $\theta_i(X_1,X_2,\cdots,X_n),i=1,2,\cdots,l$,则 $\theta_i(X_1,X_2,\cdots,X_n)$ 即为 θ_i 的估计值. 记为 $\hat{\theta}_i(X_1,X_2,\cdots,X_n),i=1,2,\cdots,l$.

如果有样本观察值,则 θ_i 的矩估计值为 $\hat{\theta}_i=\hat{\theta}_i(x_1,x_2,\cdots,x_n),i=1,2,\cdots,l$.

例 1　糖厂用自动包装机包装白糖,包得的袋装糖的重量是一个随机变量. 今随机地抽查 10 袋,称得净重为(单位:克)501,503,497,502,501,499,498,500,502,501. 求总体均值 μ 及方差 σ^2 的矩估计值.

解　$E(X)=\mu=\frac{1}{n}\sum_{i=1}^{n}X_i$,即

$$\hat{\mu}=\overline{X}=\frac{1}{10}(501+503+497+502+501+499+498+500+502+501)=500.4$$

$$E(X^2)=\frac{1}{n}\sum_{i=1}^{n}X_i^2$$

即

$$D(X)+E^2(X)=\frac{1}{n}\sum_{i=1}^{n}X_i^2$$

所以

$$D(X)=\sigma^2=\frac{1}{n}\sum_{i=1}^{n}X_i^2-E^2(X)$$

即

$$\hat{\sigma}^2=\frac{1}{10}\sum_{i=1}^{10}X_i^2-500.4^2=3.24$$

注　本题不知道总体分布的信息,只知道一组样本值. 我们就可求出总体均值、方差的估计值. 这就是矩法的优点.

例 2　设 $X\sim B(1,p)$,p 未知. $x_1=1,x_2=0,x_3=0,x_4=1,x_5=0,x_6=1,x_7=0,x_8=1,x_9=0,x_{10}=0$. 求 p 的矩估计值.

解　$E(X)=\frac{1}{n}\sum_{i=1}^{n}X_i$,即 $\hat{p}=\frac{4}{10}=\frac{2}{5}$.

例 3　设有一批同型号灯管,其寿命(单位:小时) 服从 $E(\lambda)$,λ 未知. 今随机抽取 10 只,测得其寿命数据如下:152,148,141,167,179,113,126,171,154,129. 用矩估计法,求 λ 值.

解　设灯管寿命为 X,则 $E(X)=\frac{1}{\lambda}$.

$$E(X)=\frac{1}{n}\sum_{i=1}^{n}X_i$$

即 $\frac{1}{\lambda}=\overline{X}$. $n=10$ 代入

$$\bar{x}=\frac{1}{n}\sum_{i=1}^{n}x_i=148$$

$$\hat{\lambda}=\frac{1}{\bar{x}}=\frac{1}{148}$$

2. 最大似然估计法

最大似然估计法只适用于总体的分布类型是已知的，它是由英国统计学家费希尔首先提出的.

最大似然估计法的基本思想是在已经得到的试验结果的情况下，我们寻找使这个结果出现的可能性最大的那个 $\hat{\theta}$ 作为真值 θ 的估计.

定义 7.3 若 X 为离散型随机变量，其概率分布的形式为 $P\{X=x\}=P(x,\theta)$. X_1，$X_2,\cdots,X_n$ 为样本. 则称 $L(\theta)=\prod\limits_{i=1}^{n}P(x_i,\theta)$ 为似然函数.

定义 7.4 若 X 为连续型随机变量，其密度函数为 $f(x,\theta)$. $X_1,X_2,\cdots,X_n$ 为样本. 则 $(X_1,X_2,\cdots,X_n)$ 的密度函数 $L(\theta)=\prod\limits_{i=1}^{n}f(x_i,\theta)$ 称为似然函数.

定义 7.5 设总体 X. $X_1,X_2,\cdots,X_n$ 为样本. 如果存在 $\hat{\theta}$ 使 $L(\hat{\theta})=\max L(\theta)$，则称 $\hat{\theta}(X_1,X_2,\cdots,X_n)$ 为 θ 的最大似然估计量，称 $\hat{\theta}(x_1,x_2,\cdots,x_n)$ 为 θ 的最大似然估计值，记作 $\hat{\theta}_L$（或 MLE）

例 4 设总体 X 的概率分布为

X	0	1	2	3
P	θ^2	$2\theta(1-\theta)$	θ^2	$1-2\theta$

其中 $(0<\theta<\frac{1}{2})$ θ 是未知参数. X 的样本值为 3,1,3,0,3,1,2,3，求 θ 的矩估计值和最大似然估计值.

解 (1) $E(X)=0\times\theta^2+1\times 2\theta(1-\theta)+2\times\theta^2+3\times(1-2\theta)=3-4\theta$，$E(X)=\overline{X}$，得 $3-4\theta=\overline{X}$，$\theta=\frac{3-\overline{X}}{4}$.

$$\bar{x}=\frac{3+1+3+0+3+1+2+3}{8}=2$$

所以 θ 的矩估计值为 $\hat{\theta}=\frac{3-\bar{x}}{4}=\frac{1}{4}$.

(2) 对样本 3,1,3,0,3,1,2,3 似然函数为

$$\begin{aligned}L(\theta)=&\prod_{k=1}^{8}P\{X_k=x_k\}=\\&P\{X=3\}P\{X=1\}P\{X=3\}P\{X=0\}P\{X=3\}P\{X=1\}P\{X=2\}P\{X=3\}=\\&(1-2\theta)\times 2\theta(1-\theta)\times(1-2\theta)\times\theta^2\times(1-2\theta)\times 2\theta(1-\theta)\times\theta^2\times(1-2\theta)=\\&4\theta^6(1-\theta)^2(1-2\theta)^4\end{aligned}$$

取对数得

$$\ln L(\theta)=2\ln 2+6\ln\theta+2\ln(1-\theta)+4\ln(1-2\theta)$$

$$\frac{\mathrm{d}\ln L(\theta)}{\mathrm{d}\theta}=\frac{6}{\theta}+\frac{-2}{1-\theta}+\frac{4\times(-2)}{1-2\theta}=\frac{24\theta^2-28\theta+6}{\theta(1-\theta)(1-2\theta)}=0$$

解得

$$\theta_{1,2}=\frac{28\pm\sqrt{28^2-4\times24\times6}}{2\times24}=\frac{7\pm\sqrt{13}}{12}$$

因$\frac{7+\sqrt{13}}{12}>\frac{1}{2}$,不合题意,所以$\hat{\theta}_L=\frac{7-\sqrt{13}}{12}$.

注　两种方法结果不同.

例5　$X\sim N(\mu,\sigma^2)$,$X_1,X_2,\cdots,X_n$样本.分别求μ,σ^2的矩估计量和最大似然估计量.

解　(1)$E(X)=\overline{X}$,即$\hat{\mu}=\overline{X}$.

$$E(X^2)=\frac{1}{n}\sum_{i=1}^{n}X_i^2$$

即

$$D(X)+[E(X)]^2=\frac{1}{n}\sum_{i=1}^{n}X_i^2$$

$$\hat{\sigma}^2=\frac{1}{n}\sum_{i=1}^{n}X_i^2-\overline{X}^2=\frac{1}{n}(\sum_{i=1}^{n}X_i^2-n\overline{X}^2)=\frac{1}{n}\sum_{i=1}^{n}(X_i-\overline{X})^2$$

(2)$f(x,\mu,\sigma^2)=\frac{1}{\sqrt{2\pi}\sigma}\mathrm{e}^{-\frac{(x-\mu)^2}{2\sigma^2}}$

似然函数

$$L=\prod_{i=1}^{n}f(x_i,\mu,\sigma^2)=\prod_{i=1}^{n}\frac{1}{\sqrt{2\pi}\sigma}\mathrm{e}^{-\frac{(x_i-\mu)^2}{2\sigma^2}}=\frac{1}{(\sqrt{2\pi}\sigma)^n}\mathrm{e}^{-\frac{1}{2\sigma^2}\sum_{i=1}^{n}(x_i-\mu)^2}$$

取对数

$$\ln L=\ln\left[\frac{1}{(\sqrt{2\pi}\sigma)^n}\mathrm{e}^{-\frac{1}{2\sigma^2}\sum_{i=1}^{n}(x_i-\mu)^2}\right]=-\frac{n}{2}[\ln(2\pi)+\ln\sigma^2]-\frac{1}{2\sigma^2}\sum_{i=1}^{n}(x_i-\mu)^2$$

$$\begin{cases}\dfrac{\partial\ln L}{\partial\mu}=\dfrac{1}{\sigma^2}\sum_{i=1}^{n}(x_i-\mu)=0\\ \dfrac{\partial\ln L}{\partial\sigma^2}=-\dfrac{n}{2\sigma^2}+-\dfrac{1}{2\sigma^4}\sum_{i=1}^{n}(x_i-\mu)^2=0\end{cases}$$

解得$\hat{\mu}_L=\frac{1}{n}\sum_{i=1}^{n}X_i$,$\hat{\sigma}_L^2=\frac{1}{n}\sum_{i=1}^{n}(X_i-\overline{X})^2$.

注　两种方法结果相同.

例6　$X\sim U[a,b]$,$X_1,X_2,\cdots,X_n$样本,a,b未知.分别用矩法及最大似然法,求a,b的估计量.

解　(1)$\begin{cases}E(X)=\overline{X}\\ E(X^2)=\frac{1}{n}\sum_{i=1}^{n}X_i^2\end{cases}$,$\begin{cases}\frac{a+b}{2}=\overline{X}\\ D(X)+[E(X)]^2=\frac{1}{n}\sum_{i=1}^{n}X_i^2\end{cases}$

$$\begin{cases}a+b=2\overline{X}\\ \frac{1}{12}(b-a)^2=\frac{1}{n}\sum_{i=1}^{n}X_i^2-\overline{X}^2=\frac{1}{n}\sum_{i=1}^{n}(X_i-\overline{X})^2\end{cases}$$

即

$$\begin{cases} a+b=2\overline{X} \\ b-a=\sqrt{\dfrac{12}{n}\sum_{i=1}^{n}(X_i-\overline{X})^2} \end{cases}$$

解之

$$\begin{cases} \hat{b}=\overline{X}+\sqrt{\dfrac{3}{n}\sum_{i=1}^{n}(X_i-\overline{X})^2} \\ \hat{a}=\overline{X}-\sqrt{\dfrac{3}{n}\sum_{i=1}^{n}(X_i-\overline{X})^2} \end{cases}$$

(2)$f(x,a,b)=\begin{cases} \dfrac{1}{b-a} & a\leqslant x\leqslant b \\ 0 & \text{其他} \end{cases}$

似然函数 $L=\prod_{i=1}^{n}f(x_i,a,b)=\dfrac{1}{(b-a)^n}$,$a\leqslant x_i\leqslant b\quad i=1,2,\cdots,n$,显然 L 无驻点.

取

$$\hat{b}_L=\max(X_1,X_2,\cdots,X_n),\hat{a}_L=\min(X_1,X_2,\cdots,X_n)$$

注 最大似然估计具有下述不变性.

若 $\hat{\theta}$ 是 X 密度函数 $f(x;\theta)$ 中参数 θ 的最大似然估计. θ 的函数 $\varphi(\theta)$ 具有单值反函数,则 $\varphi(\hat{\theta})$ 是 $\varphi(\theta)$ 的最大似然估计. 即$\widehat{\varphi(\theta)}=\varphi(\hat{\theta})$.

7.2 估计量的评价标准

由例 4 看到用矩法和最大似然法求出的值并不相同. 这两个估计哪一个好? 下面我们讨论评价估计量的好坏的标准.

1. 无偏性

定义 7.6 若估计量 $\hat{\theta}(X_1,X_2,\cdots,X_n)$ 的数学期望等于未知参数 θ,即 $E(\hat{\theta})=\theta$. 称 $\hat{\theta}$ 为 θ 的无偏估计量.

估计量 $\hat{\theta}$ 是一个随机变量. 它的值不一定就是 θ 的真值. 如果 $\hat{\theta}$ 是 θ 的无偏估计量,则其平均值就等于 θ 的真值.

例 7 设 $X_1,X_2,\cdots,X_n$ 为总体 X 的一个样本,$E(X)=\mu$,则其样本平均值 $\overline{X}=\dfrac{1}{n}\sum_{i=1}^{n}X_i$ 是 μ 的无偏估计量.

证 因为 $E(X)=\mu$,所以 $E(X_i)=\mu,i=1,2,\cdots,n$.

$$E(\overline{X})=E(\frac{1}{n}\sum_{i=1}^{n}X_i)=\frac{1}{n}\sum_{i=1}^{n}E(X_i)=\mu$$

所以 $\overline{X}$ 是 μ 的无偏估计量.

注 一般说来无偏估计量的函数并不是未知参数相应函数的无偏估计量. 如 $X\sim$

$N(\mu,\sigma^2)$ 时，$\overline{X}$ 是 μ 的无偏估计量. 但 $\overline{X}^2$ 不是 μ^2 的无偏估计量. 事实上，$E(\overline{X}^2)=D(\overline{X})+[E(\overline{X})]^2=\frac{\sigma^2}{n}+\mu^2\neq\mu^2$.

例8　总体 X，$E(X)=\mu$，$D(X)=\sigma^2$. $X_1,X_2,\cdots,X_n$ 样本. 证明样本方差 $S^2=\frac{1}{n-1}\sum_{i=1}^{n}(X_i-\overline{X})^2$ 是总体方差 σ^2 的无偏估计量.

证

$$
\begin{aligned}
E(S^2)&=E\left[\frac{1}{n-1}\sum_{i=1}^{n}(X_i-\overline{X})^2\right]=\frac{1}{n-1}E\left[\sum_{i=1}^{n}X_i^2-n\overline{X}^2\right]=\\
&\frac{1}{n-1}\left[\sum_{i=1}^{n}E(X_i^2)-nE(\overline{X}^2)\right]=\\
&\frac{1}{n-1}\left\{\sum_{i=1}^{n}[D(X_i)+E^2(X_i)]-n[D(\overline{X})+E^2(\overline{X})]\right\}=\\
&\frac{1}{n-1}\left[\sum_{i=1}^{n}(\sigma^2+\mu^2)-n\left(\frac{\sigma^2}{n}+\mu^2\right)\right]=\\
&\frac{1}{n-1}(n\sigma^2+n\mu^2-\sigma^2-n\mu^2)=\sigma^2
\end{aligned}
$$

所以 $S^2=\frac{1}{n-1}\sum_{i=1}^{n}(X_i-\overline{X})^2$ 是 $D(X)=\sigma^2$ 的无偏估计量.

2. 有效性

定义7.7　设 $\hat{\theta}_1$ 和 $\hat{\theta}_2$ 都是未知参数 θ 的无偏估计量. 如 $D(\hat{\theta}_1)<D(\hat{\theta}_2)$，称 $\hat{\theta}_1$ 比 $\hat{\theta}_2$ 有效.

例9　X_1,X_2,X_3 是来自总体 X 的样本. 验证以下3个统计量都是 $E(X)$ 的无偏估计量，并求谁最有效.

$$\mu_1=\frac{3}{10}X_1+\frac{1}{10}X_2+\frac{6}{10}X_3$$

$$\mu_2=\frac{1}{5}X_1+\frac{3}{5}X_2+\frac{1}{5}X_3$$

$$\mu_3=\frac{1}{3}X_1+\frac{1}{3}X_2+\frac{1}{3}X_3$$

证

$$
\begin{aligned}
E(\mu_1)&=\frac{3}{10}E(X_1)+\frac{1}{10}E(X_2)+\frac{6}{10}E(X_3)=\\
&\frac{3}{10}E(X)+\frac{1}{10}E(X)+\frac{6}{10}E(X)=E(X)
\end{aligned}
$$

$$E(\mu_2)=\frac{1}{5}E(X_1)+\frac{3}{5}E(X_2)+\frac{1}{5}E(X_3)=E(X)$$

$$E(\mu_3)=\frac{1}{3}E(X_1)+\frac{1}{3}E(X_2)+\frac{1}{3}E(X_3)=E(X)$$

所以 μ_1,μ_2,μ_3 都是 $E(X)$ 的无偏估计量.

$$D(\mu_1)=\frac{9}{100}D(X_1)+\frac{1}{100}D(X_2)+\frac{36}{100}D(X_3)=\frac{46}{100}D(X)$$

$$D(\mu_2)=\frac{1}{25}D(X_1)+\frac{9}{25}D(X_2)+\frac{1}{25}D(X_3)=\frac{11}{25}D(X)$$

$$D(\mu_3)=\frac{1}{90}D(X_1)+\frac{1}{90}D(X_2)+\frac{1}{9}D(X_3)=\frac{1}{3}D(X)$$

显然 $D(\mu_1)>D(\mu_2)>D(\mu_3)$,故 μ_3 最有效.

注 $E(X)$ 的无偏估计量有很多,以其样本均值最有效.

例 10 设总体 $X\sim N(1,\sigma^2)$,σ^2 未知($\sigma^2>0$). $X_1,\cdots,X_n$ 样本($n>1$). 下面 σ^2 的两个估计量

$$\hat{\sigma}_1^2=S^2=\frac{1}{n-1}\sum_{i=1}^{n}(X_i-\overline{X})^2,\hat{\sigma}_2^2=\frac{1}{n}\sum_{i=1}^{n}(X_i-1)^2$$

验证$\hat{\sigma}_1^2$ 与$\hat{\sigma}_2^2$ 都是 σ^2 的无偏估计量,并求谁更有效?

解

$$E(\hat{\sigma}_1^1)=E(S^2)=\sigma^2$$

$$E(\hat{\sigma}_2^2)=E(\frac{1}{n}\sum_{i=1}^{n}(X_i-1)]^2)=\frac{1}{n}\sum_{i=1}^{n}E(X_i-E(X_i))^2=\frac{1}{n}\sum_{i=1}^{n}D(X_i)=\sigma^2$$

所以$\hat{\sigma}_1^2$ 与$\hat{\sigma}_2^2$ 都是 σ^2 的无偏估计量.

下面比较方差.

因为

$$\frac{n-1}{\sigma^2}S^2\sim\chi^2(n-1),\frac{1}{\sigma^2}\sum_{i=1}^{n}(X_i-\mu)^2\sim\chi^2(n)$$

$$D(\frac{n-1}{\sigma^2}S^2)=2(n-1),D\left[\frac{1}{\sigma^2}\sum_{i=1}^{n}(X_i-\mu)^2\right]=2n$$

因此

$$D(\hat{\sigma}_1^2)=D(S^2)=\frac{\sigma^4}{(n-1)^2}D\left[\frac{(n-1)S^2}{\sigma^2}\right]=\frac{2\sigma^4}{n-1}$$

$$D(\hat{\sigma}_2^2)=D\left[\frac{1}{n}\sum_{i=1}^{n}(X_i-1)^2\right]=\frac{\sigma^4}{n^2}D\left[\frac{1}{\sigma^2}\sum_{i=1}^{n}(X_i-1)^2\right]=\frac{2\sigma^4}{n}$$

$D(\hat{\sigma}_1^2)>D(\hat{\sigma}_2^2)$,所以$\hat{\sigma}_2^2$ 较$\hat{\sigma}_1^2$ 有效.

3. 相合性(一致性)

定义 7.8 设 $\hat{\theta}=\hat{\theta}(X_1,X_2,\cdots,X_n)$ 为未知参数 θ 的估计量. 若 $\hat{\theta}$ 依概率收敛于 θ,即对任意 $\varepsilon>0$,有

$$\lim_{n\to\infty}P\{|\hat{\theta}-\theta|<\varepsilon\}=1,\text{或}\lim_{n\to\infty}P\{|\hat{\theta}-\theta|\geq\varepsilon\}=0$$

则称 $\hat{\theta}$ 为 θ 的相合估计量.

由辛钦大数定律可知样本 k 阶矩 $\frac{1}{n}\sum_{i=1}^{n}X_i^k\xrightarrow{P}E(X^k)=\mu_k$,因此样本 k 阶矩是总体 X 的 k 阶矩 $E(X^k)$ 的相合估计量. 由最大似然估计法得到的估计量,在一定条件下也具有相合性. 相合性是对估计量的一个基本要求.

7.3　区间估计

7.3.1　基本概念

上面讨论了参数的点估计. 同一个参数,两个不同的样本,得出的估计值是不同的. 因此我们希望给出参数在落在某一区间内的概率,就这是区间估计. 它是由奈曼在1934年提出的.

定义7.9　设θ是总体分布的未知参数,$X_1,X_2,\cdots,X_n$为样本. 对于给定的概率$1-\alpha(0<\alpha<1)$,若存在两个统计量$\underline{\theta}=\underline{\theta}(X_1,X_2,\cdots,X_n)$与$\overline{\theta}=\overline{\theta}(X_1,X_2,\cdots,X_n)$使得$P\{\underline{\theta}<\theta<\overline{\theta}\}=1-\alpha$,则称随机区间$(\underline{\theta},\overline{\theta})$为参数$\theta$的置信区间. $\underline{\theta}$称为置信下限,$\overline{\theta}$称为置信上限. $1-\alpha$称为置信度(或置信水平).

注　对每个样本值确定的区间$(\underline{\theta},\overline{\theta})$来讲,真值$\theta$要么在其内,要么在其外,我们有$100(1-\alpha)\%$的把握说真值$\theta$在其内.

显然,置信度为$1-\alpha$的置信区间不是唯一的. 当然置信区间短表示估计的精度高.

定义7.10　设θ是总体分布的未知参数,$X_1,X_2,\cdots,X_n$为样本. 对于给定的概率$1-\alpha(0<\alpha<1)$

① 若统计量$\underline{\theta}=\underline{\theta}(X_1,X_2,\cdots,X_n)$使得$P\{\theta>\underline{\theta}\}=1-\alpha$,称随机区间$(\underline{\theta},+\infty)$为$\theta$的置信度为$1-\alpha$的单侧置信区间,$\underline{\theta}$称为$\theta$的置信度为$1-\alpha$的单侧置信下限.

② 若统计量$\overline{\theta}=\overline{\theta}(X_1,X_2,\cdots,X_n)$使得$P\{\theta<\overline{\theta}\}=1-\alpha$,称随机区间$(-\infty,\overline{\theta})$为$\theta$的置信度为$1-\alpha$的单侧置信区间,$\overline{\theta}$称为$\theta$的置信度为$1-\alpha$的单侧置信上限.

求θ得置信区间步骤如下:

(1) 选取θ的一个较优的点估计$\hat{\theta}$;

(2) 依据$\hat{\theta}$寻找一个枢轴量$u=u(X_1,X_2,\cdots,X_n,\theta)$,而$u$的分布为已知的分布;

(3) 对给定的置信度$1-\alpha$,确定λ_1与λ_2,使$P\{\lambda_1<u<\lambda_2\}=1-\alpha$;

(4) 利用不等式变形导出套住θ的置信区间$(\underline{\theta},\overline{\theta})$.

一般而言,确定枢轴量的分布是很困难的,下面我们只讨论一类特殊又十分重要的情况:正态总体.

7.3.2　正态总体参数的置信区间

在正态总体,构造枢轴量的过程中,χ^2分布,t分布,F分布以及$N(0,1)$分布,起到了重要的作用. 因此正态总体参数的置信区间是最完美的. 在第6章得十二个重要公式必须牢记.

1. 单个正态总体$X\sim N(\mu,\sigma^2)$,$X_1,X_2,\cdots,X_n$为样本

(1) 均值μ的置信区间

(i) 方差σ^2已知时

枢轴量 $Z=\frac{\overline{X}-\mu}{\sigma}\sqrt{n}\sim N(0,1)$

$$P\left\{\left|\frac{\overline{X}-\mu}{\sigma}\sqrt{n}\right|<Z_{\frac{\alpha}{2}}\right\}=1-\alpha(\text{图 7.1})$$

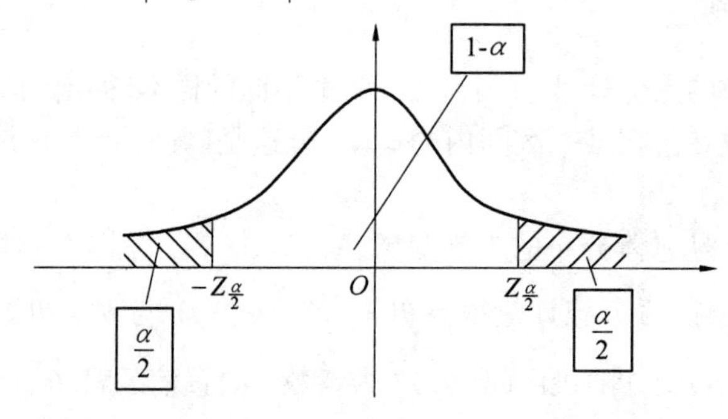

图 7.1

即
$$P\left\{\overline{X}-\frac{\sigma}{\sqrt{n}}Z_{\frac{\alpha}{2}}<\mu<\overline{X}+\frac{\sigma}{\sqrt{n}}Z_{\frac{\alpha}{2}}\right\}=1-\alpha$$

于是我们得到了 μ 的置信度为 $1-\alpha$ 的置信区间

$$\left(\overline{X}-\frac{\sigma}{\sqrt{n}}Z_{\frac{\alpha}{2}},\overline{X}+\frac{\sigma}{\sqrt{n}}Z_{\frac{\alpha}{2}}\right) \tag{7.1}$$

通常写成$\left(\overline{X}\pm\frac{\sigma}{\sqrt{n}}Z_{\frac{\alpha}{2}}\right)$.

例 11　设 $X\sim N(\mu,4)$，取一容量为64的一个样本. 测得样本均值为 $\overline{X}=50.20$，试求 μ 的95% 的置信区间.

解　$n=64,\sigma^2=4,\alpha=0.05$，查得 $Z_{\frac{0.05}{2}}=1.96$. 由公式(7.1) μ 的95% 的置信区间为

$$\left(\overline{X}-\frac{\sigma}{\sqrt{n}}Z_{\frac{\alpha}{2}},\overline{X}+\frac{\sigma}{\sqrt{n}}Z_{\frac{\alpha}{2}}\right)=(50.2-0.49,50.2+0.49)=(49.71,50.69).$$

注意这里区间(49.71,50.69)是以95% 的把握能套住其值 μ. 显然由图7.1可知置信区间不是唯一,但这时以对称区间为最短.

(ii) 方差 σ^2 未知时

σ^2 未知, 用其无偏统计量 $S^2=\frac{1}{n-1}\sum_{i=1}^{n}(X_i-\overline{X})^2$ 代替. 这时选取枢轴量为 $T=\frac{\overline{X}-\mu}{S}\sqrt{n}\sim t(n-1)$.

$$P\left\{\left|\frac{\overline{X}-\mu}{S}\sqrt{n}\right|<t_{\frac{\alpha}{2}}(n-1)\right\}=1-\alpha$$

得

$$P\left\{\overline{X}-\frac{S}{\sqrt{n}}t_{\frac{\alpha}{2}}(n-1)<\mu<\overline{X}+\frac{S}{\sqrt{n}}t_{\frac{\alpha}{2}}(n-1)\right\}=1-\alpha$$

于是得 μ 的 $1-\alpha$ 的置信区间为

$$\left(\overline{X}-\frac{S}{\sqrt{n}}t_{\frac{\alpha}{2}}(n-1),\overline{X}+\frac{S}{\sqrt{n}}t_{\frac{\alpha}{2}}(n-1)\right) \tag{7.2}$$

简记作$\left(\overline{X}\pm\frac{S}{\sqrt{n}}t_{\frac{\alpha}{2}}(n-1)\right)$

例 12　假设某钢筋的抗拉强度服从 $N(\mu,\sigma^2)$，从中抽取 16 个样本. 测出 $\overline{X}=6\ 800$，$S=240$. 求抗拉强度的 95% 的置信区间.

解　$n=16,\overline{X}=6\ 800,S=240$，查表 $t_{0.025}(15)=2.131\ 5$. 由公式(7.2) 得

$$\left(\overline{X}\pm\frac{S}{\sqrt{n}}t_{\frac{\alpha}{2}}(n-1)\right)=(6\ 672.11,6\ 927.89)$$

(2)σ^2 的置信区间

(i)μ 已知时

枢轴量

$$\chi^2=\frac{\sum_{i=1}^{n}(X_i-\mu)^2}{\sigma^2}\sim\chi^2(n)$$

$$P\left\{\chi^2_{1-\frac{\alpha}{2}}(n)<\frac{\sum_{i=1}^{n}(X_i-\mu)^2}{\sigma^2}<\chi^2_{\frac{\alpha}{2}}(n)\right\}=1-\alpha$$

得 σ^2 的 $1-\alpha$ 置信区间为

$$\left(\frac{\sum_{i=1}^{n}(X_i-\mu)^2}{\chi^2_{\frac{\alpha}{2}}(n)},\frac{\sum_{i=1}^{n}(X_i-\mu)^2}{\chi^2_{1-\frac{\alpha}{2}}(n)}\right) \tag{7.3}$$

(ii)μ 未知. 在实际问题中 μ 与 σ^2 往往都是未知的.

枢轴量$\chi^2=\frac{(n-1)S^2}{\sigma^2}\sim\chi^2(n-1)$.

$$P\left\{\chi^2_{1-\frac{\alpha}{2}}(n-1)<\frac{(n-1)S^2}{\sigma^2}<\chi^2_{\frac{\alpha}{2}}(n-1)\right\}=1-\alpha$$

得 σ^2 的 $1-\alpha$ 置信区间为

$$\left(\frac{(n-1)S^2}{\chi^2_{\frac{\alpha}{2}}(n-1)},\frac{(n-1)S^2}{\chi^2_{1-\frac{\alpha}{2}}(n-1)}\right) \tag{7.4}$$

即

$$\left(\frac{\sum_{i=1}^{n}(X_i-\overline{X})^2}{\chi^2_{\frac{\alpha}{2}}(n-1)},\frac{\sum_{i=1}^{n}(X_i-\overline{X})^2}{\chi^2_{1-\frac{\alpha}{2}}(n-1)}\right)$$

而标准差 σ 的 $1-\alpha$ 置信区间为$\left(\sqrt{\frac{(n-1)S^2}{\chi^2_{\frac{\alpha}{2}}(n-1)}},\sqrt{\frac{(n-1)S^2}{\chi^2_{1-\frac{\alpha}{2}}(n-1)}}\right)$.

例 13　设袋盐的重量服从正态分布 $N(\mu,\sigma^2)$，抽 9 袋盐，测算得 $S^2=37.21,\bar{x}=500.2$. 求 μ 和 σ^2 的 95% 置信区间.

解 $n=9,\overline{X}=500.2,S=6.1,t_{0.025}(8)=2.3060.$

① 由公式(7.2)得μ的95%置信区间

$$\left(\overline{X}-\frac{S}{\sqrt{n}}t_{\frac{\alpha}{2}}(n-1),\overline{X}+\frac{S}{\sqrt{n}}t_{\frac{\alpha}{2}}(n-1)\right)=(496.512,504.888)$$

②$\chi^2_{0.025}(8)=17.535,\chi^2_{0.975}(8)=2.180.$

由公式(7.4)得σ^2的95%置信区间

$$\left(\frac{(n-1)S^2}{\chi^2_{\frac{\alpha}{2}}(n-1)},\frac{(n-1)S^2}{\chi^2_{1-\frac{\alpha}{2}}(n-1)}\right)=(16.976,136.550)$$

***2. 两个正态总体**

$X\sim N(\mu_1,\sigma_1{}^2),X_1,X_2,\cdots,X_{n_1}$为样本. 样本均值$\overline{X}$,样本方差$S_1^2$;

$Y\sim N(\mu_2,\sigma_2{}^2),Y_1,Y_2,\cdots,Y_{n_2}$为样本. 样本均值$\overline{Y}$,样本方差$S_2^2$;

X与Y独立.

(1)$\mu_1-\mu_2$的置信区间

(i)σ_1^2,σ_2^2均为已知时

$$\overline{X}-\overline{Y}\sim N\left(\mu_1-\mu_2,\frac{\sigma_1^2}{n_1}+\frac{\sigma_2^2}{n_2}\right)$$

于是

$$\frac{(\overline{X}-\overline{Y})-(\mu_1-\mu_2)}{\sqrt{\frac{\sigma_1^2}{n_1}+\frac{\sigma_2^2}{n_2}}}\sim N(0,1)$$

$$P\left\{\left|\frac{(\overline{X}-\overline{Y})-(\mu_1-\mu_2)}{\sqrt{\frac{\sigma_1^2}{n_1}+\frac{\sigma_2^2}{n_2}}}\right|<Z_{\frac{\alpha}{2}}\right\}=1-\alpha$$

得$\mu_1-\mu_2$的置信度为$1-\alpha$的置信区间

$$\left((\overline{X}-\overline{Y})-\sqrt{\frac{\sigma_1^2}{n_1}+\frac{\sigma_2^2}{n_2}}Z_{\frac{\alpha}{2}},(\overline{X}-\overline{Y})+\sqrt{\frac{\sigma_1^2}{n_1}+\frac{\sigma_2^2}{n_2}}Z_{\frac{\alpha}{2}}\right)\tag{7.5}$$

(ii)$\sigma_1^2=\sigma_2^2=\sigma^2$,但是$\sigma^2$未知

$$\frac{(\overline{X}-\overline{Y})-(\mu_1-\mu_2)}{S_w\sqrt{\frac{1}{n_1}+\frac{1}{n_2}}}\sim t(n_1+n_2-2)$$

其中$S_w^2=\dfrac{(n_1-1)S_1^2+(n_2-1)S_2^2}{n_1+n_2-2}$.

$$P\left\{\left|\frac{(\overline{X}-\overline{Y})-(\mu_1-\mu_2)}{S_w\sqrt{\frac{1}{n_1}+\frac{1}{n_2}}}\right|<t_{\frac{\alpha}{2}}(n_1+n_2-2)\right\}=1-\alpha$$

得$\mu_1-\mu_2$的置信度为$1-\alpha$的置信区间

$$\left((\overline{X}-\overline{Y})-S_w\sqrt{\frac{1}{n_1}+\frac{1}{n_2}}t_{\frac{\alpha}{2}}(n_1+n_2-2),(\overline{X}-\overline{Y})+S_w\sqrt{\frac{1}{n_1}+\frac{1}{n_2}}t_{\frac{\alpha}{2}}(n_1+n_2-2)\right) \tag{7.6}$$

例 14　研究两种固体燃料火箭推进器的燃烧率. 设两者都服从正态分布,且方差相等. 取 $n_1=n_2=20$. 燃烧率的样本均值分别为 $\overline{X_1}=18\ \text{cm/s}$, $\overline{X_2}=22\ \text{cm/s}$, 样本方差 $S_1^2=49\ (\text{cm/s})^2$, $S_2^2=51\ (\text{cm/s})^2$. 求两燃烧率总体均值差 $\mu_1-\mu_2$ 的置信度为 0.99 的置信区间.

解 $S_w^2=\dfrac{(n_1-1)S_1^2+(n_2-1)S_2^2}{n_1+n_2-2}=\dfrac{19\times49+19\times51}{20+20-2}=50$,

$$S_w=7.071,\sqrt{\frac{1}{n_1}+\frac{1}{n_2}}=\sqrt{\frac{1}{10}}=0.316,t_{0.005}(38)=2.712$$

由公式(7.6) 知 $\mu_1-\mu_2$ 的置信度为 0.99 的置信区间为$(-10.060,\ \ 2.060)$.

(2) 两个总体方差比$\dfrac{\sigma_1^2}{\sigma_2^2}$的置信区间

在实际问题中 μ_1,μ_2 均未知.

$$\frac{\frac{S_1^2}{\sigma_1^2}}{\frac{S_2^2}{\sigma_2^2}}\sim F(n_1-1,n_2-1),$$

$$P\left\{F_{1-\frac{\alpha}{2}}(n_1-1,n_2-1)<\frac{\frac{S_1^2}{\sigma_1^2}}{\frac{S_2^2}{\sigma_2^2}}<F_{\frac{\alpha}{2}}(n_1-1,n_2-1)\right\}=1-\alpha$$

于是得$\dfrac{\sigma_1^2}{\sigma_2^2}$的置信度为 $1-\alpha$ 的置信区间为

$$\left(\frac{S_1^2}{S_2^2}\frac{1}{F_{\frac{\alpha}{2}}(n_1-1,n_2-1)},\frac{S_1^2}{S_2^2}\frac{1}{F_{1-\frac{\alpha}{2}}(n_1-1,n_2-1)}\right) \tag{7.7}$$

例 15　研究由机器 A 和机器 B 生产的钢管的内径. 随机抽取机器 A 生产的管子 18 只,测得样本方差 $S_1^2=0.34(\text{mm}^2)$;抽取机器 B 生产的管子 13 只,测得样本方差 $S_2^2=0.29(\text{mm}^2)$. 设两样本独立,且两种管子的内径分别服从 $N(\mu_1,\sigma_1^2)$, $N(\mu_2,\sigma_2^2)$. 这里 $\mu_1,\sigma_1^2,\mu_2,\sigma_2^2$ 均未知. 试求方差$\dfrac{\sigma_1^2}{\sigma_2^2}$的置信度为 0.9 的置信区间.

解　$n_1=18,S_1^2=0.34,n_2=13,S_2^2=0.29,\alpha=0.10.$

$$F_{\frac{\alpha}{2}}(n_1-1,n_2-1)=F_{0.05}(17,\ \ 12)=2.59$$

$$F_{1-\frac{\alpha}{2}}(n_1-1,n_2-1)=F_{0.95}(17,\ \ 12)=\frac{1}{F_{0.05}(12,17)}=\frac{1}{2.38}$$

由公式(7.7) 得$\dfrac{\sigma_1^2}{\sigma_2^2}$的置信度为 0.9 的置信区间为

$$\left(\frac{0.34}{0.29}\times\frac{1}{2.59},\frac{0.34}{0.29}\times 2.38\right)=(0.45,2.79)$$

由于$\frac{\sigma_1^2}{\sigma_2^2}$的置信区间包含1，在实际问题中，我们就认为$\sigma_1^2,\sigma_2^2$两者没有显著差别.

百花园

例16 设总体X，$E(X)=\mu$，$D(X)=\sigma^2$. X_1,X_2为来自总体X的样本. 记$\widetilde{X}=(1-a)X_1+aX_2$. (1) 试证$\widetilde{X}$是$\mu$的无偏估计量；(2) 确定$a$使$D(\widetilde{X})$最小.

(1) 证 因为$E(\widetilde{X})=(1-a)E(X_1)+aE(X_2)=(1-a)\mu+a\mu=\mu$，

所以$\widetilde{X}$是μ的无偏估计量.

(2) $D(\widetilde{X})=D[(1-a)X_1+aX_2]=(1-a)^2D(X_1)+a^2D(X_2)=(2a^2-2a+1)\sigma^2$

显然当$a=\frac{1}{2}$时，$D(\widetilde{X})$最小.

可以证明如果样本为$X_1,X_2,\cdots,X_n$，μ的估计量$\overline{X}=\frac{1}{n}\sum_{i=1}^{n}X_i$是形如$\widetilde{X}=\sum_{i=1}^{n}a_iX_i$(其中$\sum_{i=1}^{n}a_i=1$)的估计中最为有效的.

例17 设$X\sim N(\mu,\sigma^2)$. $X_1,X_2,\cdots,X_n$为样本. 已知$\hat{\sigma^2}=C\sum_{i=1}^{n-1}(X_{i+1}-X_i)^2$为$\sigma^2$的无偏估计量，求常数$C$.

解
$$\begin{aligned}E(\hat{\sigma^2})&=E\left[C\sum_{i=1}^{n-1}(X_{i+1}-X_i)^2\right]=C\sum_{i=1}^{n-1}E(X_{i+1}-X_i)^2=\\&C\sum_{i=1}^{n-1}\{D(X_{i+1}-X_i)+[E(X_{i+1}-X_i)]^2\}=C\sum_{i=1}^{n-1}(\sigma^2+\sigma^2+0)=\\&2(n-1)\sigma^2C=\sigma^2\end{aligned}$$

所以$C=\frac{1}{2(n-1)}$.

例18 设$X_1,X_2,\cdots,X_n$是来自总体X的样本. $X\sim P(\lambda)$. 证明$T=\left(1-\frac{1}{n}\right)^{n\overline{X}}$是$P(X=0)$的无偏估计量.

证 $P(X=0)=\mathrm{e}^{-\lambda}$，$n\overline{X}=\sum_{i=1}^{n}X_i\sim P(n\lambda)$（可加性），即$P(n\overline{X}=i)=\frac{(n\lambda)^i}{i}\mathrm{e}^{-n\lambda}$.

$E(T)=E\left[\left(1-\frac{1}{n}\right)^{n\overline{X}}\right]=\sum_{i=0}^{+\infty}\left(1-\frac{1}{n}\right)^{i}\cdot\frac{(n\lambda)^i}{i!}\mathrm{e}^{-n\lambda}=\mathrm{e}^{-n\lambda}\sum_{i=0}^{+\infty}\frac{[(n-1)\lambda]^i}{i!}=\mathrm{e}^{-n\lambda}\cdot\mathrm{e}^{(n-1)\lambda}=$
$\mathrm{e}^{-\lambda}$. 所以T是$P(X=0)$的无偏估计量.

例19　设总体X的密度函数为$f(x,\theta)=\begin{cases}\theta & 0<x<1\\ 1-\theta & 1\leqslant x<2\\ 0 & \text{其他}\end{cases}$,其中$\theta$是未知参数$(0<\theta<1)$. $X_1,X_2,\cdots,X_n$为样本. 记N为样本值中小于1的个数. 求θ的矩估计和最大似然估计.

解　(1) 矩估计

$$E(X)=\frac{1}{n}\sum_{i=1}^{n}X_i=\overline{X}$$

即

$$\int_0^1 x\theta\mathrm{d}x+\int_1^2 x(1-\theta)\mathrm{d}x=\frac{\theta}{2}+\frac{3}{2}(1-\theta)=\frac{3}{2}-\theta=\overline{X}\Rightarrow\hat{\theta}=\frac{3}{2}-\overline{X}$$

(2) 最大似然估计

似然函数

$$L(\theta)=\prod_{i=1}^{n}f(x_i,\theta)=\theta^N(1-\theta)^{n-N}$$

$$\ln L(\theta)=N\ln(\theta)+(n-N)\ln(1-\theta)$$

$$\frac{\mathrm{d}\ln L(\theta)}{\mathrm{d}\theta}=\frac{N}{\theta}-\frac{n-N}{1-\theta}$$

令

$$\frac{\mathrm{d}\ln L(\theta)}{\mathrm{d}\theta}=0\Rightarrow\theta=\frac{N}{n}$$

所以θ最大似然估计为$\hat{\theta}_L=\dfrac{N}{n}$.

例20　设某种元件的使用寿命X的概率密度为$f(x;\theta)=\begin{cases}2\mathrm{e}^{-2(x-\theta)} & x>\theta\\ 0 & x\leqslant\theta\end{cases}$,$\theta$未知参数. $X_1,X_2,\cdots,X_n$样本. 求θ的矩估计和最大似然估计.

解　(1) 矩估计

$$E(X)=\int_{-\infty}^{+\infty}xf(x)\mathrm{d}x=\int_0^{+\infty}2x\mathrm{e}^{-2x+2\theta}\mathrm{d}x=\mathrm{e}^{2\theta}\left[\mathrm{e}^{-2\theta}\left(\theta+\frac{1}{2}\right)\right]=\theta+\frac{1}{2},$$

由$E(X)=\overline{X}\Rightarrow\hat{\theta}=\overline{X}-\dfrac{1}{2}$.

(2) 最大似然估计

似然函数

$$L(\theta)=\prod_{i=1}^{n}f(x_i;\theta)=2^n\mathrm{e}^{-2\sum\limits_{i=1}^{n}(x_i-\theta)}\quad(x_i>\theta,i=1,2,\cdots,n)$$

$$\ln L(\theta)=n\ln 2-2\sum_{i=1}^{n}(x_i-\theta)$$

$$\frac{\mathrm{d}\ln L(\theta)}{\mathrm{d}\theta}=2n>0$$

所以$L(\theta)$单调增加.

由于$\theta<x_i(i=1,2,\cdots,n)$. 因此当$\theta$取$\min(X_1,X_2,\cdots,X_n)$,$L(\theta)$取最大值. 所以

$$\hat{\theta}_L = \min(X_1, X_2, \cdots, X_n)$$

注:求最大似然估计时,就是求似然函数的最大值.如果似然函数可导又存在驻点,最大值点就在驻点中找;如果有导数,但是无驻点或不可导,就用其他方法求使 $L(\theta)$ 最大的点.

例 21 设总体 $X \sim E(\frac{1}{\theta})(\theta > 0)$,$\theta$ 未知. $X_1, X_2, \cdots, X_n$ 样本. 试证 $\overline{X}$ 和 $nZ = n\min(X_1, X_2, \cdots, X_n)$ 都是 θ 的无偏估计量.

证 因 $X \sim E\left(\frac{1}{\theta}\right)$,$E(\overline{X}) = E(X) = \theta$. 即 $\overline{X}$ 是 θ 的无偏估计量.

X 的密度函数 $f(x;\theta) = \begin{cases} \frac{1}{\theta} e^{-\frac{1}{\theta}x} & x > 0 \\ 0 & x \leqslant 0 \end{cases}$

X 的分布函数 $F(x;\theta) = \int_{-\infty}^{x} f(t;\theta)\,dt = \begin{cases} 1 - e^{-\frac{1}{\theta}x} & x > 0 \\ 0 & x \leqslant 0 \end{cases}$

$Z = \min(X_1, X_2, \cdots, X_n)$ 分布函数

$$F_Z(x;\theta) = P\{\min(X_1, X_2, \cdots, X_n) \leqslant x\} = 1 - P\{\min(X_1, X_2, \cdots, X_n) > x)\} =$$
$$1 - P\{X_1 > x, X_2 > x, \cdots, X_n > x\} =$$
$$1 - [1 - F(x)]^n = \begin{cases} 1 - e^{-\frac{n}{\theta}x} & x > 0 \\ 0 & x \leqslant 0 \end{cases}$$

于是 Z 的密度函数为

$$f_Z(x;\theta) = \begin{cases} \frac{n}{\theta} e^{-\frac{n}{\theta}x} & x > 0 \\ 0 & x \leqslant 0 \end{cases}$$

即 $Z \sim E\left(\frac{n}{\theta}\right)$,于是 $E(Z) = \frac{\theta}{n}$.

所以 $E(nZ) = \theta$.

故 $nZ = n\min(X_1, X_2, \cdots, X_n)$ 也是 θ 的无偏估计量.

例 22 设 $\hat{\theta}$ 是 θ 的无偏估计量,且有 $\lim\limits_{n\to\infty} D(\hat{\theta}) = 0$. 证明 $\hat{\theta}$ 是 θ 的相合估计量.

证 $\forall \varepsilon > 0$,由切比雪夫不等式知 $P\{|\hat{\theta} - E(\hat{\theta})| < \varepsilon\} \geqslant 1 - \frac{D(\hat{\theta})}{\varepsilon^2}$.

由 $\lim\limits_{n\to\infty} D(\hat{\theta}) = 0$,有 $\lim\limits_{n\to\infty} P\{|\hat{\theta} - E(\hat{\theta})| < \varepsilon\} = 1$.

又 $E(\hat{\theta}) = \theta$. 所以 $\hat{\theta}$ 是 θ 的相合估计量.

例 23 证明统计量 $S_w^2 = \frac{(n_1 - 1)S_1^2 + (n_2 - 1)S_2^2}{n_1 + n_2 - 2}$ 是两总体公共方差 σ^2 的无偏估计量.

证 $E(S_w^2) = E\left[\frac{(n_1 - 1)S_1^2 + (n_2 - 1)S_2^2}{n_1 + n_2 - 2}\right] = \frac{n_1 - 1}{n_1 + n_2 - 2}E(S_1^2) + \frac{n_2 - 1}{n_1 + n_2 - 2}E(S_2^2) =$

$$\frac{n_1 - 1}{n_1 + n_2 - 2}\sigma^2 + \frac{n_2 - 1}{n_1 + n_2 - 2}\sigma^2 = \sigma^2$$

即 S_w^2 是两总体公共方差 σ^2 的无偏估计量.

例 24　设总体 $X \sim N(\mu,\sigma^2)$,其中 μ 未知,$\sigma^2 = 4.$. $X_1,X_2,\cdots,X_n$ 样本.

(1) 当 $n = 16$ 时,试求置信度分别为 0.9 及 0.95 的 μ 的置信区间的长度;

n 多大时能使 μ 的 90% 的置信区间的长度不超过 1;

n 多大时能使 μ 的 95% 的置信区间的长度不超过 1.

解　(1) 记 μ 得置信区间的长度为 Δ,则

$$\Delta = \left(\overline{X} + \frac{\sigma}{\sqrt{n}}Z_{\frac{\alpha}{2}}\right) - \left(\overline{X} - \frac{\sigma}{\sqrt{n}}Z_{\frac{\alpha}{2}}\right) = \frac{2\sigma}{\sqrt{n}}Z_{\frac{\alpha}{2}}$$

于是当 $1 - \alpha = 90\%$ 时,$\Delta = \frac{2 \times 2}{\sqrt{16}} \times 1.65 = 1.65$.

当 $1 - \alpha = 95\%$ 时,$\Delta = \frac{2 \times 2}{\sqrt{16}} \times 1.96 = 1.96$.

(2) 要使 $\Delta \leqslant 1$,即

$$\frac{2\sigma}{\sqrt{n}}Z_{\frac{\alpha}{2}} \leqslant 1 \Rightarrow n \geqslant (2\sigma Z_{\frac{\alpha}{2}})^2$$

于是当 $1 - \alpha = 90\%$ 时,$n \geqslant (2 \times 2 \times 1.65)^2 = 43.56$,即 $n \geqslant 44$.

也就是说,样本容量至少为 44 时,μ 的 90% 的置信区间的长度不超过 1.

(3) 当 $1 - \alpha = 95\%$,$n \geqslant (2 \times 2 \times 1.96)^2 = 61.4656$,即 $n \geqslant 62$.

由此可知,估计的可靠性越高(即 $1 - \alpha$ 越大),则置信区间长度越大;反之置信区间越小,可靠性降低. 要想置信区间小,可靠性大必须增加样本的容量.

例 25　从一批灯泡中随机取出 9 只作寿命试验. 算得寿命(单位:h) 的平均值为 $\overline{X} = 1200$,$S = 300$. 设灯泡寿命服从正态分布. 试求灯泡寿命平均值 μ 的置信度为 0.95 的单侧置信下限和一个单侧置信区间.

解　方差未知

$$\frac{\overline{X} - \mu}{S}\sqrt{n} \sim t(n - 1),n = 9,\alpha = 0.05$$

查表 $t_{0.05}(8) = 1.859\ 5$,$\overline{X} = 1\ 200$,$S = 300$.

$$P\left\{\frac{\overline{X} - \mu}{S}\sqrt{n} < t_\alpha(n - 1)\right\} = 1 - \alpha$$

于是得单侧置信区间为 $\left(\overline{X} - \frac{S}{\sqrt{n}}t_\alpha(n - 1),\ +\infty\right)$.

μ 的置信度为 95% 的单侧置信下限为

$$\underline{\mu} = \overline{X} - \frac{S}{\sqrt{n}}t_\alpha(n - 1) = 1\ 200 - \frac{300}{\sqrt{9}} \times 1.859\ 5 = 1\ 014.05$$

μ 的置信度为 95% 的单侧置信区间:$\left(\overline{X} - \frac{S}{\sqrt{n}}t_\alpha(n - 1),\ +\infty\right) = (1\ 014.05,\ +\infty)$

小　结

参数估计问题分为两类:1. 点估计;2. 区间估计.

点估计本章介绍了两种方法:矩估计法和最大似然估计法.

矩估计的基本思想是,$E(X^k)=\frac{1}{n}\sum_{i=1}^{n}X_i^k$,如果 l 个未知参数. 令 $k=1,2,\cdots,1$,解之即可. 最大似然估计法基本思想是,若已观察到样本$(X_1,X_2,\cdots,X_n)$ 的样本值$(x_1,x_2,\cdots,x_n)$,而取到这一样本值得概率为 P,而 P 与未知参数有关. 我们就取 θ 的估计值使概率 P 取到最大. 在实际问题中往往先使用最大似然估计法,在最大似然估计法使用困难时,再用矩估计法.

对一个未知参数给出不同的估计量. 就应该有评定估计量的好坏标准. 本章介绍了三个标准:无偏性、有效性和相合性. 相合性应该是一个基本的要求,不具备相合性的估计量,一定不予考虑.

点估计不能反映估计的精确度. 所以引入了区间估计. 置信区间$(\underline{\theta},\bar{\theta})$ 是一个随机区间,满足 $P\{\underline{\theta}<\theta<\bar{\theta}\}\geqslant 1-\alpha$. 参数的区间估计最重要也是最完美的就是正态总体 $X\sim N(\mu,\sigma^2)$ 中的 μ 或 σ^2 的区间估计,其置信区间列表 7.1.

表 7.1　正态总体均值、方差的置信区间与单侧置信限(置信度为 $1-\alpha$)

	待估参数	其他参数	枢轴量的分布	置信区间	单侧置信限
单个正态总体	μ	σ^2 已知	$Z=\frac{\bar{X}-\mu}{\sigma}\sqrt{n}\sim N(0,1)$	$\left(\bar{X}\pm\frac{\sigma}{\sqrt{n}}Z_{\frac{\alpha}{2}}\right)$	$\bar{\mu}=\bar{X}+\frac{\sigma}{\sqrt{n}}Z_\alpha$ $\underline{\mu}=\bar{X}-\frac{\sigma}{\sqrt{n}}Z_\alpha$
	μ	σ^2 未知	$T=\frac{\bar{X}-\mu}{S}\sqrt{n}\sim t(n-1)$	$\left(\bar{X}\pm\frac{S}{\sqrt{n}}t_{\frac{\alpha}{2}}(n-1)\right)$	$\bar{\mu}=\bar{X}+\frac{S}{\sqrt{n}}t_\alpha(n-1)$ $\underline{\mu}=\bar{X}-\frac{S}{\sqrt{n}}t_\alpha(n-1)$
	σ^2	μ 已知	$\chi^2=\frac{\sum_{i=1}^{n}(X_i-\mu)^2}{\sigma^2}\sim\chi^2(n)$	$\left(\frac{\sum_{i=1}^{n}(X_i-\mu)^2}{\chi^2_{\frac{\alpha}{2}}(n)},\frac{\sum_{i=1}^{n}(X_i-\mu)^2}{\chi^2_{1-\frac{\alpha}{2}}(n)}\right)$	$\overline{\sigma^2}=\frac{\sum_{i=1}^{n}(X_i-\mu)^2}{\chi^2_{1-\alpha}(n)}$ $\underline{\sigma^2}=\frac{\sum_{i=1}^{n}(X_i-\mu)^2}{\chi^2_{\alpha}(n)}$
	σ^2	μ 未知	$\chi^2=\frac{(n-1)S^2}{\sigma^2}\sim\chi^2(n-1)$	$\left(\frac{(n-1)S^2}{\chi^2_{\frac{\alpha}{2}}(n-1)},\frac{(n-1)S^2}{\chi^2_{1-\frac{\alpha}{2}}(n-1)}\right)$	$\overline{\sigma^2}=\frac{(n-1)S^2}{\chi^2_{1-\alpha}(n-1)}$ $\underline{\sigma^2}=\frac{(n-1)S^2}{\chi^2_{\alpha}(n-1)}$

	$\mu_1-\mu_2$	σ_1^2,σ_2^2 已知	$Z=\dfrac{(\bar{X}-\bar{Y})-(\mu_1-\mu_2)}{\sqrt{\dfrac{\sigma_1^2}{n_1}+\dfrac{\sigma_2^2}{n_2}}}\sim N(0,1)$	$\left[(\bar{X}-\bar{Y})\pm\sqrt{\dfrac{\sigma_1^2}{n_1}+\dfrac{\sigma_2^2}{n_2}}Z_{\frac{\alpha}{2}}\right]$	$\overline{\mu_1-\mu_2}=(\bar{X}-\bar{Y})+\sqrt{\dfrac{\sigma_1^2}{n_1}+\dfrac{\sigma_2^2}{n_2}}Z_\alpha$ $\underline{\mu_1-\mu_2}=(\bar{X}-\bar{Y})-\sqrt{\dfrac{\sigma_1^2}{n_1}+\dfrac{\sigma_2^2}{n_2}}Z_\alpha$
两个正态总体	$\mu_1-\mu_2$	$\sigma_1^2=\sigma_2^2$ 未知	$t=\dfrac{(\bar{X}-\bar{Y})-(\mu_1-\mu_2)}{S_w\sqrt{\dfrac{1}{n_1}+\dfrac{1}{n_2}}}\sim t(n_1+n_2-2)$ $S_w^2=\dfrac{(n_1-1)S_1^2+(n_2-1)S_2^2}{n_1+n_2-2}$	$\left((\bar{X}-\bar{Y})\pm S_w\sqrt{\dfrac{1}{n_1}+\dfrac{1}{n_2}}t_{\frac{\alpha}{2}}(n_1+n_2-2)\right)$	$\overline{\mu_1-\mu_2}=(\bar{X}-\bar{Y})+S_w\sqrt{\dfrac{1}{n_1}+\dfrac{1}{n_2}}t_\alpha(n_1+n_2-2)$, $\underline{\mu_1-\mu_2}=(\bar{X}-\bar{Y})-S_w\sqrt{\dfrac{1}{n_1}+\dfrac{1}{n_2}}t_\alpha(n_1+n_2-2)$
	$\dfrac{\sigma_1^2}{\sigma_2^2}$	μ_1,μ_2 未知	$F=\dfrac{\dfrac{S_1^2}{\sigma_1^2}}{\dfrac{S_2^2}{\sigma_2^2}}\sim F(n_1-1,n_2-1)$	$\left(\dfrac{S_1^2}{S_2^2}\dfrac{1}{F_{\frac{\alpha}{2}}(n_1-1,n_2-1)},\ \dfrac{S_1^2}{S_2^2}\dfrac{1}{F_{1-\frac{\alpha}{2}}(n_1-1,n_2-1)}\right)$	$\overline{\dfrac{\sigma_1^2}{\sigma_2^2}}=\dfrac{S_1^2}{S_2^2}\dfrac{1}{F_{1-\alpha}(n_1-1,n_2-1)}$ $\underline{\dfrac{\sigma_1^2}{\sigma_2^2}}=\dfrac{S_1^2}{S_2^2}\dfrac{1}{F_\alpha(n_1-1,n_2-1)}$

区间估计给出了估计的精确与可靠度$(1-\alpha)$,而精确度与可靠度是相互制约的,即精确度越高(置信区间长度越小),可靠性越低;反之依然. 在实际问题问题中,应该固定可靠度,再估计精度. 要想使精度与可靠度都高,只有增大容量.

在实际问题中如何区分双侧置信区间和单侧置信区间的问题?我们用三个实例加以说明:

(1) 糖厂生产白糖,每袋重量 $X\sim N(\mu,\sigma^2)$. 要求对 μ 予以估计,此时应采用双侧置信区间.

(2) 灯厂生产日光灯. 需要对灯管的寿命 μ 进行估计. 此时关心的灯管的寿命 μ 不能太短. 要求 $\underline{\mu}(X_1,X_2,\cdots,X_n)$ 使 $P\{\underline{\mu}(X_1,X_2,\cdots,X_n)<\mu\}=1-\alpha$. $\underline{\mu}$ 就是 μ 的 $1-\alpha$ 单侧置信下限.

(3) 工厂对产品的废品率 P 进行估计. 要控制废品率不能太大,当然越小越好,因此要求 $\bar{P}$ 使得

$$P\{P\leqslant\bar{P}(X_1,X_2,\cdots,X_n)\}=1-\alpha$$

这里 $\bar{P}(X_1,X_2,\cdots,X_n)$ 就是 P 的 $1-\alpha$ 的单侧置信上限.

单侧置信区间不必另行记忆. 只须将双侧置信区间略作修改. 双侧中的$\dfrac{\alpha}{2}$,改成 α. 左端为单侧置信下限,右端为单侧置信上限.

重要术语及主题

矩估计量,最大似然估计量.

估计量的评选标准:无偏性、有效性、相合性.

参数 θ 的置信度为 $1-\alpha$ 的置信区间.

参数 θ 的单侧置信度上限和单侧置信下限.

单个正态总体均值、方差的置信区间,单侧置信上限与单侧置信下限.

两个正态总体均值差、方差比的置信区间,单侧置信上限与单侧置信下限.

习题七

一、填空题

(1)X 的密度函数为 $f(x;\theta)=\begin{cases}\theta x^{\theta-1} & 0<x<1\\ 0 & 其他\end{cases}$,其中未知参数 $\theta>0$,$X_1,X_2,\cdots,X_n$ 样本. 则 θ 的矩估计量 $\hat{\theta}=$________.

(2) 设总体 X 的密度函数 $f(x;\theta)=\begin{cases}e^{-(x-\theta)} & x>\theta\\ 0 & x\leqslant\theta\end{cases}$,$X_1,X_2,\cdots,X_n$ 样本. 则 θ 的矩估计量为________,最大似然估计量为________.

(3) 设总体 X 的概率密度为 $f(x;\theta)=\begin{cases}\sqrt{\theta}x^{\sqrt{\theta}-1} & 0<x<1\\ 0 & 其他\end{cases}$,其中 θ 未知参数,$X_1,X_2,\cdots,X_n$ 样本. 则 θ 的最大似然估计量 $\hat{\theta}_L=$________.

(4) 总体 $X\sim B(n,p)$,其中 $p(0<p<1)$ 为未知参数,$X_1,X_2,\cdots,X_n$ 样本. 则 p 的矩估计量 $\hat{p}=$________.

(5) 设 $X\sim E(\lambda)$,其中 $\lambda>0$ 未知参数,$X_1,X_2,\cdots,X_n$ 样本. 则 λ 的矩估计量 $\hat{\lambda}=$________,最大似然估计量 $\hat{\lambda}_L=$________.

(6) 设 $X_1,\cdots,X_n$ 是来自总体 X 的样本. $E(X)=\mu$,$D(X)=\sigma^2$,$\overline{X}$,S^2 是样本均值和样本方差. 则当 $C=$________时,统计量 $\overline{X}^2-CS^2$ 是 μ^2 的无偏估计量.

(7) 设某食品每袋重量 $X\sim N(\mu,\sigma^2)$,抽取 14 袋,测得样本均值 $\overline{X}=503.64$,样本标准差 $S=11.11$,则 μ 的 95% 置信区间为________.

(8) 设 $X\sim N(\mu,0.9^2)$,$X_1,X_2,\cdots,X_9$ 样本,测得 $\overline{X}=5$,则 μ 的 95% 的置信区间为________.

(9) 设某食品每袋重量 $X\sim N(\mu,\sigma^2)$,抽取 14 袋,测得样本标准差 $S=11.11$,则 σ^2 的 95% 的置信区间为________.

(10) 设两总体 X,Y 独立. $X\sim N(\mu_1,64)$,$Y\sim N(\mu_2,36)$. 从 X 中抽取容量为 75 的样本,$\overline{X}=82$. 从 Y 中抽取容量为 50 的样本,$\overline{Y}=76$. 则 $\mu_1-\mu_2$ 的置信度为 0.96 的置信区间________.

二、单项选择题

(1) 设 $\hat{\theta}$ 是参数 θ 的无偏估计量,且 $D(\hat{\theta})>0$. 在 $\hat{\theta}^2$ 是 θ^2 的(   ) 估计量.

(A) 有偏估计量　　(B) 无偏估计量

(C) 有效估计量　　(D) B 和 C 同时成立

(2) 设 $X\sim N(\mu,\sigma^2)$,$X_1,X_2,\cdots,X_n$ 样本,则 $\mu^2+\sigma^2$ 的矩估计量为(   ).

(A) $\frac{1}{n}\sum_{i=1}^{n}(X_i-\overline{X})^2$　　(B) $\frac{1}{n-1}\sum_{i=1}^{n}(X_i-\overline{X})^2$

(C) $\sum_{i=1}^{n}X_i^2-n\overline{X}$　　(D) $\frac{1}{n}\sum_{i=1}^{n}X_i^2$

(3) 设 $X\sim N(0,\sigma^2)$, $X_1,X_2,\cdots,X_n$ 样本, 则可以构造未知参数 σ^2 的无偏估计量(　　).

(A) $\hat{\sigma}^2=\frac{1}{n-1}\sum_{i=1}^{n}X_i^2-\overline{X}^2$　　(B) $\hat{\sigma}^2=\frac{1}{n}\sum_{i=1}^{n}X_i^2-\overline{X}^2$

(C) $\hat{\sigma}^2=\frac{1}{n-1}\sum_{i=1}^{n}X_i^2$　　(D) $\hat{\sigma}^2=\frac{1}{n}\sum_{i=1}^{n}X_i^2$

(4) 设 $X\sim N(\mu,\sigma^2)$, $X_1,X_2,\cdots,X_n$ 样本, μ 已知, $\sigma^2>0$ 为未知参数, 样本均值为 $\overline{X}$, 则 σ^2 的最大似然估计量为(　　).

(A) $\hat{\sigma}^2=\frac{1}{n-1}\sum_{i=1}^{n}(X_i-\mu)^2$　　(B) $\hat{\sigma}^2=\frac{1}{n}\sum_{i=1}^{n}(X_i-\mu)^2$

(C) $\hat{\sigma}^2=\frac{1}{n-1}\sum_{i=1}^{n}(X_i-\overline{X})^2$　　(D) $\hat{\sigma}^2=\frac{1}{n}\sum_{i=1}^{n}(X_i-\overline{X})^2$

(5) 设 X_1,X_2,X_3,X_4 为总体 X 的样本. 则总体均值的较有效的估计量是(　　).

(A) $\frac{1}{3}X_1+\frac{1}{6}X_2+\frac{1}{6}X_3+\frac{1}{3}X_4$　　(B) $\frac{4}{9}X_1+\frac{3}{9}X_2+\frac{1}{9}X_3+\frac{1}{9}X_4$

(C) $\frac{1}{4}X_1+\frac{1}{4}X_2+\frac{1}{4}X_3+\frac{1}{4}X_4$　　(D) $\frac{1}{6}X_1+\frac{1}{6}X_2+\frac{1}{6}X_3+\frac{1}{2}X_4$

(6) 设 $X\sim N(0,\sigma^2)$, $X_1,X_2,\cdots,X_n$ 样本, $\overline{X}$ 为样本均值($n>2$). 若 $C(X_1+X_n-2\overline{X})^2$ 是 σ^2 的无偏估计量, 则常数 C 必为(　　).

(A) $\frac{n}{2(n-2)}$　　(B) $\frac{n}{2(n-1)}$

(C) $\frac{1}{2(n-2)}$　　(D) $\frac{1}{2(n-1)}$

(7) 设总体 $X\sim N(\mu,\sigma^2)$, 其中 σ^2 已知. 若已知样本容量和置信度 $1-\alpha$ 均不变. 则对于不同的样本观察值. 总体均值 μ 和置信区间的长度(　　).

(A) 变长　　(B) 变短

(C) 不变　　(D) 不能确定

(8) 已知一批零件的长度 X(单位:cm) 服从 $N(\mu,1)$. 从中抽取16件测得 $\overline{X}=40$ cm, 则 μ 的0.95的置信区间是(　　)[注: $\Phi(1.96)=0.975$, $\Phi(1.645)=0.95$].

(A)(39.95,40.49)　　(B)(39.59,40.94)

(C)(31.95,40.94)　　(D)(39.95,40.49)

(9) 设 X_1,X_2,X_3,X_4 为总体 X 的样本. $E(X)=\mu$, μ 未知. 则下列估计量不是 μ 的无偏估计量的是(　　).

(A) $T_1=\frac{1}{6}(X_1+X_2)+\frac{1}{3}(X_3+X_4)$　(B) $T_2=\frac{X_1+2X_2+3X_3+4X_4}{7}$

(C) $T_3 = \frac{X_1 + X_2 + X_3 + X_4}{4}$ (D) $T_4 = \frac{X_1}{2} + \frac{X_2}{4} + \frac{X_3}{8} + \frac{X_4}{8}$

三、计算题

(1) 某一距离 $X \sim N(\mu, \sigma^2)$. 今进行 5 次独立测量得数据(单位:m):2 781,2 836,2 807,2 763,2 858. 求 μ 和 σ^2 的矩估计.

(2) 设总体 X 的密度函数为 $f(x) = \begin{cases} \frac{6x(\theta - x)}{\theta^3} & 0 < x < \theta \\ 0 & \text{其他} \end{cases}$, $X_1, X_2, \cdots, X_n$ 样本.

i. 求 θ 的矩估计量. ii. 求 $\hat{\theta}$ 的方差 $D(\hat{\theta})$.

(3) 随机地取 8 次活塞环,测得它们的直径为(单位:mm):74. 001,74. 005,74. 003,74. 001,74. 000,73. 998,74. 006,74. 002. 试求总体均值 μ 及方差 σ^2 的矩估计值,并求样本方差 S^2.

(4) 设总体 X 的密度函数为 $f(x) = \begin{cases} (\theta + 1)x^\theta & 0 < x < 1 \\ 0 & \text{其他} \end{cases}$,其中 $\theta > -1$ 未知参数. $X_1, X_2, \cdots, X_n$ 样本. 试分别用矩估计法和最大似然估计法求 θ 得估计量.

(5) 若 $X \sim B(n, p)$, $X_1, X_2, \cdots, X_k$ 样本. 则下列命题中哪个是正确的:

①$\hat{\theta}_1 = \frac{X_i}{n} (i = 1, 2, \cdots, k)$ 是 p 的无偏估计量.

②$\hat{\theta}_2 = \frac{\overline{X}}{n}$ 是 p 的无偏估计量,其中 $\overline{X} = \frac{1}{k}\sum_{i=1}^{k} X_i$.

③$\hat{\theta}_3 = \frac{X_i^2 - X_i}{n(n-1)}$ 是 p^2 的无偏估计量.

(6) 设 $X \sim P(\lambda)$. $X_1, X_2, \cdots, X_n$ 样本. 求 $P\{X = 0\}$ 的最大似然估计.

(7) 设 $\hat{\theta}_1$ 和 $\hat{\theta}_2$ 是 θ 的两个无偏估计量,且 $\hat{\theta}_1$ 和 $\hat{\theta}_2$ 不相关. $D(\hat{\theta}_1) = 4D(\hat{\theta}_2)$. 求 C_1 和 C_2 使得 $C_1\hat{\theta}_1 + C_2\hat{\theta}_2$ 也是无偏估计量,且在这一族无偏估计量中有最小方差.

(8) 某厂生产日光灯,灯管的寿命 $X \sim N(\mu, \sigma^2)$,测量 10 个灯管,得 $\overline{X} = 1\ 500$(小时),$S = 20$(小时). 求 μ 和 σ 的 95% 的置信区间.

(9) 设 $X \sim N(\mu, \sigma^2)$, σ^2 已知. 问样本容量 n 取多大时方能保证 μ 的 95% 的置信区间的长度不大于 L?

(10) 设某种清漆干燥时间 $X \sim N(\mu, \sigma^2)$,抽 9 个样本,干燥时间(单位:h) 分别为 6. 0,5. 7,5. 8,6. 5,7. 0,6. 3,5. 6,6. 1,5. 0.

i. $\sigma = 0.6$,求 μ 的 95% 的置信区间.

ii. σ 未知,求 μ 的 95% 的置信区间.

(11) 随机从 A 批导线中抽取 4 根,又从 B 批导线中抽取 5 根. 测得电阻(欧) 为

A 批:0. 143,0. 142,0. 143,0. 137

B 批:0. 140,0. 142,0. 136,0. 138,0. 140

测定数据分别来自分布 $N(\mu_1, \sigma^2)$, $N(\mu_2, \sigma^2)$,且两样本相互独立. 又 μ_1, μ_2, σ^2 均为未知. 试求 $\mu_1 - \mu_2$ 的置信度为 95% 的置信区间.

(12) 从两正态总体 X,Y 中分别抽取容量为 16 和 10 的两个样本. 求得 $\sum_{i=1}^{16}(X_i-\overline{X})^2=380$，$\sum_{i=1}^{10}(Y_i-\overline{Y})^2=180$，$X,Y$ 独立. 试求方差比 $\frac{\sigma_X^2}{\sigma_Y^2}$ 的置信度为 95% 的置信区间.

四、证明题

(1) 设 $X\sim U[0,\theta]$，其中 θ 未知. $X_1,X_2,\cdots,X_n$ 样本. $Z=\max(X_1,X_2,\cdots,X_n)$，试证 Z 是 θ 的有偏估计量，而 $\frac{n+1}{n}Z$ 是 θ 的无偏估计量.

(2) 设 μ_n 是某件事件 A 在 n 次独立重复试验中出现的次数，则

(i) 事件 A 的频率 $\hat{p}_n=\frac{\mu_n}{n}$ 是其概率 p 的无偏估计量.

(ii) $\hat{p}_n=\frac{\mu_n}{n}$ 还是概率 p 的相合估计量.

第 8 章

假设检验

假设检验的方法同参数估计有着密切联系. 假设检验的应用十分广泛. 本章介绍统计假设检验的基本概念和基本原理. 给出四个常用的检验:Z(或 U) 检验,t 检验,χ^2 检验,F 检验.

8.1 假设检验的基本原理

我们从一个实例说起. 一个质量检查组要去某一大型国企检查,临行前,质量检查组成员要听取其上级领导的"交待". 我们将这"交待"不妨数量化,命名为显著性水平 $\alpha(0 < \alpha < 1)$.

以后再介绍 α 大小选取的原则.

质量检查组到了该企业后,应先听取企业相关的领导作介绍,谈产品的质量问题. 首先,企业领导应该给出该企业产品的合格率. 我们设为 H_0 称为原假设(或零假设).

如 H_0:产品合格率 99%.

此外,我们还要有备择假设(或对立假设) 记作 H_1:否定 H_0.

检查组听了企业的介绍只能当作参考,还要到下面具体检查产品的质量. 比如下去抽取 10 件产品,经检验有 3 件不合格. 这时检查组的成员的心情一定十分低落,认为 H_0 是不正确的.

但这时可能犯错误. 即整体合格率确实为 99%,而被抽查组否定了. 这类错位称为第一类错误 —— 弃真错误.

再比如,抽取的这 10 件产品经检验全部合格,这时检查组的成员的心情一定十分高兴,认为 H_0 是正确的.

但这时,也可能犯错误. 即整体合格率低于 99%,而被检查组通过了. 这类错误称为第二类错位 —— 取伪错误.

我们依据检查的结果来判断是接受 H_0,还是拒绝 H_0(即接受 H_1). 推断的基本原理就是"小概率事件原则". 即认为"小概率事件在一次实验中几乎是不可能发生的". 在原假设下,如果这是一个小概率事件,居然发生了. 我们就怀疑原假设的正确性,因此我们就拒绝了原假设,接受了相反的假设.

检验的基本步骤是:

(1) 根据实际问题的要求,提出原假设 H_0 及备择假设 H_1;

(2) 选择显著性水平 α,以及样本容量 n;

(3) 构造一个统计量 U,当 H_0 为真时,U 的分布已知,找出临界值 λ_α,使 $P\{|U| > \lambda_\alpha\} = \alpha$. 称 $|U| > \lambda_\alpha$ 所确定的区域为 H_0 的拒绝域,记作 W;

(4) 取样本. 根据样本观察值,计算统计量 U 的观察值 U_0;

(5) 作出判断,将 U 的观察值 U_0 与临界值 λ_α 比较. 若 U_0 落入拒绝域 W 内,则拒绝 H_0 接受 H_1;否则就说接受 H_0.

初学者往往有以下几个疑问:

(i) 如何选取 H_0;

(ii) 如何选取显著性水平 α;

(iii) 何时是双边检验,何时是单边检验.

下面我们简要的加以解释一下,对深入理解假设检验问题是有帮助的.

首先,提出原假设的一般依据:

(i) 根据历史经验,如该工厂一直是先进工厂,过去产品的不合格率一直是不超过0.005. 对于当前的不合格率我们自然可设 $H_0:P \leqslant 0.005$.

(ii) 根据两种错误的后果确定. 把后果严重的错误定为第一类错误,它的大小 α 可以控制. 如"非典"时期来了一位发烧的病人. 我们应该把"有病"取作 H_0.

(iii) 对于一些新生事物的结论应取 H_1. 如一种新药的鉴定,我们取 H_0:无效,H_1:有效.

其次,显著性水平 α 的选取准则:

显著性水平 α 越小,对 H_0 越偏爱. 此时,一旦拒绝了 H_0,说明 H_1 越可信. 如一项技术革新,或一种新药上市,要严格把关. α 小一些,H_0:无效. 此时若拒绝 H_0,说明技术革新或新药有效十分可信.

如果检验者对 H_0 没有什么偏爱,α 可以取大一些. 如 $\alpha = 0.25$,甚至0.50. 可以避免由于"偏爱"造成失误. 例如,两个正态总体,检验 $H_0:\sigma_1^2 = \sigma_2^2$. 此时 α 的值往往取大一些,如 $\alpha = 0.50$. 这表明检验者不对原假设作任何偏袒,只要数据表明 $\sigma_1^2 = \sigma_2^2$ 有明显的不合理之处,就放弃原假设. 于是再接受"$\sigma_1^2 = \sigma_2^2$"时比较可信.

最后,谈谈如何区别是单边检验还是双边检验的问题:

它与第7章小结中如何区分单侧置信区间和双侧置信区间的问题一样,不再重述了.

8.2　单个正态总体的假设检验

1. 单个正态总体 $X \sim N(\mu, \sigma^2)$,数学期望 μ 的假设检验

通常对参数 μ 有三种假设检验问题:

(A) $H_0:\mu = \mu_0, H_1:\mu \neq \mu_0$ 双侧假设检验

(B) $H_0:\mu \leqslant \mu_0, H_1:\mu > \mu_0$ 右侧假设检验(单侧假设检验)

(C) $H_0:\mu \geqslant \mu_0, H_1:\mu < \mu_0$　左侧假设检验(单侧假设检验)

其中 μ_0 是已知常数.

(1) σ^2 已知情形【称 Z 检验法或 U 检验法】

(i) 在 $(A)\ H_0: \mu = \mu_0$ 时,统计量 $Z = \dfrac{\overline{X} - \mu_0}{\sigma}\sqrt{n} \sim N(0,1)$,

此时 $P\{|Z| > Z_{\frac{\alpha}{2}}\} = \alpha$(如图 8.1)

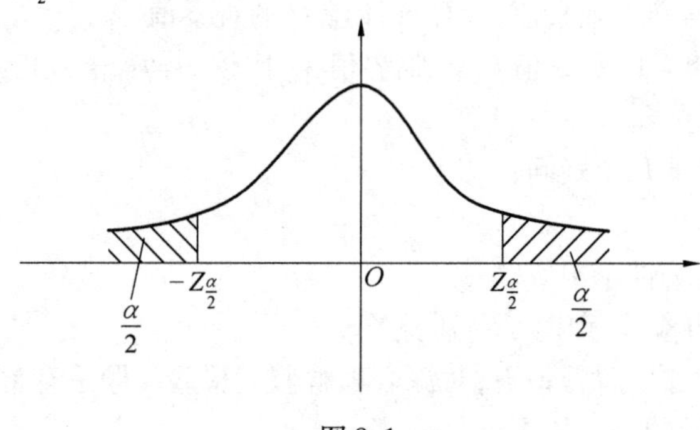

图 8.1

于是得到否定域为

$$\left|\frac{\overline{X} - \mu_0}{\sigma}\sqrt{n}\right| > Z_{\frac{\alpha}{2}}$$

即区间

$$(-\infty, -Z_{\frac{\alpha}{2}}) \cup (Z_{\frac{\alpha}{2}}, +\infty) \tag{1}$$

根据样本值,计算出 Z 的值 Z_0,若 $|Z_0| > Z_{\frac{\alpha}{2}}$,则拒绝 H_0,否则接受 H_0.

(ii) 对于 (B) 取统计量 $U = \dfrac{\overline{X} - \mu_0}{\sigma}\sqrt{n}$,当 H_0 成立时,U 不一定服从正态分布. 即 U 的分布未确定. 但枢轴量 $U_1 = \dfrac{\overline{X} - \mu}{\sigma}\sqrt{n} \sim N(0,1)$. 由于 U_1 中含有未知参数 μ,无法计算 U_1 的值. 但在 H_0 成立时,$U \leqslant U_1$,故事件

$$\{U > Z_\alpha\} \subset \{U_1 > Z_\alpha\}$$

所以

$$P\{U > Z_\alpha\} \leqslant P\{U_1 > Z_\alpha\}$$

当 H_0 成立时,由

$$P\left\{\frac{\overline{X} - \mu}{\sigma}\sqrt{n} > Z_\alpha\right\} = \alpha$$

可知

$$P\left\{\frac{\overline{X} - \mu_0}{\sigma}\sqrt{n} > Z_\alpha\right\} \leqslant \alpha$$

于是可得否定域 $\dfrac{\overline{X} - \mu_0}{\sigma}\sqrt{n} > Z_\alpha$,即

$H_0: \mu \leqslant \mu_0$ 的否定域为

$$(Z_\alpha, +\infty) \tag{2}$$

根据样本值,计算出 Z_0,若 $Z_0 > Z_\alpha$,则否定 H_0,否则接受 H_0.

(iii) 对于(C) $H_0:\mu \geqslant \mu_0, H_1:\mu < \mu_0$

$$U = \frac{\overline{X} - \mu_0}{\sigma}\sqrt{n}, U_2 = \frac{\overline{X} - \mu}{\sigma}\sqrt{n} \sim N(0,1)$$

当 H_0 成立时,$U \geqslant U_2$,事件

$$\{U < -Z_\alpha\} \subset \{U_2 < -Z_\alpha\}$$

$$P\{U < -Z_\alpha\} \leqslant P\{U_2 < -Z_\alpha\} = \alpha$$

即 H_0 在 α 水平下的否定域为

$$(-\infty, -Z_\alpha) \tag{3}$$

根据样本值计算出 Z 的值 Z_0,若 $Z_0 < -Z_\alpha$,则拒绝 H_0,否则接受 H_0.

例 8.1　某商场的日均销售额服从正态分布. 上半年的日均销售额为 53.6(万元),标准差 $\sigma = 6$. 下半年随机抽取 10 个日销售额分别是

57.2;57.8;58.4;59.3;47.5;49.5;60.7;71.3;56.4;58.9

根据经验,方差没有变化,问下半年的日均销售额与上半年相比有无显著变化?($\alpha = 0.05$)

解　$H_0:\mu = 53.6 \quad H_1:\mu \neq 53.6$

$$Z_{\frac{\alpha}{2}} = Z_{0.025} = 1.96$$

$$Z = \left| \frac{\overline{X} - 53.6}{6}\sqrt{10} \right| = 2.16$$

由于 $|Z| = 2.16 > 1.96$,故否定 H_0. 即下半年的日均销售额与上半年日均销售额不同.

例 8.2　用传统的工艺加工红果罐头,每瓶平均维生素 C 的含量为 19 克. 现在改进工艺后,抽查 9 瓶罐头,测得维生素 C 的含量 $\overline{X} = 20.22$(克). 假定红果罐头每瓶维生素 C 的含量服从正态分布,根据经验方差无变化,且 $\sigma^2 = 4$. 问新工艺下维生素 C 的含量是否比旧工艺高?($\alpha = 0.05$)

解　$\overline{X} = 20.22, \sigma^2 = 4, \alpha = 0.05$

$$H_0:\mu \leqslant 19, H_1:\mu > 19$$

取统计量

$$Z = \frac{\overline{X} - 19}{\sigma}\sqrt{n} = \frac{20.22 - 19}{2}\sqrt{10} = 1.83$$

$$Z_\alpha = Z_{0.05} = 1.64$$

所以

$$Z = 1.83 > Z_{0.05} = 1.64$$

故应否定原假设 $H_0:\mu \leqslant 19$.

可以认为 $\mu > 19$. 即新工艺比旧工艺含维生素 C 的量要高.

(2) σ^2 未知情形【称 t 检验法】

实际问题中,σ^2 往往都是未知的.

(i) 对于$(A)H_0:\mu=\mu_0,H_1:\mu\neq\mu_0$

在H_0成立时,统计量

$$T=\frac{\overline{X}-\mu_0}{S}\sqrt{n}\sim t(n-1)$$

对于给定的α,由

$$P\{|T|>t_{\frac{\alpha}{2}}(n-1)\}=\alpha$$

故拒绝域为

$$|T|>t_{\frac{\alpha}{2}}(n-1) \tag{4}$$

由样本值计算出T的值为T_0. 若$|T_0|>t_{\frac{\alpha}{2}}(n-1)$则拒绝$H_0$,否则接受$H_0$.

(ii) 对于(B)$H_0:\mu\leqslant\mu_0,H_1:\mu>\mu_0$

当H_0成立时,统计量$T=\dfrac{\overline{X}-\mu_0}{S}\sqrt{n}$的分布未知.

但枢轴量

$$T_1=\frac{\overline{X}-\mu}{S}\sqrt{n}\sim t(n-1)$$

由于T_1中含有未知参数μ,并不能计算出T_1的值. 如同方差已知的情形一样,进行以下分析:在H_0成立的条件下,有$T\leqslant T_1$,从而事件$\{T>\lambda\}$包含于事件$\{T_1>\lambda\}$. 即

$$\{T>\lambda\}\subset\{T_1>\lambda\}$$

故有

$$P\left\{T=\frac{\overline{X}-\mu_0}{S}\sqrt{n}>t_\alpha(n-1)\right\}\leqslant P\left\{T=\frac{\overline{X}-\mu}{S}\sqrt{n}>t_\alpha(n-1)\right\}=\alpha$$

从而H_0的否定域可定为

$$(t_\alpha(n-1),+\infty) \tag{5}$$

若由样本值算出T的值为T_0,则$T_0>t_\alpha(n-1)$时,拒绝H_0,相反则接受H_0.

(iii) 对于$(C)H_0:\mu\geqslant\mu_0,H_1:\mu<\mu_0$

仿(1)中的(iii)得拒绝域

$$T<-t_\alpha(n-1) \tag{6}$$

由样本值计算出T的值为T_0,则$T<-t_\alpha(n-1)$时拒绝H_0,相反则接受H_0.

例8.3 设某次数学考试的成绩服从正态分布. 从中随机抽取36位考生的成绩. 算得平均成绩为66.5分,样本标准差为15分. 问在置信水平$\alpha=0.05$下,是否可以认为这次考试的平均分数为70分?

解 单个正态分布,方差未知. 对均值进行双边假设检验,选用t检验法.

设考试成绩为$X,X\sim N(\mu,\sigma^2)$.

$$H_0:\mu=70,\ H_1:\mu\neq70$$

选统计量

$$T=\frac{\overline{X}-70}{S}\sqrt{n}\sim t(n-1)$$

拒绝域

$$|T| = \left|\frac{\overline{X} - 70}{S}\sqrt{n}\right| > t_{\frac{\alpha}{2}}(n-1) = t_{0.025}(35) = 2.0301$$

将 $\overline{X} = 66.5$, $S = 15$, $n = 36$ 代入得 $|T| = 1.4 < 2.0301$,故接受 H_0. 即在显著性水平 $\alpha = 0.05$ 下,可以认为这次数学考试的平均成绩为 70 分.

例 8.4　用某种仪器间接测量抗拉强度,测量 5 次得数据为 175;173;178;174;176. 而用别的精确方法测量抗拉强度为 179(可看作抗拉强度的真值). 设抗拉强度服从正态分布. 问此种仪器测量的抗拉强度是否显著降低?($\alpha = 0.05$)

解　单个正态分布,方差已知. 对均值进行单侧假设检验.

设 $H_0: \mu \geqslant \mu_0$, $H_1: \mu < \mu_0$. $\overline{X} = 175.2$, $S^2 = 3.7$.

统计量

$$T = \frac{\overline{X} - \mu_0}{S}\sqrt{n} = \frac{175.2 - 179}{\sqrt{\frac{3.7}{5}}} = -4.417$$

$$t_{1-\alpha}(n-1) = t_{0.95}(4) = 2.1318$$

$$T = -4.417 < -2.1318 = -t_{0.95}(4)$$

故拒绝 H_0. 即认为此种仪器测量的抗拉强度显著降低.

例 8.5　某种元件的寿命 X(单位:h) 服从正态分布 $N(\mu, \sigma^2)$, μ, σ^2 均未知. 生产者从一批这种元件中随机地抽取 16 件. 现测得 16 只元件的寿命的平均值 $\overline{x} = 240.5$,样本标准差 $S = 98.8$, $\alpha = 0.05$. 问是否有理由认为元件的平均寿命大于 225 小时.

解　单个正态分布, σ^2 未知. 对均值进行右边假设检验.

选用 T 检验法.

$$H_0: \mu \leqslant 225, H_1: \mu > 225$$

选统计量

$$T = \frac{\overline{X} - \mu_0}{S}\sqrt{n} = \frac{240.5 - 225}{\frac{98.8}{4}} = 0.6275$$

$$t_{0.05}(15) = 1.7531$$

$$T = 0.6275 < t_{0.05}(15) = 1.7531$$

从而接受 H_0. 即在显著性水平 $\alpha = 0.05$ 下,认为这种元件的寿命不大于 225 h.

2. 单个正态总体 $X \sim N(\mu, \sigma^2)$,方差 σ^2 的假设检验(χ^2 检验法)

(1) μ 已知,关于 σ^2 的假设检验

(i) $H_0: \sigma^2 = \sigma_0^2$, $H_1: \sigma^2 \neq \sigma_0^2$.

在 H_0 成立的条件下. 统计量

$$\chi^2 = \frac{\sum_{i=1}^{n}(X_i - \mu)^2}{\sigma_0^2} \sim \chi^2(n)$$

则

$$P\{\chi^2_{1-\frac{\alpha}{2}}(n) < \chi^2 < \chi^2_{\frac{\alpha}{2}}(n)\} = 1 - \alpha$$

拒绝域为

$$\chi^2 = \frac{\sum_{i=1}^{n}(X_i - \mu)^2}{\sigma_0^2} < \chi^2_{1-\frac{\alpha}{2}}(n) \text{ 或} \chi^2 = \frac{\sum_{i=1}^{n}(X_i - \mu)^2}{\sigma_0^2} > \chi^2_{\frac{\alpha}{2}}(n) \tag{7}$$

(ii) $H_0:\sigma^2 \leqslant \sigma_0^2, H_1:\sigma^2 > \sigma_0^2$.

$$W = \frac{\sum_{i=1}^{n}(X_i - \mu)^2}{\sigma_0^2}$$

$$\chi^2 = \frac{\sum_{i=1}^{n}(X_i - \mu)^2}{\sigma^2}$$

当 H_0 成立时

W 的分布未知,而$\chi^2 \sim \chi^2(n)$.

在 H_0 成立时,$\chi^2 \geqslant W$,则事件

$$\{W > \lambda\} \subset \{\chi^2 > \lambda\}$$

故

$$P\{W > \lambda\} \leqslant P\{\chi^2 > \lambda\}$$

给定显著性水平 α,由 $P\{\chi^2 > \lambda\} = \alpha$,则 $\lambda = \chi^2_\alpha(n)$. 从而 $P\{W > \lambda\} \leqslant \alpha$,即 H_0 的拒绝域为

$$(\chi^2_\alpha(n), +\infty) \tag{8}$$

当 $W = \frac{\sum_{i=1}^{n}(X_i - \mu)^2}{\sigma_0^2}$ 若落在$(\chi^2_\alpha(n), +\infty)$内,则拒绝 H_0,否则承认 H_0.

(iii) $H_0:\sigma^2 \geqslant \sigma_0^2, H_1:\sigma^2 < \sigma_0^2$.

$$W = \frac{\sum_{i=1}^{n}(X_i - \mu)^2}{{\sigma_0}^2}$$

$$\chi^2 = \frac{\sum_{i=1}^{n}(X_i - \mu)^2}{\sigma^2}$$

当 H_0 成立时

$$\chi^2 = \frac{\sum_{i=1}^{n}(X_i - \mu)^2}{\sigma^2} \sim \chi^2(n)$$

而 W 的分布未知. 显然有 $\chi^2 \leqslant W$.

于是

$$\{W < \lambda\} \subset \{\chi^2 < \lambda\}$$

故有

$$P\{W < \lambda\} \leqslant P\{\chi^2 < \lambda\}$$

对于给定显著性水平 α，由 $P\{\chi^2 < \lambda\} = \alpha$，则 $\lambda = \chi^2_{1-\alpha}(n)$.
且 $P\{W < \lambda\} \leqslant P\{\chi^2 < \lambda\} = \alpha$. 当

$$W = \frac{\sum_{i=1}^{n}(X_i - \mu)^2}{\sigma_0^2} < \chi^2_{1-\alpha}(n) \tag{9}$$

则拒绝 H_0，否则接受 H_0.

例 8.6　某炼煤场：铁水的含碳量 $X \sim N(4.36, \sigma^2)$. 从中抽取 7 炉铁水的试样. 测得含碳量数据如下：4.421，4.052，4.357，4.394，4.326，4.287，4.683. 问是否可以认为铁水含碳量的方差为 0.112^2.（$\alpha = 0.05$）

解　$H_0: \sigma^2 = 0.112^2, H_1: \sigma^2 \neq 0.112^2$.

若 H_0 成立时

$$\chi^2 = \frac{\sum_{i=1}^{7}(X_i - \mu)^2}{0.112^2} \sim \chi^2(7), \alpha = 0.05$$

$$\chi^2_{1-\frac{\alpha}{2}}(n) = \chi^2_{0.975}(7) = 1.67$$

$$\chi^2_{\frac{\alpha}{2}}(n) = \chi^2_{0.025}(7) = 16.013$$

接受域为(1.67，16.013).

而

$$\chi^2 = \frac{\sum_{i=1}^{7}(X_i - 4.36)^2}{0.112^2} = 16.79$$

故拒绝 H_0：即不能认为方差为 0.112^2.

(2) μ 未知，关于 σ^2 的假设检验

(i) $H_0: \sigma^2 = \sigma_0^2, H_1: \sigma^2 \neq \sigma_0^2$.

在 H_0 成立的条件下，统计量

$$\chi^2 = \frac{(n-1)S^2}{\sigma_0^2} \sim \chi^2(n-1)$$

对于给定的显著性水平 α，有

$$P\{\chi^2_{1-\frac{\alpha}{2}}(n-1) < \chi^2 < \chi^2_{\frac{\alpha}{2}}(n-1)\} = 1 - \alpha$$

故拒绝域为 $(0, \chi^2_{1-\frac{\alpha}{2}}(n-1)) \cup (\chi^2_{\frac{\alpha}{2}}(n-1), +\infty)$.

由样本值计算出的 χ^2 值，若落入拒绝域内，则拒绝 H_0，否则接受 H_0.

(ii) $H_0: \sigma^2 \leqslant \sigma_0^2, H_1: \sigma^2 > \sigma_0^2$.

在 H_0 成立时，$\chi^2 = \dfrac{(n-1)S^2}{\sigma^2} \sim \chi^2(n-1)$

而 $W = \dfrac{(n-1)S^2}{\sigma_0^2}$ 的分布未知. 此时 $W \leqslant \chi^2$. 从而

$$\{W > \lambda\} \subset \{\chi^2 > \lambda\}$$

故 $P\{W > \lambda\} \leqslant P\{\chi^2 > \lambda\}$.

对于给定的显著性水平 α,由

$$P\{\chi^2 > \chi_\alpha^2(n-1)\} = \alpha$$

得 H_0 的拒绝域为

$$(\chi_\alpha^2(n-1), +\infty)$$

如果由样本值计算出 W 值. 若 $W > \chi_\alpha^2(n-1)$,则拒绝 H_0,否则接受 H_0.

(iii) $H_0: \sigma^2 \geqslant \sigma_0^2, H_1: \sigma^2 < \sigma_0^2$.

在 H_0 成立时,$\chi^2 = \dfrac{(n-1)S^2}{\sigma^2} \sim \chi^2(n-1)$

而 $W = \dfrac{(n-1)S^2}{\sigma_0^2}$ 的分布未知. 此时 $W \geqslant \chi^2$. 从而

$$\{W < \lambda\} \subset \{\chi^2 < \lambda\}$$

故

$$P\{W < \lambda\} \leqslant P\{\chi^2 < \lambda\}$$

对于给定的显著性水平 α,由

$P\{\chi^2 < \chi_{1-\alpha}^2(n-1)\} = \alpha$,得 H_0 的拒绝域为 $(0, \chi_{1-\alpha}^2(n-1))$.

如果由样本值计算出 W 值. 若 $W < \chi_{1-\alpha}^2(n-1)$,则拒绝 H_0,否则接受 H_0.

例 8.7 某电池厂生产某种型号的电池,其寿命 $X \sim N(\mu, \sigma^2)$. 长期以来其方差 $\sigma^2 = 5\,000$. 现有一批这种电池,从它生产情况来看,寿命的波动性有所改变. 现随机地取 26 只电池,测出其寿命的样本方差 $S^2 = 9\,200$. 问根据这一数据能否推断这批电池寿命的波动性较以往有显著的变化. (取 $\alpha = 0.02$)

解 $H_0: \sigma^2 = 5\,000, H_1: \sigma^2 \neq 5\,000$.

在 H_0 成立时

$$\chi^2 = \frac{(n-1)S^2}{\sigma_0^2} = \frac{25S^2}{5\,000} \sim \chi^2(25)$$

查表 $\chi_{\frac{\alpha}{2}}^2(n-1) = \chi_{0.01}^2(25) = 44.314$

$\chi_{1-\frac{\alpha}{2}}^2(n-1) = \chi_{0.99}^2(25) = 11.524$.

于是拒绝域为 $(0, 11.524) \cup (44.314, +\infty)$.

$$\chi^2 = \frac{(n-1)S^2}{\sigma_0^2} = \frac{25 \times 9\,200}{5\,000} = 46 > 44.314$$

所以拒绝 H_0. 即认为这批电池寿命的波动性较以往有显著的变化.

例 8.8 用自动包装机包装某种洗衣粉. 在机器正常情况下,每袋洗衣粉重量为 1 000 g,标准差 σ 不能超过 15 g. 假设每袋洗衣粉的净重量服从正态分布. 某天检验机器工作情况,从已包装好的洗衣粉中随机地抽取 10 袋,称得其重量(单位:g)1 020,1 030,968,994,1 014,998,976,982,950,1 048. 问这一天机器工作是否正常? ($\alpha = 0.05$)

解 $H_0: \sigma^2 \leqslant 15^2, H_1: \sigma^2 > 15^2$.

$\alpha = 0.05, n = 10$,查表 $\chi_{0.05}^2(9) = 16.919$.

由样本观测值有 $\overline{X} = 998, S^2 = 913.85$.

代入 $$\frac{(n-1)S^2}{\sigma_0^2} = \frac{9 \times 913.85}{15^2} = 36.554 > 16.919$$

故拒绝 H_0. 即在显著性水平 $\alpha = 0.05$ 下,认为这一天包装机工作不正常,应调整.

为了方便记忆. 对单个正态总体均值与方差的假设检验,我们列表 8.1.

表 8.1　单个正态总体得假设检验

条件	原假设	统计量	应查分布表	拒绝域
σ^2 已知	H_0: $\mu = \mu_0$	$Z = \frac{\overline{X} - \mu_0}{\sigma}\sqrt{n}$, $\overline{X} = \frac{1}{n}\sum_{i=1}^{n} X_i$	$N(0,1)$	$\lvert Z \rvert > Z_{\frac{\alpha}{2}}$ 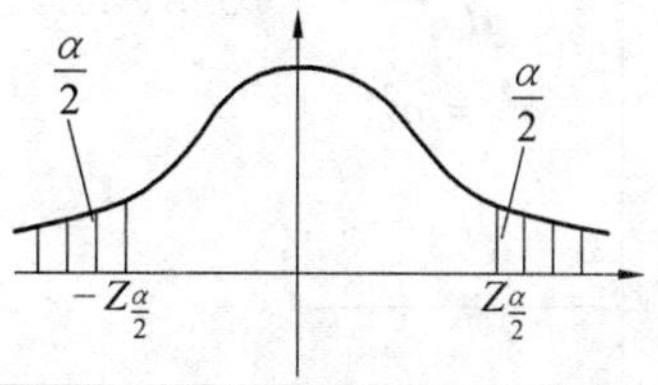
	H_0: $\mu \leqslant \mu_0$			$Z > Z_{\alpha}$ 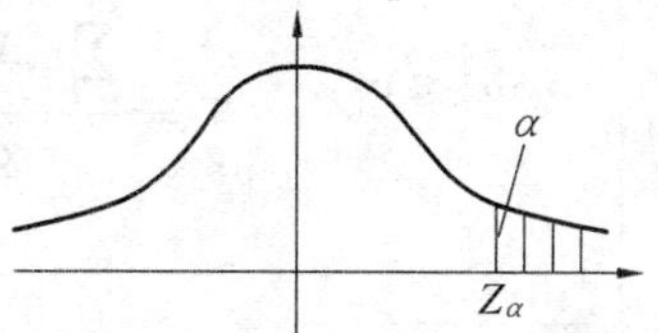
	H_0: $\mu \geqslant \mu_0$			$Z < -Z_{\alpha}$ 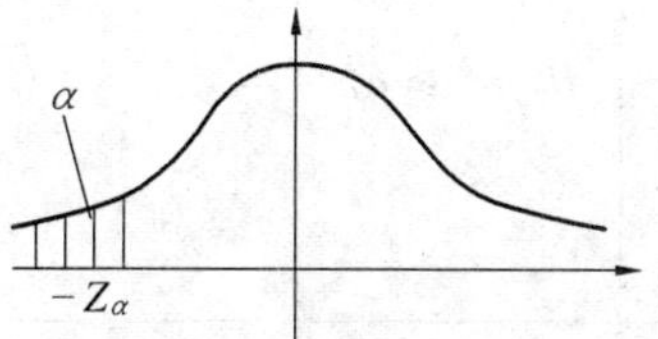
σ^2 未知	H_0: $\mu = \mu_0$	$T = \frac{\overline{X} - \mu_0}{S}\sqrt{n}$, $S^2 = \frac{1}{n-1}\sum_{i=1}^{n}(X_i - \overline{X})^2$	$t(n-1)$	$\lvert T \rvert > t_{\frac{\alpha}{2}}(n-1)$ 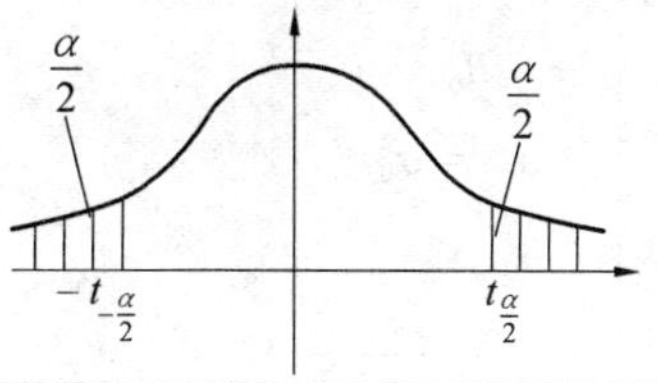
	H_0: $\mu \leqslant \mu_0$			$T > t_{\alpha}(n-1)$ 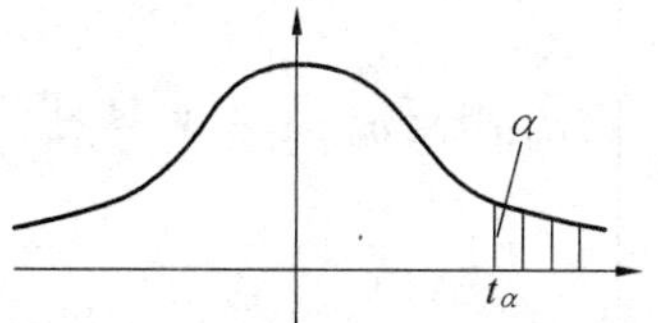
	H_0: $\mu \geqslant \mu_0$			$T < -t_{\alpha}(n-1)$ 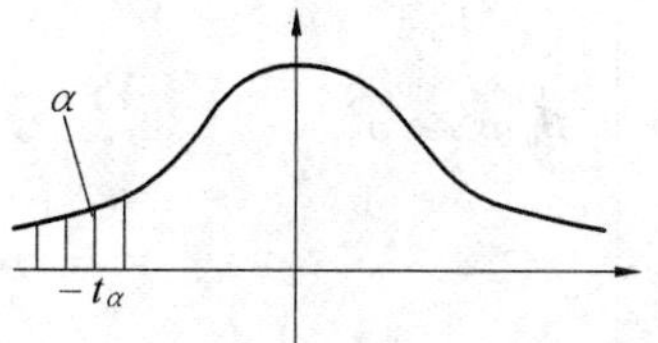

续表 8.1

条件	原假设	统计量	应查分布表	拒绝域
μ 已知	H_0: $\sigma^2 = \sigma_0^2$	$W = \dfrac{\sum_{i=1}^{n}(X_i - \mu)^2}{\sigma_0^2}$	$\chi^2(n)$	$W < \chi^2_{1-\frac{\alpha}{2}}(n)$ 或 $W > \chi^2_{\frac{\alpha}{2}}(n)$ 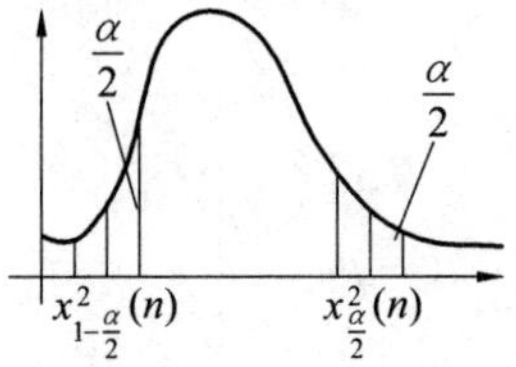
	$H_0:\sigma^2 \leqslant \sigma_0^2$			$W > \chi^2_\alpha(n)$ 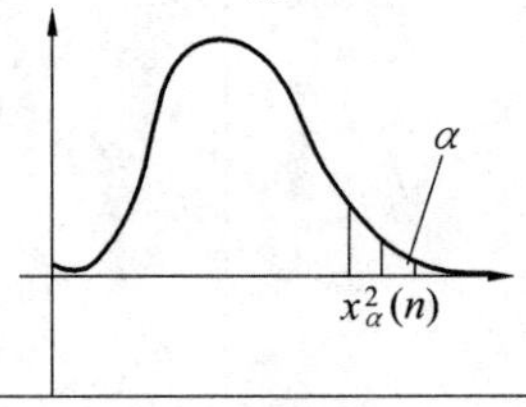
	$H_0:\sigma^2 \geqslant \sigma_0^2$			$W < \chi^2_{1-\alpha}(n)$ 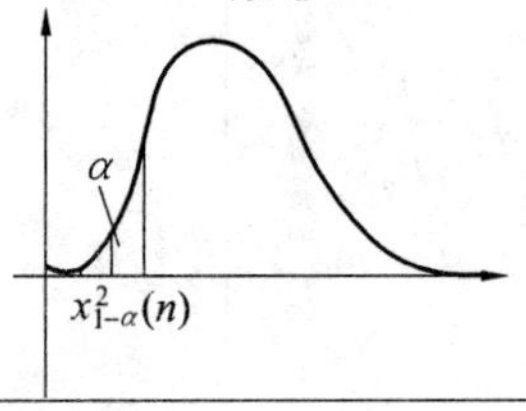
μ 未知	H_0: $\sigma^2 = \sigma_0^2$	$W = \dfrac{(n-1)S^2}{\sigma_0^2}$	$\chi^2(n-1)$	$W < \chi^2_{1-\frac{\alpha}{2}}(n-1)$ 或 $w > \chi^2_{\frac{\alpha}{2}}(n-1)$ 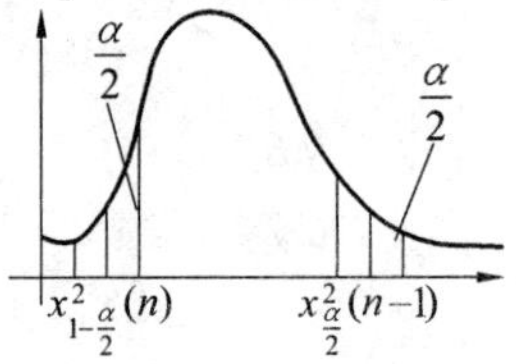
	$H_0:\sigma^2 \leqslant \sigma_0^2$			$w > \chi^2_\alpha(n-1)$ 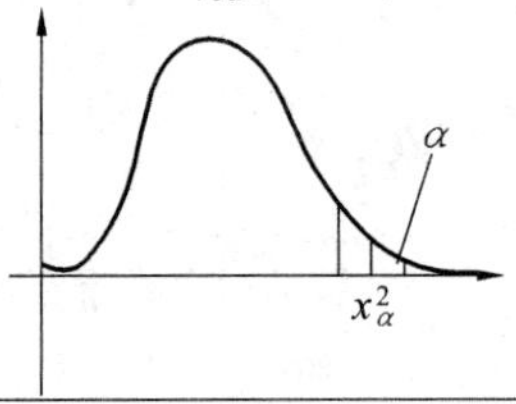
	$H_0:\sigma^2 \geqslant \sigma_0^2$			$W < \chi^2_{1-\alpha}(n-1)$ 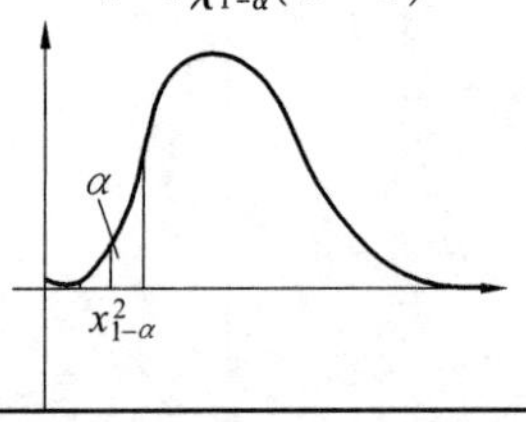

8.3　两个正态总体的假设检验

设 $X \sim N(\mu_1,\sigma_1^2)$，$Y \sim N(\mu_2,\sigma_2^2)$，$X,Y$ 独立. $X_1,\cdots,X_{n_1}$ 和 $Y_1,\cdots,Y_{n_2}$ 分别是来自总体 X 和 Y 的样本. 它们的样本均值和样本(修正)方差分别记为 $\overline{X},S_1^2$ 和 $\overline{Y},S_2^2$.

关于数学期望 μ_1,μ_2 的假设有三种形式：

$H_0:\mu_1=\mu_2$；(一般形式为 $\mu_1-\mu_2=\delta$)

$H_0:\mu_1 \leqslant \mu_2$；(一般形式为 $\mu_1-\mu_2 \leqslant \delta$)

$H_0:\mu_1 \geqslant \mu_2$；(一般形式为 $\mu_1-\mu_2 \geqslant \delta$)

关于总体方差的检验也有三种形式：

$H_0:\sigma_1^2=\sigma_2^2$；

$H_0:\sigma_1^2 \leqslant \sigma_2^2$；

$H_0:\sigma_1^2 \geqslant \sigma_2^2$；

关于数学期望的假设检验，分两种情形. (1) 方差 σ_1^2,σ_2^2 已知，(2) 方差 σ_1^2,σ_2^2 未知，但 $\sigma_1^2=\sigma_2^2$.

关于方差的假设检验，我们只讨论 μ_1 与 μ_2 未知的情形.

1. 关于 μ_1,μ_2 的假设检验.

(1) σ_1^2,σ_2^2 已知　(Z 检验法或 U 检验法)

(i) $H_0:\mu_1=\mu_2,H_1:\mu_1 \neq \mu_2$

由前面的假设条件知：

$$\overline{X} \sim N\left(\mu_1,\frac{\sigma_1^2}{n_1}\right)$$

$$\overline{Y} \sim N\left(\mu_2,\frac{\sigma_2^2}{n_2}\right)$$

且 $\overline{X}$ 和 $\overline{Y}$ 独立，因而

$$\overline{X}-\overline{Y} \sim N\left(\mu_1-\mu_2,\frac{\sigma_1^2}{n_1}+\frac{\sigma_2^2}{n_2}\right)$$

从而

$$\frac{(\overline{X}-\overline{Y})-(\mu_1-\mu_2)}{\sqrt{\dfrac{\sigma_1^2}{n_1}+\dfrac{\sigma_2^2}{n_2}}} \sim N(0,1)$$

当 H_0 成立时，统计量 $Z=\dfrac{(\overline{X}-\overline{Y})}{\sqrt{\dfrac{\sigma_1^2}{n_1}+\dfrac{\sigma_2^2}{n_2}}} \sim N(0,1)$，$P\{|Z|>Z_{\frac{\alpha}{2}}\}=\alpha$.

从而得到 H_0 的拒绝域

$$(-\infty,-Z_{\frac{\alpha}{2}}) \cup (Z_{\frac{\alpha}{2}},+\infty)$$

若样本值计算出统计量 Z 的值,若落在 H_0 的拒绝域内,则拒绝 H_0,否则接受 H_0.

(ii)$H_0:\mu_1 \leqslant \mu_2, H_1:\mu_1 > \mu_2$.

选取统计量 $Z = \dfrac{(\overline{X}-\overline{Y})-(\mu_1-\mu_2)}{\sqrt{\dfrac{\sigma_1^2}{n_1}+\dfrac{\sigma_2^2}{n_2}}}$ 和 $W = \dfrac{\overline{X}-\overline{Y}}{\sqrt{\dfrac{\sigma_1^2}{n_1}+\dfrac{\sigma_2^2}{n_2}}}$,

显然 $Z \sim N(0,1)$,但 W 服从的分布未知. 然而在 H_0 成立时,即 $\mu_1-\mu_2 \leqslant 0$,有 $W \leqslant Z$. 于是 $\{W > Z_\alpha\} \subset \{Z > Z_\alpha\}$.

故 $P\{W > Z_\alpha\} \leqslant P\{Z > Z_\alpha\}$.

对于给定的显著性水平 α,由

$$P\{Z > Z_\alpha\} = \alpha$$

从而得 H_0 的显著性水平 α 下的拒绝域为 $(Z_\alpha, +\infty)$.

由样本值计算出统计量 W 的值,若落在 H_0 的拒绝域内,则拒绝 H_0,否则接受 H_0.

(iii)$H_0:\mu_1 \geqslant \mu_2, H_1:\mu_1 < \mu_2$.

选取统计量 $Z = \dfrac{(\overline{X}-\overline{Y})-(\mu_1-\mu_2)}{\sqrt{\dfrac{\sigma_1^2}{n_1}+\dfrac{\sigma_2^2}{n_2}}}$ 和 $W = \dfrac{\overline{X}-\overline{Y}}{\sqrt{\dfrac{\sigma_1^2}{n_1}+\dfrac{\sigma_2^2}{n_2}}}$

显然 $Z \sim N(0,1)$,但 W 服从的分布未知. 然而在 H_0 成立时,有 $Z \leqslant W$. 于是 $\{Z < -Z_\alpha\} \supset \{W < -Z_\alpha\}$.

故 $P\{Z < -Z_\alpha\} \geqslant P\{W < -Z_\alpha\}$. 由

$$P\{Z < -Z_\alpha\} = \alpha$$

从而得 H_0 的显著性水平 α 下的拒绝域为 $(-\infty, -Z_\alpha)$.

由样本值计算出统计量 W 的值,若落在 H_0 的拒绝域内,则拒绝 H_0,否则接受 H_0.

例 8.9 A 工厂的日光灯使用寿命 $X \sim N(\mu_1, 95^2)$. B 工厂的日光灯使用寿命 $Y \sim N(\mu_2, 120^2)$. 现在两厂产品各抽取了 100 只和 75 只,测得日光灯的平均寿命相应为 1 180 小时和 1 220 小时. 问在显著性水平 $\alpha = 0.05$ 下,这两厂生产的日光灯的平均寿命有无显著差异?

解 $H_0:\mu_1 = \mu_2, H_1:\mu_1 \neq \mu_2$.

由已知 $n_1 = 100, \overline{X} = 1\ 180, \sigma_1^2 = 95^2, n_2 = 75, \overline{Y} = 1\ 220, \sigma_2^2 = 120^2$,在 H_0 成立时,

$$Z = \frac{(\overline{X}-\overline{Y})}{\sqrt{\dfrac{\sigma_1^2}{n_1}+\dfrac{\sigma_2^2}{n_2}}} \sim N(0,1)$$

由 $\alpha = 0.05, Z_{\frac{\alpha}{2}} = 1.96$. 由样本值得 $Z = 2.38, Z = 2.38 > 1.96$. 故拒绝 H_0.

即认为两厂生产的日光灯的平均寿命有显著差异.

例 8.10 在哈尔滨石油学院中,从比较喜欢参加体育运动的男生中随机抽选 50 名. 测得平均身高是 174.34 cm. 在不愿参加运动的男生中随机抽取 50 名,测得其平均身高是 172.42 cm. 假设两种情形下,男生的身高都服从正态分布,其标准差相应为 5.35 cm 和 6.11 cm. 问华瑞学院喜欢参加体育运动的男生是否比不喜欢参加体育运动的男生身高

要高些？($\alpha = 0.05$)

解　设 X 表示喜欢参加运动的男生身高，Y 表示不喜欢参加运动的男生身高. 由已知 $X \sim N(\mu_1, 5.35^2)$，$Y \sim N(\mu_2, 6.11^2)$.

$$H_0: \mu_1 \leqslant \mu_2, H_1: \mu_1 > \mu_2$$

$\alpha = 0.05$，$Z_{0.05} = 1.64$. 由样本值计算出 $W = 1.67$ 落在拒绝域 $(1.64, +\infty)$ 内，所以拒绝 H_0. 即喜欢运动的男生身高比不喜欢运动的男生身高平均来讲明显偏高.

(2) σ_1^2, σ_2^2 未知，但 $\sigma_1^2 = \sigma_2^2 = \sigma^2$（$t$ 检验法）

(i) $H_0: \mu_1 = \mu_2, H_1: \mu_1 \neq \mu_2$

统计量
$$T = \frac{(\overline{X} - \overline{Y}) - (\mu_1 - \mu_2)}{S_w \sqrt{\frac{1}{n_1} + \frac{1}{n_2}}} \sim t(n_1 + n_2 - 2),$$

$$S_w^2 = \frac{(n_1 - 1) S_1^2 + (n_2 - 1) S_2^2}{n_1 + n_2 - 2}$$

当 H_0 成立时

$$T = \frac{\overline{X} - \overline{Y}}{S_w \sqrt{\frac{1}{n_1} + \frac{1}{n_2}}} \sim t(n_1 + n_2 - 2).$$

对于给定的显著性水平 α，查自由度为 $n = n_1 + n_2 - 2$ 的 t 分布表得临界值 $t_{\frac{\alpha}{2}}(n)$. 则 $P\{|T| > t_{\frac{\alpha}{2}}(n)\} = \alpha$.

得 H_0 的拒绝域为 $(-\infty, -t_{\frac{\alpha}{2}}(n)) \cup (t_{\frac{\alpha}{2}}(n), +\infty)$.

若样本值计算出统计量 T 的值，若落在拒绝域内，则否定 H_0，否则接受 H_0.

(ii) $H_0: \mu_1 \leqslant \mu_2, H_1: \mu_1 > \mu_2$.

构造统计量 $T = \dfrac{(\overline{X} - \overline{Y}) - (\mu_1 - \mu_2)}{S_w \sqrt{\frac{1}{n_1} + \frac{1}{n_2}}}$ 和 $W = \dfrac{\overline{X} - \overline{Y}}{S_w \sqrt{\frac{1}{n_1} + \frac{1}{n_2}}}$

显然 $T \sim t(n_1 + n_2 - 2)$. 当 H_0 成立时，有 $W \leqslant T$. 于是 $\{W > t_\alpha(n)\} \subset \{T > t_\alpha(n)\}$.

故
$$P\{W > t_\alpha(n)\} \leqslant P\{T > t_\alpha(n)\}$$

对于给定的显著性水平 α，由

$$P\{T > t_\alpha(n)\} = \alpha$$

可得 $P\{W > t_\alpha(n)\} \leqslant \alpha$.

从而得 H_0 的显著性水平 α 下的拒绝域为 $(t_\alpha(n), +\infty)$　$(n = n_1 + n_2 - 2)$.

由样本值计算出统计量 W 的值，若落入拒绝域内，则拒绝 H_0，否则接受 H_0.

(iii) $H_0: \mu_1 \geqslant \mu_2, H_1: \mu_1 < \mu_2$.

构造统计量 $T = \dfrac{(\overline{X} - \overline{Y}) - (\mu_1 - \mu_2)}{S_w \sqrt{\frac{1}{n_1} + \frac{1}{n_2}}}$ 和 $W = \dfrac{\overline{X} - \overline{Y}}{S_w \sqrt{\frac{1}{n_1} + \frac{1}{n_2}}}$

显然 $T \sim t(n_1 + n_2 - 2)$. 当 H_0 成立时，有 $W \geqslant T$. 于是 $\{W < -t_\alpha(n)\} \subset \{T < -t_\alpha(n)\}$.

故 $P\{W < -t_\alpha(n)\} \leqslant P\{T < -t_\alpha(n)\} = \alpha$.

从而得 H_0 的拒绝域为 $(-\infty, -t_\alpha(n))$ $(n = n_1 + n_2 - 2)$.

由样本值计算出统计量 W 的值,若落入拒绝域内,则拒绝 H_0,否则接受 H_0.

例 8.11 某纺织厂生产的纱线,其强度力服从正态分布,为比较甲、乙两地生产的棉花所纺纱线的强力,各抽取 7 个和 8 个样品进行测量. 测量结果如下(单位:公斤):

甲:1.55;1.47;1.52;1.60;1.43;1.58;1.54;

乙:1.42;1.49;1.46;1.34;1.38;1.54;1.38;1.51.

(假设两者的方差 $\sigma_1^2 = \sigma_2^2 = \sigma^2$),问两种棉花所纺纱的强力有无显著差异?($\alpha = 0.05$)

解 设甲地棉花所纺线的强力为 X,乙地为 Y.

已知 $X \sim N(\mu_1, \sigma^2)$, $Y \sim N(\mu_2, \sigma^2)$.

$H_0: \mu_1 = \mu_2$, $H_1: \mu_1 \neq \mu_2$

$\alpha = 0.05$,自由度 $n = 7 + 8 - 2 = 13$,查 $t_{\frac{\alpha}{2}}(n) = t_{0.025}(13) = 2.16$.

由具体的样本数据计算出 $T = \dfrac{\overline{X} - \overline{Y}}{S_w \sqrt{\dfrac{1}{n_1} + \dfrac{1}{n_2}}} = 2.39$.

$T = 2.39 > t_{0.025}(13) = 2.16$.

故拒绝 H_0. 即两种纺线强力不一样.

例 8.12 设有甲、乙两种砌砖. 彼此可以代用. 但乙砌砖比甲砌砖制作简单,造价低. 经过实验获得抗压强度(单位:$\dfrac{\text{公斤}}{\text{厘米}^2}$)为:

甲 88;87;92;90;91;

乙 89;89;90;84;88;

假设甲、乙砌砖的抗压强度分别服从正态分布 $N(\mu_1, \sigma^2)$, $N(\mu_2, \sigma^2)$. 试问可否用乙砌砖代替甲砌砖?($\alpha = 0.05$)

解 $\sigma_1^2 = \sigma_2^2 = \sigma^2$, $n = 5$, $\alpha = 0.05$.

$$H_0: \mu_1 \leqslant \mu_2, H_1: \mu_1 > \mu_2.$$

取统计量

$$W = \frac{\overline{X} - \overline{Y}}{S_w \sqrt{\dfrac{1}{n_1} + \dfrac{1}{n_2}}}$$

$$t_{0.05}(8) = 1.859\ 5$$

$$\overline{X} = 89.6, \overline{Y} = 88.0, S_1^2 = 4.3, S_2^2 = 5.5$$

$$S_W^2 = 4.9, S_W = 2.213\ 6$$

$$W = \frac{\overline{X} - \overline{Y}}{S_w \sqrt{\dfrac{1}{n_1} + \dfrac{1}{n_2}}} = 1.142\ 9$$

$$W = 1.1429 < t_{0.05}(8) = 1.8595$$

从而接受 H_0. 即在显著性水平 $\alpha = 0.05$ 下,没有理由认为乙砌砖的抗压强度比甲砌砖的抗压强度低. 故可用乙砌砖代替甲砌砖.

2. 关于 σ_1^2,σ_2^2 的假设检验(F 检验法)

实际问题中 μ_1,μ_2 都是未知的. 关于方差 σ_1^2,σ_2^2 的假设检验.

(i) $H_0:\sigma_1^2 = \sigma_2^2, H_1:\sigma_1^2 \neq \sigma_2^2$

统计量 $F = \dfrac{\frac{S_1^2}{\sigma_1^2}}{\frac{S_2^2}{\sigma_2^2}} \sim F(n_1 - 1, n_2 - 1)$.

当 H_0 成立时

$$F = \frac{S_1^2}{S_2^2} \sim F(n_1 - 1, n_2 - 1).$$

显然

$$P\{F < F_{1-\frac{\alpha}{2}}(n_1 - 1, n_2 - 1)\} = \frac{\alpha}{2}$$

$$P\{F > F_{\frac{\alpha}{2}}(n_1 - 1, n_2 - 1)\} = \frac{\alpha}{2}.$$

于是得 H_0 的显著性水平 α 的拒绝域为 $(0, F_{1-\frac{\alpha}{2}}(n_1 - 1, n_2 - 1)) \cup (F_{\frac{\alpha}{2}}(n_1 - 1, n_2 - 1), +\infty)$.

$$F_{1-\frac{\alpha}{2}}(n_1 - 1, n_2 - 1) = \frac{1}{F_{\frac{\alpha}{2}}(n_2 - 1, n_1 - 1)}$$

由样本值计算出统计量 F 的值,若落入拒绝域内,则拒绝 H_0,否则接受 H_0.

(ii) $H_0:\sigma_1^2 \leqslant \sigma_2^2, H_1:\sigma_1^2 > \sigma_2^2$.

在 H_0 成立时,统计量 $W = \dfrac{S_1^2}{S_2^2}$ 的分布未知,而 $F = \dfrac{\frac{S_1^2}{\sigma_1^2}}{\frac{S_2^2}{\sigma_2^2}} \sim F(n_1 - 1, n_2 - 1)$.

当 H_0 成立时,有 $W \leqslant F$,从而 $\{W > \lambda\} \subset \{F > \lambda\}$.

所以 $P\{F > \lambda\} \geqslant P\{W > \lambda\}$.

对于给定的显著性水平 α,由

$$P\{F > F_\alpha(n_1 - 1, n_2 - 1)\} = \alpha \geqslant P\{W > F_\alpha(n_1 - 1, n_2 - 1)\}$$

得到 H_0 的拒绝域为 $(F_\alpha(n_1 - 1, n_2 - 1), +\infty)$.

由样本值计算出统计量 W 的值,若落入拒绝域内,则拒绝 H_0,否则接受 H_0.

(iii) $H_0:\sigma_1^2 \geqslant \sigma_2^2, H_1:\sigma_1^2 < \sigma_2^2$.

在 H_0 成立时,统计量 $W=\dfrac{S_1^2}{S_2^2}\geqslant F=\dfrac{\dfrac{S_1^2}{\sigma_1^2}}{\dfrac{S_2^2}{\sigma_2^2}}$.

从而 $\{W<\lambda\}\subset\{F<\lambda\}$.

所以

$$P\{F<\lambda\}\leqslant P\{W<\lambda\}. F\sim F(n_1-1,n_2-1)$$

$$P\{F<F_{1-\alpha}(n_1-1,n_2-1)\}=\alpha\geqslant P\{W<F_{1-\alpha}(n_1-1,n_2-1)\}$$

得到 H_0 的拒绝域为 $(0,F_{1-\alpha}(n_1-1,n_2-1))$.

由样本值计算出统计量 W 的值,若落入拒绝域内,则拒绝 H_0,否则接受 H_0.

例 8.13 在平炉上进行一项试验以确定改变操作方法是否会增加钢的得率. 试验是在同一只平炉上进行的. 先用原方法炼一炉,再用新方法炼一炉. 以后交替进行,各炼 10 炉. 其得率分别为,

(1) 原方法 78.1;72.4;76.2;74.3;77.4;78.4;76.0;75.5;76.7;77.3,

(2) 新方法 79.1;81.0;77.3;79.1;80.0;79.1;79.1;77.3;80.2;82.1.

设两样本相互独立且分别来自正态总体 $N(\mu_1,\sigma_1^2)$ 和 $N(\mu_2,\sigma_2^2)$. μ_1,μ_2 均未知. 问两者方差是否相等?($\alpha=0.01$)

解 $H_0:\sigma_1^2=\sigma_2^2,H_1:\sigma_1^2\neq\sigma_2^2$.

$$n_1=n_2=10,\alpha=0.01$$

$$F_{0.005}(10-1,10-1)=6.54$$

$$F_{0.995}(10-1,10-1)=\frac{1}{F_{0.005}(9,9)}=0.153$$

$$F=\frac{S_1^2}{S_2^2}=1.49$$

$$F_{0.995}(9,9)<F<F_{0.005}(9,9)$$

接受 H_0. 即认为两者方差相等.

例 8.14 有两台机器生产同一型号钢珠. 根据已有经验,这两台机床生产的钢珠直径都服从正态分布. 现从这两台机床生产的钢珠中分别抽取 7 个和 9 个样本,测得钢珠直径如下:

甲:15.2;14.5;15.5;14.8;15.1;15.6;14.7;

乙:15.2;15.0;14.8;15.2;15.0;14.9;15.1;14.8;15.3.

问乙机床产品直径的方差是否比甲机床小?(单位:mm)($\alpha=0.05$)

解 设 X 和 Y 分别表示甲和乙生产的钢珠直径. 由题知

$X\sim N(\mu_1,\sigma_1^2),Y\sim N(\mu_2,\sigma_2^2)$,$X,Y$ 独立.

$H_0:\sigma_1^2\leqslant\sigma_2^2,H_1:\sigma_1^2>\sigma_2^2$.

$\alpha = 0.05, n_1 = 7, n_2 = 9$.

有样本值计算

$$\overline{X} = 15.057, S_1^2 = 0.1745$$

$$\overline{Y} = 15.033, S_2^2 = 0.0438$$

$$F_{0.05}(6.8) = 3.58$$

$$F = \frac{S_1^2}{S_2^2} = 3.984 > F_{0.05}(6.8) = 3.58$$

从而拒绝 H_0. 即认为乙生产的比甲生产的方差小.

下面把两个正态总体的均值、方差的假设检验归纳列表 8.2.

表 8.2　两个正态总体的均值、方差假设检验

条件	原假设	统计量	应查分布表	拒绝域
	H_0: $\mu_1 = \mu_2$			$\lvert Z \rvert > Z_{\frac{\alpha}{2}}$ 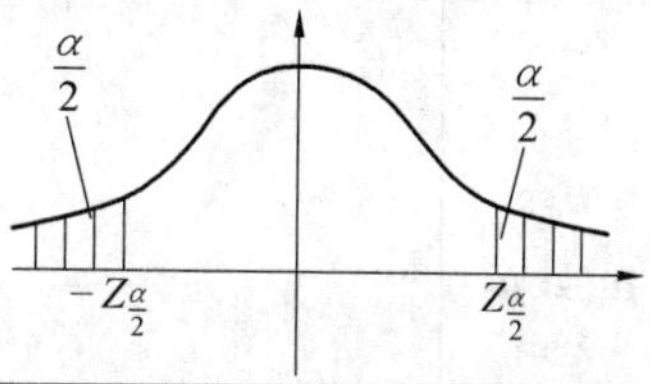
σ_1^2 σ_2^2 已知	H_0: $\mu_1 \leqslant \mu_2$	$Z = \frac{(\overline{X} - \overline{Y})}{\sqrt{\frac{\sigma_1^2}{n_1} + \frac{\sigma_2^2}{n_2}}}$	$N(0,1)$	$Z_0 > Z_\alpha$ 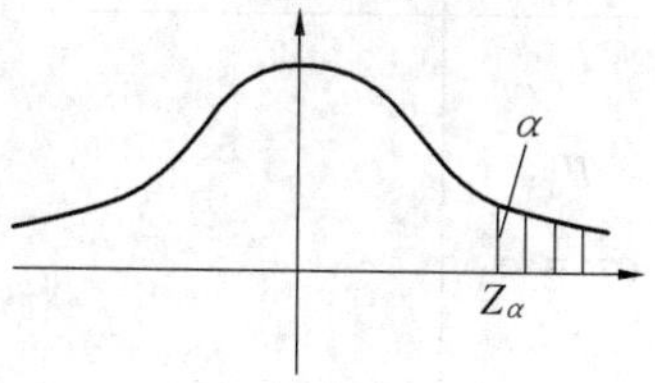
	H_0: $\mu_1 \geqslant \mu_2$			$Z_0 < -Z_\alpha$ 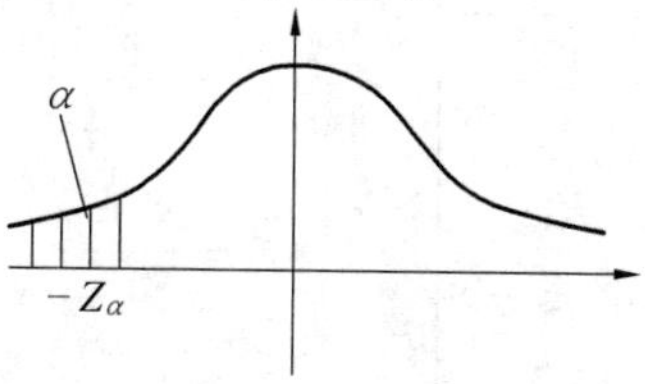

续表 8.2

条件	原假设	统计量	应查分布表	拒绝域
$\sigma_1^2=\sigma_2^2$ 其值未知	H_0: $\mu_1=\mu_2$	$T=\dfrac{\overline{X}-\overline{Y}}{S_w\sqrt{\dfrac{1}{n_1}+\dfrac{1}{n_2}}}$ $S_w^2=\dfrac{(n_1-1)S_1^2+(n_2-1)S_2^2}{n_1+n_2-2}$	$t(n_1+n_2-2)$	$\lvert T\rvert>t_{\frac{\alpha}{2}}$ 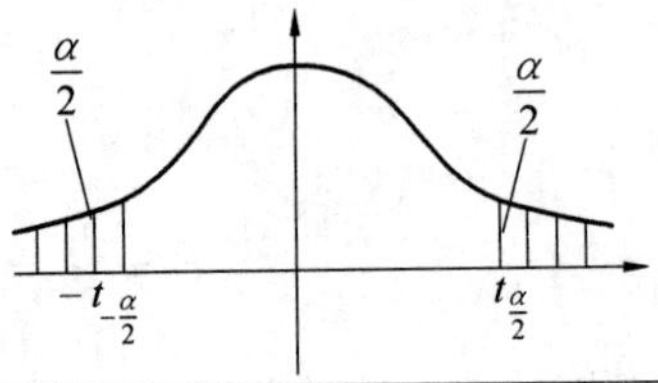
	H_0: $\mu_1\leqslant\mu_2$			$T>t_\alpha$ 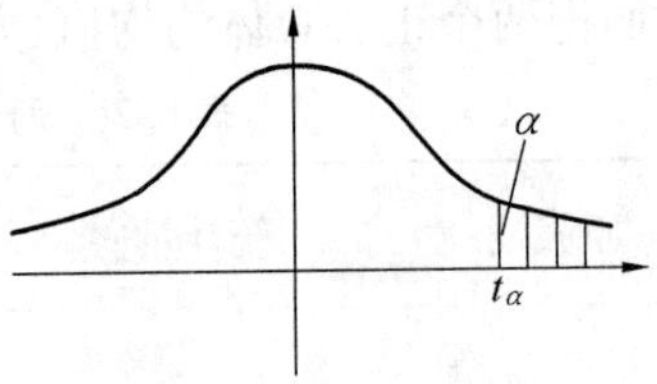
	H_0: $\mu_1\geqslant\mu_2$			$T<-t_\alpha$ 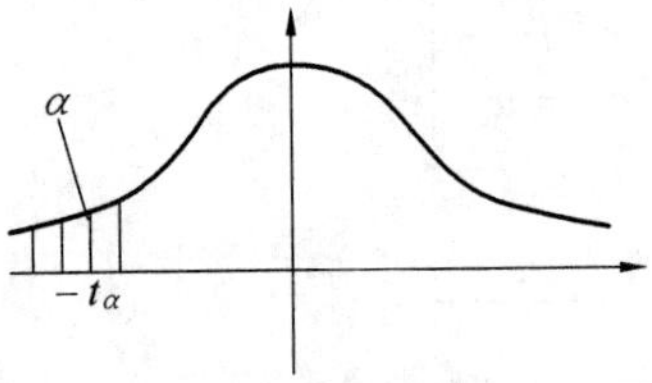
μ_1 μ_2 未知	H_0: $\sigma_1^2=\sigma_2^2$	$F=\dfrac{S_1^2}{S_2^2}$	$F(n_1-1, n_2-1)$	$F<F_{1-\frac{\alpha}{2}}$ 或 $F>F_{\frac{\alpha}{2}}$ 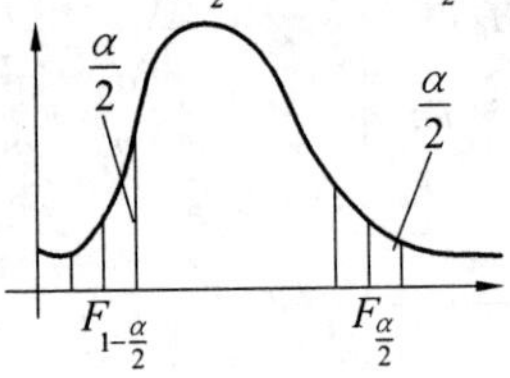
	H_0: $\sigma_1^2\leqslant\sigma_2^2$			$F>F_\alpha$ 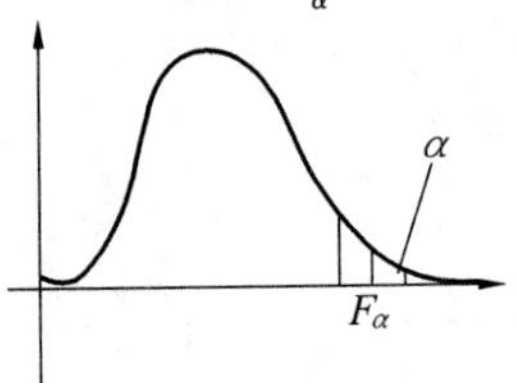
	H_0: $\sigma_1^2\geqslant\sigma_2^2$			$F<F_{1-\alpha}$ 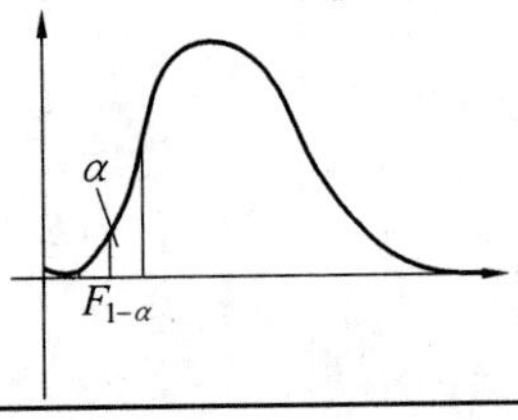

百花园

例 8.15　设总体 $X \sim N(\mu,\sigma^2)$. σ^2 未知. $x_1,\cdots,x_n$ 为来自样本总体 X 的样本观察测值. 现对 μ 进行假设检验. 若在置信水平 $\alpha = 0.05$ 下接受了 $\mu = \mu_0$. 则当显著性水平 α 改为 $\alpha = 0.01$ 时,则下列说法正确的是(　　).

(A) 必接受 H_0　　(B) 必拒绝 H_0

(C) 可能接受 H_0,也可能拒绝 H_0　　(D) 犯第二类错误的概率必减小

解　由 T 检验的拒绝域

$$|T| = \left|\frac{\overline{X} - \mu_0}{S}\sqrt{n}\right| > t_{\frac{\alpha}{2}}(n-1)$$

可知

对固定的样本值,α 变小,分位数 $t_{\frac{\alpha}{2}}(n-1)$ 变大.

故当 $|T| < t_{0.025}(n-1)$ 时,一定有 $|T| < t_{0.005}(n-1)$,应选(A).

例 8.16　在假设检验中,H_0 表示原假设,H_1 表示备择假设. 则称为犯第二类错误的是(　　).

(A) H_1 不真,接受 H_0　　(B) H_0 不真,接受 H_1

(C) H_0 不真,接受 H_0　　(D) H_0 为真,接受 H_1

解　第二类错误是取伪错误. 即原假设不真,但接受了原假设. 应用(C).

例 8.17　已知总体 X 的概率密度只有两种可能. 设

$$H_0: f(x) = \begin{cases} \frac{1}{2} & 0 \leqslant x \leqslant 2 \\ 0 & \text{其他} \end{cases}, H_1: f(x) = \begin{cases} \frac{x}{2} & 0 \leqslant x \leqslant 2 \\ 0 & \text{其他} \end{cases}.$$

对 X 进行一次观测,得样本 X_1. 规定当 $X_1 \geqslant \frac{3}{2}$ 时,拒绝 H_0,否则接受 H_0. 则此检验犯第一类错误 $\alpha =$ ________,犯第二类错误 $\beta =$ ________.

解　由两类错误概率 α 和 β 的意义知

$$\alpha = P\left\{X_1 \geqslant \frac{3}{2} \mid H_0\right\} = \int_{\frac{3}{2}}^{2} \frac{1}{2}\mathrm{d}x = \frac{1}{4}$$

$$\beta = P\left\{X_1 < \frac{3}{2} \mid H_1\right\} = \int_{0}^{\frac{3}{2}} \frac{x}{2}\mathrm{d}x = \frac{9}{16}$$

应填 $\frac{1}{4}$ 和 $\frac{9}{16}$.

例 8.18　设 $X_1, X_2, \cdots, X_n$ 是取自正态总体 $N(\mu,\sigma^2)$ 的样本,其中 μ,σ^2 未知. 记 $\overline{X} = \frac{1}{n}\sum_{i=1}^{n} X_i$, $Q^2 = \sum_{i=1}^{n}(X_i - \overline{X})^2$. 则假设 $H_0: \mu = 0$ 的 t 检验使用统计量 $T =$ ________.

解　由于 σ^2 未知,H_0 为 $\mu = 0$. 因此 t 检验使用统计量 $T = \frac{\overline{X} - 0}{S}\sqrt{n}$,其中

$$S^2 = \frac{1}{n-1}\sum_{i=1}^{n}(X_i - \overline{X})^2 = \frac{Q^2}{n-1}$$

从而得 $T = \frac{\overline{X}}{Q}\sqrt{n(n-1)}$.

例 8.19 要求一种元件的使用寿命不得低于 1 000 小时. 今从一批这种元件中随机抽取 25 件,测得其寿命的平均值为 950 小时. 已知该种元件寿命服从标准差 $\sigma = 100$ 小时的正态分布. 试在显著性水平 $\alpha = 0.05$ 下,确定这批元件是否合格? 设总体均值为 μ.

解 $H_0: \mu \geqslant 1\,000, H_1 \mu < 1\,000$.

方差 $\sigma^2 = 100^2$ 已知, $n = 25, \alpha = 0.05$.

$$Z = \frac{\overline{X} - 1\,000}{\sigma}\sqrt{n} = \frac{950 - 1\,000}{100}\sqrt{25} = -2.5$$

$$-Z_{0.05} = -1.645$$

故

$$Z = -2.5 < -Z_{0.05} = -1.645$$

Z 落入拒绝域内.

在显著性水平 $\alpha = 0.05$ 下,拒绝 H_0. 即认为这批元件不合格.

例 8.20 某工厂生产一种螺钉,标准要求长度是 68 mm,实际生产的产品其长度服从正态分布 $N(\mu, 36^2)$. 考虑假设检验问题

$$H_0: \mu = 68, H_1 \mu \neq 68.$$

记 $\overline{X}$ 为样本均值. 按下列方式进行假设:当 $|\overline{X} - 68| > 1$ 时,拒绝 H_0;当 $|\overline{X} - 68| \leqslant 1$ 时,接受 H_0.

当样本容量 $n = 64$ 时,求

(1) 犯第一类错误得概率 α;

(2) 犯第二类错误得概率 β.(设 $\mu = 70$)

解 (1) $n = 64$,在 H_0 下, $\overline{X} \sim N\left(68, \frac{36^2}{64}\right) = N(68, 0.45)$.

犯第一类错误的概率

$$\alpha = P\{|\overline{X} - 68| > 1 \mid H_0 \text{ 成立}\} = P\{\overline{X} < 67 \mid H_0 \text{ 成立}\} + P\{\overline{X} > 69 \mid H_0 \text{ 成立}\} =$$

$$\Phi\left(\frac{67-68}{0.45}\right) + 1 - \Phi\left(\frac{69-68}{0.45}\right) = 2[1 - \Phi(2.22)] = 2(1 - 0.986\,8) = 0.026\,4$$

(2) $n = 64, \mu = 70, \overline{X} \sim N(70, 0.45)$.

犯第二类错误的概率

$$\beta = P\{|\overline{X} - 68| \leqslant 1 \mid \mu = 70\} =$$

$$\Phi\left(\frac{69-70}{0.45}\right) - \Phi\left(\frac{67-70}{0.45}\right) = \Phi(-2.22) - \Phi(6.67) =$$

$$1 - 0.986\,8 = 0.013\,2$$

例 8.21 一商店销售的某种商品来自甲、乙两个厂家,为考虑商品性能的差异,现从甲、乙两厂产品中分别随机地抽取了 8 件和 9 件产品. 测其性能指标 X,得到两组数据. 算

得样本均值和样本方差分别为 $\overline{X_1} = 0.190, S_1^2 = 0.06, \overline{X_2} = 0.238, S_2^2 = 0.008$.

假定测定指标服从正态分布：$N(\mu_i, \sigma_i^2)(i = 1,2)$，试问在置信性水平 $\alpha = 0.01$ 下，

(1) 能否认为甲、乙两个厂家生产的产品的方差相等？

(2) 能否认为甲、乙两个厂家生产的产品的均值相同？

解　(1) $\alpha = 0.01, H_0: \sigma_1^2 = \sigma_2^2, H_1: \sigma_1^2 \neq \sigma_2^2$.

选统计量

$$F = \frac{S_1^2}{S_2^2} \sim F(n_1 - 1, n_2 - 1)$$

查表

$$F_{\frac{\alpha}{2}}(n_1 - 1, n_2 - 1) = F_{0.005}(7,8) = 7.69$$

$$F_{1-\frac{\alpha}{2}}(n_1 - 1, n_2 - 1) = F_{0.995}(7,8) = \frac{1}{F_{0.005}(8,7)} = 0.1152$$

拒绝域为 $(-\infty, 0.1152) \cup (7.69, +\infty)$.

样本观测值得

$$f = \frac{S_1^2}{S_2^2} = \frac{0.006}{0.008} = 0.75$$

$$0.1152 < 0.75 < 7.69$$

从而接受 H_0，即认为甲、乙两个厂家生产的产品的方差相等.

(2) 由(1) 我们认为 $X_1 \sim N(\mu_1, \sigma^2), X_2 \sim N(\mu_2, \sigma^2)$

$$H_0: \mu_1 = \mu_2, H_1: \mu_1 \neq \mu_2.$$

选取统计量

$$T = \frac{\overline{X_1} - \overline{X_2}}{S_w\sqrt{\frac{1}{n_1} + \frac{1}{n_2}}} \sim t(n_1 + n_2 - 2) = t(15)$$

$$S_w^2 = \frac{(n_1 - 1)S_1^2 + (n_2 - 1)S_2^2}{n_1 + n_2 - 2}$$

拒绝域为

$$|T| = \frac{|\overline{X_1} - \overline{X_2}|}{S_w\sqrt{\frac{1}{n_1} + \frac{1}{n_2}}} > t_{\frac{\alpha}{2}}(n_1 + n_2 - 2) = t_{0.005}(15) = 2.9467$$

由样本观测值得

$$|T| = \frac{|0.190 - 0.238|}{\sqrt{0.007(\frac{1}{8} + \frac{1}{9})}} = 1.1315$$

$$|T| = 1.1315 < t_{0.005}(15) = 2.9467$$

从而接受 H_0. 即在显著性水平 $\alpha = 0.01$ 下，可以认为甲、乙两个厂家生产的产品的均值相同.

小　结

由样本来推断总体这就是统计推断,它包括统计估计和统计假设. 假设检验包括参数假设检验和非参数假设检验. 本章只讨论了参数假设检验.

我们要根据样本所提供的信息,对所考虑的假设作出表态. 即是接受还是拒绝原假设. 假设检验的基本原则就是"小概率原理",认为小概率事件在一次试验中几乎是不会发生的,这是人们在处理实际问题中公认的原则.

显著性水平 α 就是犯第一类错误的概率. 因此我们可以控制犯第一类错误的大小. 这种检验称为显著性检验.

当显著性水平 α 越小时,说明对 H_0 越偏爱. 这意味着 H_0 是受保护的. 也表明了 H_0, H_1 的地位是不平等的. 这时,如果否定了 H_0,则说明 H_1 十分可信.

在这一对对立假设中,选哪个作为 H_0,有时需要用心考虑.

例如一种新药是否有效,

(1) H_0:新药无效;

(2) H_0:新药有效.

分析一下,我们保护哪个可能犯的错误更严重,严重者应放弃.

(1) 说新药无效. 其后果经济损失,将有效药作无效药;

(2) 说新药有效,其后果是伤害病人的健康甚至生命.

显然(2) 的后果严重,应放弃(2). 即

(1) H_0:新药无效.

重要术语及主题

原假设,备择假设,检验统计量,单边检验,双边检验,显著性水平,拒绝域,显著性检验,一个正态总体的参数检验,两个正态总体均值差、方差比的检验.

习题八

一、填空题

(1) 设 $X_1, \cdots X_{16}$ 是来自总体 $X \sim N(\mu, 4)$ 的样本. 样本均值为 $\overline{X}$,则在显著性水平 $\alpha = 0.05$ 下检验假设(i) $H_0: \mu = 5, H_1: \mu \neq 5$ 的拒绝域为________.

(ii) $H_0: \mu \geqslant 5, H_1: \mu < 5$ 的拒绝域为________.

(2) 设 $X_1, \cdots, X_n$ 是来自正态总体 $N(\mu, \sigma^2)$ 的样本,其中参数 μ 和 σ^2 未知. 记 $\overline{X} = \frac{1}{n}\sum_{i=1}^{n} X_i, Q^2 = \sum_{i=1}^{n}(X_i - \overline{X})^2$. 则 $H_0: \mu = 0$ 的 t 检验使用的统计量 $T =$ ________.

(3) 设总体 $X \sim N(\mu_0, \sigma^2)$, μ_0 为已知常数. $X_1, \cdots, X_n$ 是来自总体的样本. 则检验假设 $H_0: \sigma^2 = \sigma_0^2, H_1: \sigma^2 \neq \sigma_0^2$ 的统计量是________,当 H_0 成立时,服从________分布.

(4) 设总体 $X \sim N(\mu, \sigma^2)$,其中 μ 和 σ^2 均未知, $X_1, \cdots, X_{10}$ 为样本,样本均值为 $\overline{X}$,样

本方差为 S^2. 则检验假设 $H_0:\sigma^2 \leqslant 0.06$ 使用的统计量________；在 H_0 真的情形下所服从的分布为________.

(5) 设总体 $X \sim N(\mu_1,\sigma_1^2)$, $Y \sim N(\mu_2,\sigma_2^2)$, μ_1,μ_2 未知，X,Y 独立. $X_1,\cdots,X_{n_1}$ 是 X 的样本；$Y_1,\cdots,Y_{n_2}$ 是 Y 的样本. 则检验假设 $H_0:\sigma_1^2=\sigma_2^2, H_1:\sigma_1^2 \neq \sigma_2^2$ 的检验统计量 $F=$ ________，其拒绝域 $W=$ ________.

二、单项选择题

(1) 设 $X_1,\cdots,X_n$ 是来自正态总体 $N(\mu,\sigma^2)$ 的样本，其中参数 μ 和 σ^2 未知. 记 $\overline{X}$ 和 S^2 分别为样本均值和样本方差. 当 $H_0:\mu=\mu_0$ 成立时，则有(　　).

(A) $\dfrac{\overline{X}-\mu_0}{\sigma}\sqrt{n} \sim t(n)$　　(B) $\dfrac{\overline{X}-\mu_0}{S}\sqrt{n} \sim t(n-1)$

(C) $\dfrac{\overline{X}-\mu_0}{S}\sqrt{n} \sim t(n)$　　(D) $\dfrac{1}{\sigma^2}\sum\limits_{i=1}^{n}(X_i-\mu_0)^2 \sim \chi^2(n-1)$

(2) 设 $X \sim N(0,\sigma^2)$, $X_1,\cdots,X_n$ 样本. 现检验 $H_0:\sigma^2=1$. 则选用统计量(　　).

(A) $\sum\limits_{i=1}^{n}X_i$　　(B) $(n-1)S^2$

(C) $\dfrac{\overline{X}}{S}\sqrt{n}$　　(D) $\sqrt{n}\overline{X}$

(3) 设总体 $X \sim N(\mu,\sigma^2)$, σ^2 未知，$x_1,x_2,\cdots,x_n$ 为样本观测值. 记 $\overline{X}$ 为样本均值，S^2 为样本方差. 对假设检验 $H_0:\mu \geqslant \mu_0, H_1:\mu<\mu_0$. 取检验统计量 $t=\dfrac{\overline{X}-\mu}{S}\sqrt{n}$. 则在显著性水平 α 下，拒绝域为(　　).

(A) $\{|t|>t_\alpha(n-1)\}$　　(B) $\{|t|<t_\alpha(n-1)\}$

(C) $\{t>t_\alpha(n-1)\}$　　(D) $\{t<-t_\alpha(n-1)\}$

(4) 设总体 $X \sim N(\mu,\sigma^2)$, μ 未知，$x_1,x_2,\cdots,x_n$ 为样本观测值. 记 $\overline{X}$ 为样本均值，S^2 为样本方差. 对假设检验 $H_0:\sigma_1^2 \geqslant 2^2, H_1:\sigma_1^2<2^2$ 应取检验统计量(　　).

(A) $\dfrac{(n-1)S^2}{8}$　　(B) $\dfrac{(n-1)S^2}{6}$

(C) $\dfrac{(n-1)S^2}{4}$　　(D) $\dfrac{(n-1)S^2}{2}$

(5) 在假设检验中，H_0 表示原假设，H_1 表示备择假设. 则称为犯第一类错误的情况是(　　).

(A) H_1 真，接受 H_1　　(B) H_1 不真，接受 H_1

(C) H_1 真，拒绝 H_1　　(D) H_1 不真，拒绝 H_1

(6) 设总体 $X \sim N(\mu,\sigma_0^2)$, σ_0^2 未知，$x_1,x_2,\cdots,x_n$ 为样本观测值. 现对 μ 进行假设检验. 若在显著性水平 $\alpha=0.05$ 下，拒绝了 $H_0:\mu=\mu_0$. 则当显著性水平改为 0.01 时. 下列说法正确的是(　　).

(A) 必接受 H_0　　(B) 必拒绝 H_0

(C) 第一类错误的概率必变大 (D) 可能接受,也可能拒绝 H_0

三、计算题

(1) 糖厂用自动包装机包装糖果. 每袋糖果重量是一个随机变量,它服从正态分布. 当机器正常时. 其均值为 0.5 公斤,标准差为 0.015 公斤. 每天开工时,需要先检验包装机工作是否正常. 某日开工后,随机地抽取 9 袋糖. 称得净重为(公斤),

0.497;0.506;0.518;0.524;0.498. ,0.511;0.520;0.515;0.512,

问这一天机器工作是否正常. ($\alpha = 0.05$)

(2) 从某车床加工的一批轴中取出 15 件测量其椭圆度. 计算得到 $S^2 = 0.025^2$. 规定 $\sigma_0^2 = 0.02^2$. 假设椭圆度服从正态分布. 问在显著性水平 $\alpha = 0.05$ 下,该批轴椭圆度的总体方差与规定的 $\sigma_0^2 = 0.02^2$ 是否有显著差异?

(3) 某工厂生产的固体燃料推进器的燃烧率(单位:cm/s) 服从正态分布 $N(40,2^2)$. 现在用新方法生产了一批推进器,从中随机地抽取 25 只. 测得其燃烧率的平均值 $\overline{X} = 41.25$. 问这批推进器的燃烧率是否有显著提高?(取显著性水平 $\alpha = 0.05$)

(4) 在正常情况下,维尼纶纤度服从正态分布. 方差不大于0.048^2. 某日抽取 5 根纤维. 测得纤度如下:1.32;1.55;1.36;1.40;1.44,在显著性水平 $\alpha = 0.01$ 下,该日生产的维尼纶纤度的方差是否正常?

(5) 某批矿砂的 5 个样本中的镍含量,经测定为(%):3.24;3.27;3.24;3.26;3.24. 设测定值总体服从正态分布,但参数均未知. 问在 $\alpha = 0.01$ 下能否接受假设:这批矿砂镍的含量均值为 3.25.

(6) 设在一批木材中抽出36 根. 测其小头直径. 得到样本均值 $\overline{X} = 12.8$ cm,样本标准差 $S = 2.6$ cm. 问这批木材小头的平均直径能否认为在 $12cm$ 以下($\alpha = 0.05$)?假设木材小头直径服从正态分布.

(7) 某工厂生产的钢丝的折断力(单位:N) 服从正态分布 $N(576,64)$. 某日抽取10 根钢丝进行折断力试验. 测得结果如下:578;572;570;568;572;570;572;596;584;570. 是否可以认为该日生产的钢丝折断力的标准差为 $8N$. ($\alpha = 0.05$)

(8) 某厂使用产地不同的甲、乙两种元件生产同一类型的产品. 从某天的产品中随机地抽取一些样本作比较. 取使用元件甲生产的样本21 件,算得 $\overline{X} = 2.46$ 千克重,$S_1 = 0.584$ 千克重;取使用元件乙生产的样本 16 件,算得 $\overline{Y} = 2.55$ 千克重,$S_2 = 0.558$ 千克重. 假定产品的重量服从正态分布,试问:

i. 在显著性水平 $\alpha = 0.5$ 下,能否认为两个正态总体的方差相同?

ii. 在显著性水平 $\alpha = 0.01$ 下,能否认为两种不同的元件生产的产品的平均重量相同?

自测题

自测题(一)

一、填空题

1. 事件$A.B$独立,$P(AUB)=0.7$,$P(A)=0.5$,则$P(B)=$________

2. 设随机变量X的分布律为

X	-1	0	1	2
P	0.1	0.3	0.2	0.4

则X^2的分布律为

3. 设$X\sim U[2,6]$,则$P\{3<X<4\}=$________.

4. $X\sim P(2)$,则$P\{X\geqslant 1\}=$________.

5. 随机变量$X.Y$, $DX=25$,$DY=36$,$\rho_{XY}=0.6$,则$D(X-Y)=$________.

6. 设$DX=\sigma^2$,由切比雪夫不等式$P\{|X-EX|<3\sigma\}\geqslant$________.

7. $X_1,\cdots,X_n$是来自总体$X\sim f(x)=\begin{cases}\lambda e^{-\lambda x} & x>0\\ 0 & x\leqslant 0\end{cases}(\lambda>0)$的样本,则似然函数$L(x_1,\cdots,x_n;\lambda)=$________

8. $X_1,\cdots,X_n$是来自总体$X\sim N(\mu,\sigma^2)$的样本,则$\dfrac{\sum\limits_{i=1}^{n}(x_i-\overline{X})^2}{\sigma^2}$________

9. $X_1,\cdots,X_n$是来自总体$X\sim N(\mu,12^2)$的样本,检验假设$H_0:\mu=100$.采用的统计量是________.

10. F检验法可用于检验两个独立的正态总体的________是否有显著差异.

二、单项选择题

11. 事件A,B有$B\subset A$,则下列式子正确的是(　　).

(A)$P(AB)=P(A)$　　(B)$P(A+B)=P(A)$

(C)$P(B|A)=P(B)$　　(D)$P(B-A)=P(B)-P(A)$

12. 某人打靶的命中率为0.8,独立射击5次恰好命中2次的概率为(　　).

(A)$0.8^2\times 0.2^3$　　(B)0.8^2　　(C)$C_5^2 0.8^2$　　(D)$C_5^2 0.8^2\times 0.2^3$

13. 设随机变量X的概率密度为$f(x)$,则(　　)成立

(A)$\int_0^{+\infty}f(x)\mathrm{d}x=1$　　(B)$\int_{-\infty}^{+\infty}xf(x)\mathrm{d}x=1$

(C)$0\leqslant f(x)\leqslant 1$　　(D)$f(x)\geqslant 0$

14. 已知 $EX=-1, DX=3$,则 $E[3(X^2-2)]=($　　$)$.

(A)36　　(B)30　　(C)6　　(D)3

15. 设随机变量 $X \sim N(\mu,\sigma^2)$,则概率 $P\{|X-\mu|<\sigma\}$ 随 μ 的增大(　　).

(A) 保持不变　　(B) 单调增大　(C) 单调减小　　(D) 增减不定

16. 设 X 为随机变量,当 X 服从(　　)分布时,有 $DX=(EX)^2$.

(A) 正态分布　　(B) 指数分布　(C) 泊松分布　　(D) 二项分布

17. X,Y 为两个随机变量,且 $E[(X-EX)(Y-EY)]=0$,则 X,Y(　　).

(A) 不相关　　(B) 相关　　(C) 不独立　　(D) 独立

18. $X_1,\cdots,X_n$ 是来自总体 $X \sim N(\mu,\sigma^2)$. 样本平均值 $\overline{X}$ 服从(　　)分布.

(A)$N(0,1)$　　(B)$N(\mu,\sigma^2)$　(C)$N(\mu,\frac{\sigma^2}{n})$　　(D)$N(n\mu,n\sigma^2)$

19. X_1,X_2,X_3 是来自总体 X 的样本,下列四个无偏估计量中(　　)最有效.

(A) $\frac{1}{5}X_1+\frac{3}{5}X_2+\frac{1}{5}X_3$　　(B) $\frac{1}{4}X_1+\frac{1}{4}X_2+\frac{1}{2}X_3$

(C) $\frac{1}{3}X_1+\frac{1}{3}X_2+\frac{1}{3}X_3$　　(C) $\frac{1}{6}X_1+\frac{1}{6}X_2+\frac{2}{3}X_3$

20. 在假设检验中,一般形次下(　　)错误.

(A) 只犯第一类　　(B) 只犯第二类

(C) 同时犯两类

(D) 可能犯第一类也可能犯第二类,也可能不犯

三、计算题

21. 玻璃杯成箱出售,每箱 20 只. 假设各箱含 0,1,2 个残次品的概率相应为 0.8,0.1 和 0.1. 一顾客欲购一箱玻璃杯,在购买时售货员随机取出一箱. 而顾客开箱随机地察看 4 只. 若无残次品,则买下该箱玻璃杯,否则退回. 求顾客买下该箱玻璃杯的概率.

22. 设随机变量 X 的密度函数为 $f(x)=\begin{cases}Ax & 0<x<1\\ 0 & \text{其他}\end{cases}$,求

(1)A;(2)X 的分布函数;(3)$P\left\{\frac{1}{2}<X<2\right\}$　(4)EX　(5)DX

23. (X,Y) 的联合密度为 $f(x,y)=\begin{cases}Ae^{-\frac{1}{50}(x+y)} & x>0,y>0\\ 0 & \text{其他}\end{cases}$,求

(1)A;(2) 边际密度函数 $f_X(x)$,$f_Y(y)$

(3)$P\{X\geqslant 50, Y\geqslant 50\}$　(4)$Cov(X,Y)$

24. 同时掷两颗均匀的骰子,X,Y 分别表示第一颗和第二颗骰子出现点数,求(1)(X,Y) 的联合分布律;(2)$X+Y$ 的概率分布.

25. 设总体 X 的密度函数是 $f(x;\alpha)=\begin{cases}\alpha x^{\alpha-1} & 0<x<1\\ 0 & \text{其他}\end{cases}$ $(\alpha>0)$　$X_1,\cdots,X_n$ 是一组样本值,求参数 α 的短估计及最大似然估计.

四、应用题

26. 某保险公司多年的统计资料表明，在索赔户中因被盗索赔的占20%，以 X 表示在随机抽查的100个索赔户中因被盗向保险公司索赔的户数

(1) 写出 X 的分布律；

(2) 用中心极限定理计算 $P\{14 \leqslant X \leqslant 30\}$.

27. 某厂生产某种零件，在正常生产的情况下，这种零件的轴长服从正态分布，均值为0.13 cm. 某日从生产的零件中任取10件. 测量后算得 $\bar{x} = 0.146$ cm，$S = 0.016$ cm. 问该日生产的零件的平均轴长是否正常？（$\alpha = 0.05$）

五、证明题

28. 随机变量 X 的密度函数 $f(x) = \begin{cases} \dfrac{x^n}{n!}e^{-x} & x > 0 \\ 0 & x \leqslant 0 \end{cases}$ 用切比雪夫不等式证明

$$P\{0 < X < 2(n+1)\} \geqslant \frac{n}{n+1}$$

自测题(二)

一、填空题

1. 事件 A, B. $P(A) = 0.5$, $P(B) = 0.6$, $P(B|A) = 0.8$, 则 $P(A \cup B) =$ ________.

2. $X \sim P(\lambda)$ 且 $P\{X = 1\} = P\{X = 2\}$, 则 $\lambda =$ ________.

3. 设在一次试验中事件 A 发生的概率为 P. 重复独立进行 n 次试验，则事件 A 至少发生一次的概率为________.

4. X 的密度函数为 $f(x) = \begin{cases} cx^3 & 0 < x < 1 \\ 0 & \text{其他} \end{cases}$, 则 $c =$ ________.

5. 三人独立射击一次，命中率分别是0.6；0.5；0.8 三人中有人未命中的概率

6. $X \sim E(3)$. $Y \sim E(2)$. X, Y 独立，则 (X, Y) 的联合密度函数 $f(x, y) =$ ________.

7. 设 X, Y 是两个随机变量 $DX = 4$. $DY = 9$. $\rho_{XY} = 0.4$, 则 $Cov(X, Y) =$ ________.

8. 设 $X \sim t(n)$. 若 $P\{|X| > \lambda\} = \alpha$, 则 $P\{X < -\lambda\} =$ ________.

9. 设 $X_1, \cdots, X_n$ 是来自总体 X 的样本. 则总体方差 DX 的无偏估计量是________.

10. $X \sim N(\mu_1, \sigma_1^2)$ $X_1, \cdots, X_{n_1}$ 样本. 样本方差 S_1^2, $Y \sim N(\mu_2, \sigma_2^2)$ $Y_1, \cdots, Y_{n_2}$ 样本. 样本方差 S_2^2, X. Y 独立则 $\dfrac{\frac{\sigma_1^2}{S_1^2}}{\frac{\sigma_2^2}{S_2^2}} \sim$ ________.

二、单项选择题

11. 事件 A, B 为对立事件，则下列概率为1的是(　　).

(A) $P(\bar{A}\bar{B})$　　(B) $P(B|A)$　　(C) $P(AB)$　　(D) $P(\bar{A}|B)$

12. 同时掷三枚均匀的硬币，恰有两枚正面向上的概率为(　　).

(A) $\frac{1}{3}$　(B) $\frac{3}{8}$　(C) $\frac{1}{4}$　(D) $\frac{2}{5}$

13. 10 张奖券中含有 3 张中奖的奖券,每人购买一张,则前 3 个购买者恰有一人中奖的概率为(　　).

(A) $C_{10}^{3}(0.7)^{2}(0.3)$　(B) 0.3　(C) $\frac{21}{40}$　(D) $\frac{7}{40}$

14. 设 $X \sim N(0.1)$. $Y = 2X - 1$. 则 $Y \sim$ (　　).

(A) $N(-1.4)$　(B) $N(-1.3)$　(C) $N(-1.2)$　(D) $N(-1.1)$

15. X, Y 独立且服从 $U[0.1]$, 则服从相应区域或区间上均匀分布的是(　　).

(A) X^2　(B) $X - Y$　(C) $X + Y$　(D) $(X.Y)$

16. 如果 $X.Y$ 满足 $D(X+Y) = D(X-Y)$,则必有(　　).

(A) X 与 Y 独立　(B) X 与 Y 不相关

(C) $D(X) = 0$　(D) $DX \cdot DY = 0$

17. 设随机向量 $(X.Y)$ 的分布律为

X \ Y	1	2	3
1	$\frac{1}{6}$	$\frac{1}{9}$	$\frac{1}{18}$
2	$\frac{1}{3}$	a	b

若 $X.Y$ 独立,则 a, b 的值为(　　).

(A) $a = \frac{2}{9}, b = \frac{1}{9}$　(B) $a = \frac{1}{9}, b = \frac{2}{9}$

(C) $a = \frac{1}{18}, b = \frac{5}{18}$　(D) $a = \frac{5}{18}, b = \frac{1}{18}$

18. 检验的显著性水平是(　　).

(A) 第二类错误概率的上界　(B) 第二类错误概率

(C) 第一类错误概率的上界　(D) 第一类错误概率

19. $X \sim N(a, \sigma_1^2)$ $Y \sim N(b, \sigma_2^2)$, $X.Y$ 独立,样本容量分布为 m, n. 样本方差分别为 s_1^2, s_2^2 则检验假设 $H_0: \sigma_1^2 = \sigma_2^2$,则(　　).

(A) 使用 X^2 检验法　(B) 使用 t 检验法

(C) 使用 F 检验法　(D) 使用 Z 检验法

20. 设 M 是总体 X 的数学期望. σ 是总体 X 的标准差. $X_1, \cdots, X_n$. 是来自总体 X 的样本. 则总体方差 σ^2 的无偏估计量是(　　).

(A) $\frac{2}{n-1}\sum_{i=1}^{n}(x_i - \mu)^2$　(B) $\frac{2}{n}\sum_{i=1}^{n}(x_i - \mu)^2$

(C) $\frac{1}{n-1}\sum_{i=1}^{n}(x_i - \mu)^2$　(D) $\frac{1}{n}\sum_{i=1}^{n}(x_i - \mu)^2$

三、计算题

21. 设 10 件产品中有 4 件不合格品,从中任取 2 件. 已知所取两件产品有一件是不合格品. 则另一件也是不合格品的概率为?

22. 有两箱同种类的零件,第一箱装 50 只,其中 10 只一等品;第二箱装 30 只,其中 18 只一等品. 今从两箱中任挑出一箱,然后从该箱中取零件 2 次. 每次取一只做不放回抽取,试求:

(1) 第一次取到的零件是一等品的概率;

(2) 第一次取到的零件是一等品的条件下,第二次取到的也是一等品的概率.

23. 设某商店中每月销售某种商品地数量 X 服从 $\pi(7)$. 问在月初进货时要库存多少此种商品,才能保证当月不脱销的概率为 0.999.

24. 设顾客在某银行的窗口等待服务的时间 X(以分计) 服从 $P(\frac{1}{5})$,某顾客在窗口等待服务. 若超过10分钟,他就离开. 他一个月要去银行5次. 以 Y 表示一个月内他未等到服务而离开窗口的次数.

(1) 写出 Y 的分布律;

(2) $P(Y \geqslant 1)$;

(3) $E(Y)$.

25. 设随机变量 X 与 Y 同分布. X 的密度函数 $f_x(x) = \begin{cases} \frac{3}{8}x^2 & 0 < x < 2 \\ 0 & 其他 \end{cases}$

(1) 已知事件 $A = \{X > a\}$ 和 $B = \{Y > a\}$ 独立且 $P(A \cup B) = \frac{3}{4}$ 求常数 a;

(2) 求 $\frac{1}{X^2}$ 的数学期望.

四、应用题

26. 某车间有 200 台车床,由于各种原因每台车床有 60% 的时间在开动,每台车床开动期间耗费电能为 E,问至少供给此车间多少电能才能以 99.9% 的概率保证此车间不因供电不足而影响生产.

27. 已知某工厂生产的仪表,已知其寿命服从正态分布 $N(\mu,\sigma^2)$. 寿命的方差经测定为 $\sigma^2 = 150$. 现在由于新工人增多,对生产的一批产品进行检验. 取10件样品,测得其方差 $S^2 = 182.4$ 问这批仪表寿命的方差 σ^2 是否有显著性差异($\alpha = 0.05$).

五、证明题

28. 设 A. B 为随机事件,且 $P(A \mid B) = P(A \mid \overline{B})$,证明 A 与 B 相互独立

自测题(三)

一、填空题

1. 已知 $P(\overline{A}) = 0.3$,$P(B) = 0.4$,$P(A\overline{B}) = 0.5$ 则 $P(B \mid A + \overline{B}) =$ ________.

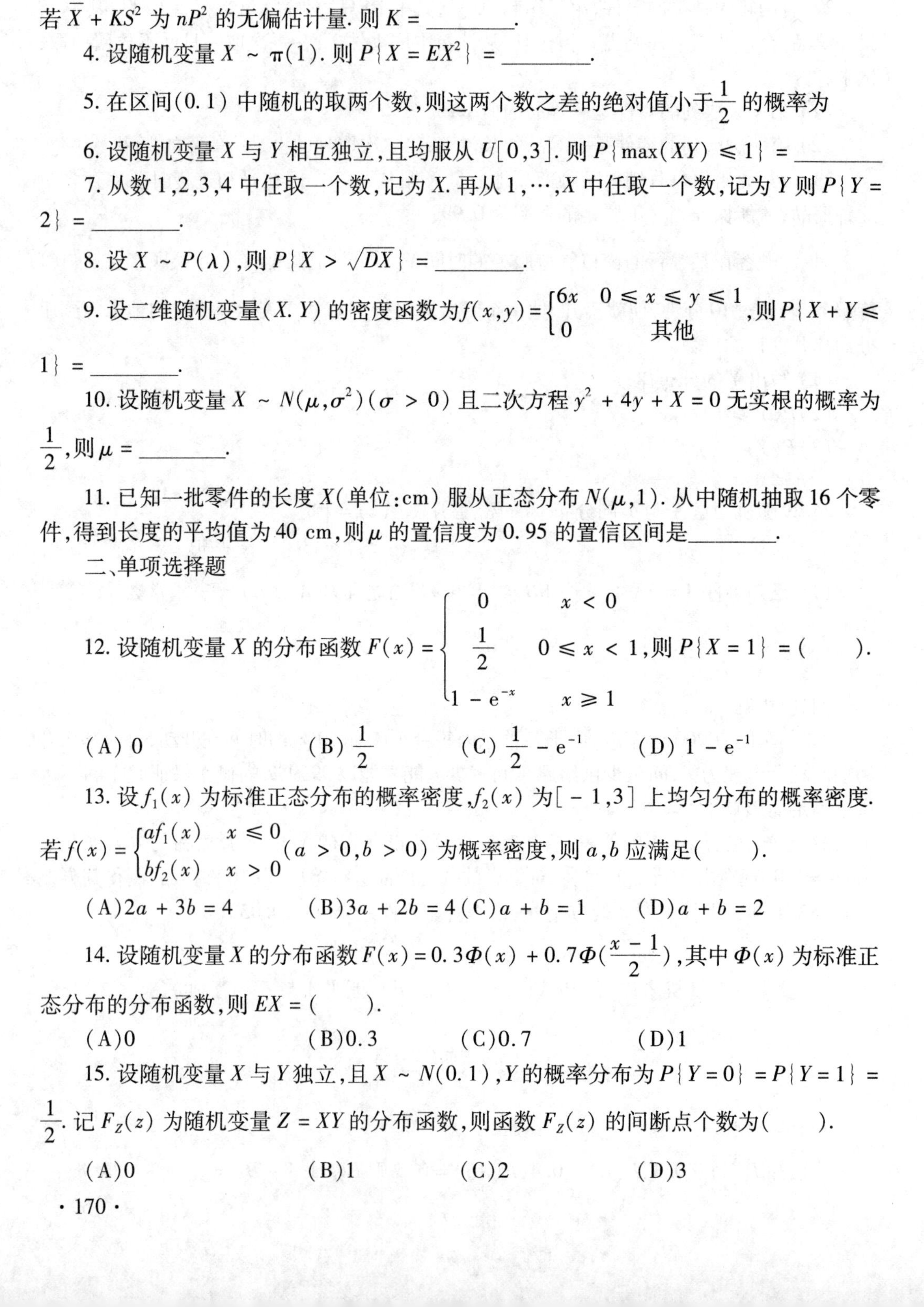

2. 设 X 的分布律为 $P\{X=K\}=\dfrac{C}{K!}, K=0,1,2,\cdots$ 则$EX^2=$________

3. 设$X_1,\cdots,X_m$为来自总体$X\sim B(n,P)$的样本. $\overline{X}$和S^2分别是样本均值和样本方差. 若 $\overline{X}+KS^2$ 为 nP^2 的无偏估计量. 则 $K=$________.

4. 设随机变量 $X\sim\pi(1)$. 则 $P\{X=EX^2\}=$________.

5. 在区间(0.1)中随机的取两个数,则这两个数之差的绝对值小于$\dfrac{1}{2}$的概率为

6. 设随机变量 X 与 Y 相互独立,且均服从 $U[0,3]$. 则 $P\{\max(XY)\leqslant 1\}=$________

7. 从数1,2,3,4中任取一个数,记为X. 再从$1,\cdots,X$中任取一个数,记为Y则$P\{Y=2\}=$________.

8. 设 $X\sim P(\lambda)$,则 $P\{X>\sqrt{DX}\}=$________.

9. 设二维随机变量$(X.Y)$的密度函数为$f(x,y)=\begin{cases}6x & 0\leqslant x\leqslant y\leqslant 1\\ 0 & \text{其他}\end{cases}$,则$P\{X+Y\leqslant 1\}=$________.

10. 设随机变量 $X\sim N(\mu,\sigma^2)(\sigma>0)$ 且二次方程 $y^2+4y+X=0$ 无实根的概率为$\dfrac{1}{2}$,则$\mu=$________.

11. 已知一批零件的长度X(单位:cm)服从正态分布$N(\mu,1)$. 从中随机抽取16个零件,得到长度的平均值为40 cm,则μ的置信度为0.95的置信区间是________.

二、单项选择题

12. 设随机变量 X 的分布函数 $F(x)=\begin{cases}0 & x<0\\ \dfrac{1}{2} & 0\leqslant x<1\\ 1-e^{-x} & x\geqslant 1\end{cases}$,则 $P\{X=1\}=($ $)$.

(A) 0　　(B) $\dfrac{1}{2}$　　(C) $\dfrac{1}{2}-e^{-1}$　　(D) $1-e^{-1}$

13. 设$f_1(x)$为标准正态分布的概率密度,$f_2(x)$为$[-1,3]$上均匀分布的概率密度. 若$f(x)=\begin{cases}af_1(x) & x\leqslant 0\\ bf_2(x) & x>0\end{cases}$ $(a>0,b>0)$为概率密度,则a,b应满足(　　).

(A) $2a+3b=4$　　(B) $3a+2b=4$　　(C) $a+b=1$　　(D) $a+b=2$

14. 设随机变量X的分布函数$F(x)=0.3\Phi(x)+0.7\Phi(\dfrac{x-1}{2})$,其中$\Phi(x)$为标准正态分布的分布函数,则$EX=($ $)$.

(A)0　　(B)0.3　　(C)0.7　　(D)1

15. 设随机变量X与Y独立,且$X\sim N(0.1)$,Y的概率分布为$P\{Y=0\}=P\{Y=1\}=\dfrac{1}{2}$. 记 $F_Z(z)$ 为随机变量 $Z=XY$ 的分布函数,则函数 $F_Z(z)$ 的间断点个数为(　　).

(A)0　　(B)1　　(C)2　　(D)3

16. 设随机变量 X 与 Y 独立同分布，且 X 的分布函数为 $F(x)$，则 $Z = \max(X.Y)$ 的分布函数为(　　).

(A) $F^2(x)$　　(B) $F(x)F(y)$

(C) $1-[1-F(x)]^2$　　(D) $[1-F(x)][1-F(y)]$

17. 设随机变量 $X \sim N(0.1)$，$Y \sim N(1.4)$ 且相关系数 $\rho_{xy}=1$. 则(　　).

(A) $P\{Y=-2X-1\}=1$　　(B) $P\{Y=2X-1\}=1$

(C) $P\{Y=-2X+1\}=1$　　(D) $P\{Y=2X+1\}=1$

18. 某人向同一目标独立重复射击，每次射击命中率为 $P(0<P<1)$，则此人第4次射击恰好第二次命中目标的概率为(　　).

(A) $3P(1-P)^2$　(B) $6P(1-P)^2$　(C) $3P^2(1-P)^2$　(D) $6P^2(1-P)^2$

19. 设随机变量 (X,Y) 服从二维正态分布，且 X 与 Y 不相关. $f_X(x)$，$f_Y(y)$ 分别表示 $X.Y$ 的概率密度，则在 $Y=y$ 的条件下 X 的条件密度 $f_{X|Y}(x|y)$ 为(　　).

(A) $f_X(x)$　(B) $f_Y(y)$　(C) $f_X(x)f_Y(y)$　(D) $\dfrac{f_X(x)}{f_Y(y)}$

20. 设 $X_1,\cdots,X_n(n\geqslant 2)$ 为来自总体 $X \sim N(0,1)$ 的样本. $\overline{X}$ 和 S^2 分别是样本均值和样本方差，则(　　).

(A) $n\overline{X} \sim N(0,1)$　　(B) $nS^2 \sim \chi^2(n)$

(C) $\dfrac{(n-1)\overline{X}}{S} \sim t(n-1)$　　(D) $\dfrac{(n-1)X_1^2}{\sum\limits_{i=2}^{n} X_i^2} \sim F(1,n-1)$

三、计算题

21. 袋中有一个红色球，两个黑色球，三个白球. 现有放回的从袋中取两次，每次取一球，以 X,Y,Z 分别表示两次取球所取得的红球，黑球与白球的个数

(1) 求 $P\{X=1|Z=0\}$；

(2) 求二维随机变量 (X,Y) 的概率分布.

22. 某班车起点站上客人数 $X \sim \pi(\lambda)$. 每位乘客在中途下车的概率为 $P(0<P<1)$. 且中途下车与否相互独立，以 Y 表示在中途下车的人数

(1) 在发车时有 n 个乘客的条件下，中途有 m 人下车的的概率；

(2) 二维随机变量 $(X.Y)$ 的概率分布.

23. 设随机变量 X 的密度为 $f(x)=\begin{cases}\dfrac{1}{2}\cos\dfrac{x}{2} & 0\leqslant x\leqslant \pi \\ 0 & \text{其他}\end{cases}$，对 X 独立重复观察4次，用 Y 表示观察值大于 $\dfrac{\pi}{3}$ 的次数，求 Y^2 的数学期望.

24. 设二维随机变量 $(X.Y)$ 的密度为 $f(x,y)=\begin{cases}1 & 0<x<1.0<y<2x \\ 0 & \text{其他}\end{cases}$，求

(1) $(X.Y)$ 的边缘概率密度 $f_X(x)$，$f_Y(y)$；

(2) $Z=2X-Y$ 的概率密度 $f_Z(z)$.

25. 设 A,B 为随机事件，且 $P(A)=\frac{1}{4},P(B\mid A)=\frac{1}{3},P(A\mid B)=\frac{1}{2}$ 令 $X=\begin{cases}1 & A\text{发生}\\0 & A\text{不发生}\end{cases},Y=\begin{cases}1 & B\text{发生}\\0 & B\text{不发生}\end{cases}$,求

(1) 二维随机变量$(X.Y)$ 概率分布；

(2)X 与 Y 的相关系数 ρ_{xy}.

26. 设随机变量 X 的概率密度为 $f_X(x)=\begin{cases}\frac{1}{2} & -1<x<0\\ \frac{1}{4} & 0\leqslant x<2\\ 0 & \text{其他}\end{cases}$

令 $Y=X^2$. $F(x,y)$ 为二维随机变量$(X.Y)$ 的分布函数,求

(1)Y 的概率密度 $f_Y(y)$;

(2)$F(-\frac{1}{2},4)$.

27. 设总体 X 的概率密度为 $f(x;\theta)=\begin{cases}\theta & 0<x<1\\ 1-\theta & 1\leqslant x<2\\ 0 & \text{其他}\end{cases}$

其中 θ 是未知参数$(0<\theta<1)$. $X_1,\cdots,X_n$ 为样本. 记 N 为样本值 $X_1,\cdots,X_n$ 中小于1的个数. 求 θ 的最大似然估计

28. 设 $X_1,\cdots,X_n$ 是总体 $N(\mu,\sigma^2)$ 的样本,记 $\overline{X}=\frac{1}{n}\sum_{i=1}^{n}X_i,S^2=\frac{1}{n-1}\sum_{i=1}^{n}(X_i-\overline{X})^2$,

$T=\overline{X}^2-\frac{1}{n}S^2$

(1) 证明 T 是 μ^2 的无偏估计量;

(2) 当 $\mu=0,\sigma=1$ 时,求 DT.

自测题(四)

一、填空题

1. 把00, 01, 02,…,99 等分别写在100张卡片上,现随机的取出一张卡片. 以 X 表示该卡片上两个数字之和,而以 Y 表示该卡片上两个数字值之积. 则 $P\{X=0\mid Y=0\}=$ ________; $P\{X=1\mid Y=0\}=$ ________.

2. 将一枚均匀硬币重复掷 $2k+1$ 次,则正面出现的次数多于反面出现的次数的概率

3. 设 $X\sim N(2.\sigma^2)$ 且 $P\{2<X<4\}=0.3$ 则 $P(X<0)=$ ________.

4. $X\sim N(\mu.\sigma^2)$ 则$(-X)\sim$ ________.

5. 设 $X\sim U[a,b]$ 且 $P(0<X<3)=\frac{1}{4},P(X>4)=\frac{1}{2}$,则 X 的密度函数________

$P(1<X<5)=$ ________.

6. 掷一枚均匀的骰子两次. 记 X 为 2 次掷出的最大点数,则 X 的分布律为________.

7. 设随机变量 $X. Y$ 独立. 已知 $(X. Y)$ 的概率密度为 $f(x,y)$. 则随机变量 $(-X,-Y)$ 的概率密度为________.

8. 设随机变量 $(X. Y)$ 在平面区域 $D: x^2+y^2\leqslant 1$ 服从均匀分布,则 $(X+a,Y+b)$ 的概率密度 $f(x,y)=$________.

9. $X\sim N(\mu.\sigma^2)$, $X_1,\cdots,X_n$ 样本. S^2 为样本方差,则 $D(S^2)=$________.

10. $DX=2$. 则根据切比雪夫不等式估计 $P\{|X-EX|\geqslant 2\}\leqslant$________.

二、单项选择题

11. 将一枚硬币重复掷 n 次,以 X 和 Y 表示正面向上和反面向上的次数,则 $\rho_{xy}=$(　　).

(A) -1　　(B) 0　　(C) $\dfrac{1}{2}$　　(D) 1

12. 设 X_1 和 X_2 是任意两个独立的连续型随机变量,它们的密度分别为 $f_1(x)$ 和 $f_2(x)$. 分布函数分别为 $F_1(x)$ 和 $F_2(x)$,则(　　).

(A) $f_1(x)+f_2(x)$ 必为某一随机变量的概率密度

(B) $f_1(x)f_2(x)$ 必为某一随机变量的密度函数

(C) $F_1(x)+F_2(x)$ 必为某一随机变量的分布函数

(D) $F_1(x)F_2(x)$ 必为某一随机变量的分布函数

13. 设 $X\sim N(0.1)$, $P\{X>U_\alpha\}=\alpha(0<\alpha<1)$ 若 $P\{|X|<x\}=\alpha$ 则 $x=$(　　).

(A) $U_{\frac{\alpha}{2}}$　　(B) $U_{1-\frac{\alpha}{2}}$　　(C) $U_{\frac{1-\alpha}{2}}$　　(D) $U_{1-\alpha}$

14. 设随机变量 $X_1,\cdots,X_n(n\geqslant 2)$ 独立同分布且方差 $\sigma^2>0$ 令 $Y=\dfrac{1}{n}\sum\limits_{i=1}^{n}X_i$,则(　　).

(A) $Cov(X_1.Y)=\dfrac{\sigma^2}{n}$　　(B) $Cov(X_1.Y)=\sigma^2$

(C) $D(X_1+Y)=\dfrac{n+2}{n}\sigma^2$　　(D) $D(X_1-Y)=\dfrac{n-1}{n}\sigma^2$

15. 设二维随机变量 $(X. Y)$ 的分布律为

X \ Y	0	1
0	0.4	a
1	b	0.1

已知事件 $\{X=0\}$ 与 $\{X+Y=1\}$ 相互独立则(　　).

(A) $a=0.2, b=0.3$　　(B) $a=0.4, b=0.1$

(C) $a=0.3, b=0.2$　　(D) $a=0.1, b=0.4$

16. 设事件 A,B 且 $P(B)>0$. $P(A|B)=1$ 则必有(　　).

(A) $P(A\cup B)>P(A)$　　(B) $P(A\cup B)>P(B)$

(C) $P(A\cup B)=P(A)$　　(D) $P(A\cup B)=P(B)$

17. 设随机变量 $X \sim N(\mu. \sigma^2)$. 其分布函数为 $F(x)$,则对于任意实数 x(　　).

(A) $F(\mu + x) + F(\mu - x) = 1$　　(B) $F(x + \mu) + F(x - \mu) = 1$

(C) $F(\mu + x) - F(\mu - x) = 0$　　(D) $F(x + \mu) - F(x - \mu) = 0$

18. 设 $X \sim N(0.1). Y \sim N(0.1)$ 则(　　).

(A) $X + Y$ 服从正态分布　　(B) $X^2 + Y^2$ 服从 χ^2 分布

(C) $\frac{X^2}{Y^2}$ 服从 F 分布　　(D) X^2 和 Y^2 服从 χ^2 分布

19. $X \sim N(\mu,\sigma_0^2)$,$X_1,\cdots,X_n$ 样本,建立未知参数 μ 的 $1-\alpha$ 的置信区间. 以 L 表示其长度,则(　　).

(A) α 越大,L 越小　　(B) α 越大,L 越大

(C) α 越小,L 越小　　(D) α 与 L 没关系

20. 假定总体 $X \sim N(\mu. \sigma^2)$,关于总体 X 的数学期望 μ 有如下假设:$H_0:\mu = \mu_0$ 其中 μ_0 已知常数,$X_1,\cdots,X_n$ 是来自总体 X 的样本. $\overline{X}$ 是样本均值. S_{n-1}^2 是样本方差 S_n^2 是二阶样本中心短,则假设 H_0 的 t 检验使用的统计量是(　　).

(A) $t_1 = \frac{\overline{X} - \mu_0}{S_{n-1}}\sqrt{n-1}$　　(B) $t_2 = \frac{\overline{X} - \mu_0}{S_n}\sqrt{n-1}$

(C) $t_3 = \frac{\overline{X} - \mu}{S_{n-1}}\sqrt{n-1}$　　(D) $t_4 = \frac{\overline{X} - \mu}{S_n}\sqrt{n-1}$

三、计算题

21. 已知甲. 乙两箱中装有同种产品,其中甲箱中装有 3 件合格品和 3 件次品,乙箱中仅装有 3 件合格品. 从甲箱中任取 3 件产品放入乙箱后,求:

(1) 乙箱中次品数 X 的数学期望;

(2) 从乙箱中任取一件产品是次品的概率.

22. 设二维随机变量 $(X. Y)$ 的概率密度为 $f(x,y) = Ae^{-2x^2+2xy-y^2}$. $x \in R. y \in R$. 求常数 A 及条件概率密度 $f_{Y|X}(y \mid x)$.

23. 设二维随机变量 $(X. Y)$ 的概率密度为 $f(x,y) = \begin{cases} 2 - x - y & 0 < x < 1, 0 < y < 1 \\ 0 & \text{其他} \end{cases}$

(1) 求 $P(X > 2Y)$;

(2) 求 $Z = X + Y$ 的概率密度 $f_z(z)$.

24. 设随机变量 X 与 Y 相互独立. X 的概率分布为 $P\{X = i\} = \frac{1}{3}(i = -1,0,1)$ Y 的概率密度为 $f_Y(y) = \begin{cases} 1 & 0 \leqslant y < 1 \\ 0 & \text{其他} \end{cases}$,记 $Z = X + Y$

(1) 求 $P\{Z \leqslant \frac{1}{2} \mid X = 0\}$;

(2) 求 Z 的概率密度为 $f_Z(z)$.

25. 设总体 $X \sim N(\mu.\sigma^2)(\sigma > 0)$. $X_1,\cdots,X_{2n}(n \geqslant 2)$ 为样本. 其样本均值 $\overline{X} = \frac{1}{2n}\sum_{i=1}^{2n} X_i$,求统计量 $Y = \sum_{i=1}^{n}(X_i + X_{n+i} - 2\overline{X})^2$ 的数学期望 EY.

26. 设总体 X 的概率密度为

$f(x) = \begin{cases} 2e^{-2(x-\theta)} & x > \theta \\ 0 & x \leqslant \theta \end{cases}$ 其中 $\theta > 0$ 是未知参数,从总体 X 中抽取样本 $X_1,\cdots,X_n$,记 $\hat{\theta} = \min\{X_1,\cdots,X_n\}$

(1) 求总体 X 的分布函数 $F(x)$;

(2) 求统计量 $\hat{\theta}$ 的分布函数 $F_{\hat{\theta}}(x)$;

(3) 如果用 $\hat{\theta}$ 作为 θ 的估计量,讨论它是否具有无偏性.

27. 求总体 X 的分布函数为 $F(x;\beta) = \begin{cases} 1 - \frac{1}{x^\beta} & x > 1 \\ 0 & x \leqslant 1 \end{cases}$,其中 $\beta > 1$ 未知参数. $X_1,\cdots,X_n$ 样本,求

(1) β 的短估计量;(2) β 的最大似然估计量.

28. 设总体 X 概率密度为

$f(x;\theta) = \begin{cases} \frac{1}{2\theta} & 0 < x < \theta \\ \frac{1}{2(1-\theta)} & \theta \leqslant x < 1 \\ 0 & 其他 \end{cases}$,其中参数 $\theta(0 < \theta < 1)$ 未知, $X_1,\cdots,X_n$ 样本. $\overline{X}$ 是样本均值

(1) 求参数 θ 的短估计量 $\hat{\theta}$;

(2) 证明 $4\overline{X}^2$ 不是 θ^2 的无偏估计量.

习题答案

习题一

一、填空题

(1)$\overline{A}$ 表示为“甲滞销或乙畅销”　(2)ϕ　(3)$P(A)+P(B)$

(4)(i) $P(B)=0.3$　(ii)$P(B)=0.5$　(5)$P(A\overline{B})=0.3$

(6)$P(\overline{AB})=0.6$

(7)(i)0.3 (ii)0.07 (iii)0.73 (iv)0.14 (v)0.9 (vi)0.1

(8) $\frac{1}{6}$　(9) $\frac{1}{5}$　(10)0.75

二、单项选择

(1)C　(2)C　(3)D　(4)A　(5)B　(6)D　(7)A　(8)B　(9)A　(10)C

三、计算题

(1)$P(\overline{A}\,\overline{B}\,\overline{C})=1-P(A\cup B\cup C)=\frac{7}{12}$

(2)(i) $\frac{C_5^2+C_3^2}{C_8^2}=\frac{13}{28}$　(ii)$1-\frac{C_3^2}{C_8^2}=\frac{25}{28}$

(3) $\frac{C_6^2}{C_{10}^6}=\frac{1}{14}$

(4) $P(A)=\frac{P_{365}^n}{365^n}$ $P(B)=1-P(A)=1-\frac{365\times364\times\cdots\times(365-n+1)}{365^n}$

注　$n=23$ 时 $P(B)>\frac{1}{2}$; $n=50$ 时 $P(B)=0.97$

(5)$A_i=\{$第 i 次取正品$\}$ $P(\overline{A_1}A_2)=P(\overline{A_1})P(A_2\mid\overline{A_1})=0.1\times\frac{90}{99}=0.091$

(6)(i) 3.5%　(ii) 51.4%

(7)0.314

(8)(i) 0.988　(ii)0.829

(9) 利用全概公式得 0.455

(10) (i) 0.228　(ii)0.497

习题二

一、填空题

(1) $P=\frac{1}{2}$ (2) $P\{X=k\}=C_{20}^{K}(0.98)^{k}(0.02)^{20-k}$ $(k=0,1,\cdots 20)$

(3) $1-(1-P)^{n}$; $(1-P)^{n}+nP(1-P)^{n-1}$

(4) $C=e^{-\frac{1}{2}}$

(5) (i) $A=2$ (ii) $F(x)=\begin{cases}1-x^{-2} & x\geqslant 1\\ 0 & x<1\end{cases}$ (iii) $P\{X\leqslant 2\}=F(2)=\frac{3}{4}$

(6) $K=-\frac{1}{2}$ (7) $\frac{3}{4}$ (8) 1 (9) 0 (10) $\frac{1}{\sqrt[4]{2}}$

二、单项选择题

(1)D (2)C (3)B (4)A (5)B (6)D (7)A (8)D (9)C (10)A

三、计算题

(1)

X	-2	1	3
P	$\frac{1}{5}$	$\frac{1}{2}$	$\frac{3}{10}$

(2)

X	1	2	3	4
P	$\frac{5}{8}$	$\frac{18}{8^2}$	$\frac{4^2}{8^3}$	$\frac{6}{8^4}$

(3) $P\{X=2K-1\}=(\frac{1}{2})^{K}(\frac{1}{3})^{K-1}$ $K=1,2,3,\cdots$; $P\{X=2K\}=(\frac{1}{2})^{K}(\frac{1}{3})^{K}$ $K=1,2,\cdots$

(4) (i) $A=\frac{1}{2}$; (ii) $Y\sim B(4,\frac{1}{2})$

(5) (i) 0.805 1 (ii) 0.549 8 (iii) 0.326 4 (iv) 0.667 8 (v) 0.614 7 (vi) 0.825 3

(6) $P\{X=i\}=C_{i-1}^{K-1}P^{k}(1-P)^{i-k}$ $i=k,k+1,\cdots$

(7)

X	0	1	2	$\cdots$	K
P	P	$(1-P)P$	$(1-P)^{2}P$	$\cdots$	$(1-P)^{K}P$

(8) $1-e^{-1}$

(9) $P\{Y=m\mid X=n\}=C_{n}^{m}P^{m}(1-P)^{n-m}$ $0\leqslant m\leqslant n$ $n=0,1,2,\cdots$

(10) 79.6 分 (11) $f_{Y}(y)=\begin{cases}1 & 1\leqslant y\leqslant 2\\ 0 & \text{其他}\end{cases}$

习题三

一、填空题

(1)

$X \backslash Y$	1	2	3
3	$\frac{1}{10}$	0	0
4	$\frac{2}{10}$	$\frac{1}{10}$	0
5	$\frac{3}{10}$	$\frac{2}{10}$	$\frac{1}{10}$

(2)

$X \backslash Y$	0	1
0	$\frac{45}{66}$	$\frac{10}{66}$
1	$\frac{10}{66}$	$\frac{1}{66}$

(3)(i)

$X \backslash Y$	1	3
0	0	$\frac{1}{8}$
1	$\frac{3}{8}$	0
2	$\frac{3}{8}$	0
3	0	$\frac{1}{8}$

(ii)

X	0	1	2	3
P	$\frac{1}{8}$	$\frac{3}{8}$	$\frac{3}{8}$	$\frac{1}{8}$

(iii)

Y	1	3
P	$\frac{6}{8}$	$\frac{2}{8}$

(iv) $Y=1$ 的条件下 X 的分布律为

X	1	2
$P\{X \mid Y=1\}$	$\frac{1}{2}$	$\frac{1}{2}$

(4) (i) $A=12$

(ii) $F(x.y)=\begin{cases}(1-e^{-3x})(1-e^{-4y}) & x>0.y>0\\ 0 & \text{其他}\end{cases}$

(iii) $P\{0<X\leqslant 1,0<Y\leqslant 2\}=(1-e^{-3})(1-e^{-8})\approx 0.949\ 9$

(5) $\frac{5}{7}$ (6) $\frac{5}{3}$ 或 $\frac{7}{3}$

(7) $f_X(x)=\begin{cases}e^{-x} & x>0\\ 0 & \text{其他}\end{cases}$

(8) $\frac{1}{4}$ (9) $f_X(x)=\begin{cases}6(x-x^2) & 0\leqslant x\leqslant 1\\ 0 & \text{其他}\end{cases}$

(10)

Z	0	1
P	$\frac{1}{4}$	$\frac{3}{4}$

(11) $1-\frac{1}{2e}$ (12) $f_Z(z)=\begin{cases}0 & z<0\\ \frac{1}{2}(1-e^{-z}) & 0\leqslant z<2\\ \frac{1}{2}(e^2-1)e^{-z} & z\geqslant 2\end{cases}$

(13) $P\{\max(X,Y)\neq 0\}=1-e^{-3}$; $P\{\min(X,Y)\neq 0\}=1-e^{-1}-e^{-2}+e^{-3}$

(14) $P\{X+Y\leqslant 1\}=\frac{1}{4}$ (15) $\Phi(1)-\Phi(0)\approx 0.341\ 3$

二、单项选择

(1)C (2)C (3)B (4)A (5)D (6)A (7)B (8)B (9)B (10)A

三、计算题

(1) (i)

Y \ X	1	2
1	0	$\frac{1}{3}$
2	$\frac{1}{3}$	$\frac{1}{3}$

(ii) $P\{X \geqslant Y\} = P\{X=1, Y=1\} + P\{X=2, Y=1\} + P\{X=2, Y=2\} = 0 + \frac{1}{3} + \frac{1}{3} = \frac{2}{3}$

(2)(i) $A = 8$　(ii) $P\{X \geqslant y\} = \iint\limits_{x \geqslant y} f(x,y)\mathrm{d}x\mathrm{d}y = \frac{2}{3}$

(3)(i)

Y \ X	0	1
-1	$\frac{1}{4}$	0
0	0	$\frac{1}{2}$
1	$\frac{1}{4}$	0

(ii) 边缘分布全不为0,而联合分布律中有零元,故 X,Y 不独立

(iii)

X	-1	1
$P\{X \mid Y=0\}$	$\frac{1}{2}$	$\frac{1}{2}$

(4) $P\{X=0. X+Y=1\} = P\{X=0\}P\{X+Y=1\}$

$P\{X=0\} = 0.4 + a$　$P\{X+Y=1\} = a + b$

$a + b + 0.4 + 0.1 = 1$　故 $a + b = 0.5$　由独立性得 $a = (0.4 + a) \times 0.5 \Rightarrow a = 0.4, b = 0.1$

(5)(i) $A = 1$　(ii) $f_X(x) = \begin{cases} x\mathrm{e}^{-x} & x > 0 \\ 0 & \text{其他} \end{cases}, f_Y(y) = \begin{cases} \mathrm{e}^{-y} & y > 0 \\ 0 & \text{其他} \end{cases}$

(iii) $f(x,y) = f_X(x)f_Y(y)$　X 与 Y 独立

(6)(i) $f(x,y) = \begin{cases} 1 & 0 < x < 1, |y| < x \\ 0 & \text{其他} \end{cases}$　(ii) $f_X(x) = \begin{cases} 2x & 0 < x < 1 \\ 0 & \text{其他} \end{cases}$

$f_Y(y) = \begin{cases} 1 - |y|, & |y| < 1 \\ 0 & \text{其他} \end{cases}$

(iii) X,Y 不独立

(7) $f_{X|Y}(x\mid y)=\begin{cases}\dfrac{2}{2-y} & 0<x<1-\dfrac{y}{2}\\ 0 & \text{其他}\end{cases}$, $f_{Y|X}(y\mid x)=\begin{cases}\dfrac{1}{2(1-x)} & 0<y<2(1-x)\\ 0 & \text{其他}\end{cases}$

(8)(i)

$X+Y$	2	3	4	5
P	$\frac{1}{4}$	$\frac{3}{8}$	$\frac{1}{4}$	$\frac{1}{8}$

(ii)

$X-Y$	-2	-1	0	1	2
P	$\frac{1}{8}$	$\frac{1}{4}$	$\frac{1}{4}$	$\frac{1}{4}$	$\frac{1}{8}$

(iii)

XY	1	2	3	6
P	$\frac{1}{4}$	$\frac{3}{8}$	$\frac{1}{4}$	$\frac{1}{8}$

(9) (i)

U	1	2	3
P	$\frac{1}{9}$	$\frac{1}{3}$	$\frac{5}{9}$

(ii)

V	1	2	3
P	$\frac{5}{9}$	$\frac{1}{3}$	$\frac{1}{9}$

(10) $F_Z(z)=\begin{cases}0 & z<-2\\ \dfrac{1}{8}(2+z)^2 & -2\leqslant z\leqslant 0\\ 1-\dfrac{1}{8}(2-z)^2 & 0<z<2\\ 1 & z\geqslant 2\end{cases}$ $f_Z(z)=\begin{cases}\dfrac{1}{4}(2+z) & -2<z<0\\ \dfrac{1}{4}(2-z) & 0<z<2\\ 0 & \text{其他}\end{cases}$

习题四

一、填空题

(1) $E(X)=2.3$ $D(X)=0.61$ (2)(i) $A=\dfrac{3}{8}$ (ii) $E(X)=\dfrac{3}{2}$ (iii) $D(X)=\dfrac{3}{20}$

(3) $a=0.$ $b=1$ (4) $E(X^2)=2.8$ (5) $D(2X+3)=2$

(6) $E(X^2) = D(X) + [E(X)]^2 = 2.4 + 4^2 = 18.4$ (7) $P = \frac{1}{2}$ $\sqrt{D(X)} = 5$

(8) $E(Z) = -1.\ D(Z) = 6$ (9) $P\{X \neq 0\} = 1 - e^{-\lambda} = 1 - e^{-1}$

(10) $\rho_{YZ} = \rho_{XY} = 0.7$

(11) $Cov(X.\ Y) = Cov(X.\ X^{2n}) = E(X^{2n+1}) - E(X)E(X^{2n})$

因为 $E(X^{2n+1}) = \int_{-\infty}^{+\infty} x^{2n+1} \frac{1}{\sqrt{2\pi}} e^{-\frac{x^2}{2}} dx = 0$ $E(X) = 0$

所以 $Cov(X,Y) = 0$ 故 $\rho_{XY} = 0$

(12)

$X \backslash Y$	0	1	P_i
0	a	b	$\frac{1}{4}$
1	c	d	$\frac{3}{4}$
P_{ij}	$\frac{1}{2}$	$\frac{1}{2}$	

$$E(X) = \frac{3}{4} \quad D(X) = \frac{3}{16} \quad E(Y) = \frac{1}{2} \quad D(Y) = \frac{1}{4}$$

$$Cov(X.\ Y) = E(XY) - E(X)E(Y) = d - \frac{3}{8}$$

$$\rho_{XY} = \frac{Cov(X,Y)}{\sqrt{D(X)}\sqrt{D(Y)}} = \frac{d - \frac{3}{8}}{\sqrt{\frac{3}{16}}\sqrt{\frac{1}{4}}} = \frac{8d - 3}{\sqrt{3}} = \frac{\sqrt{3}}{3} \Rightarrow d = \frac{1}{2}, b = 0\ c = \frac{1}{4}\ a = \frac{1}{4}$$

$X \backslash Y$	0	1
0	$\frac{1}{4}$	0
1	$\frac{1}{4}$	$\frac{1}{2}$

二、单项选择

(1)B (2)D (3)C (4)A (5)A (6)D (7)B (8)C (9)B (10)A (11)A (12)C

三、计算题

(1) $E(X) = \frac{3}{2}$ X 的分布律为

X	0	1	2	3
P	$\frac{1}{C_6^3}$	$\frac{C_3^2C_3^1}{C_6^3}$	$\frac{C_3^1C_3^2}{C_6^3}$	$\frac{1}{C_6^3}$

(2) $E(X)=\frac{1}{2}$ $E(X^2)=\frac{5}{4}$ $E(2X+3)=4$

(3) A - "取白球" $P(A)=\sum_{K=0}^{N}P(X=K)P(A\mid X=K)=)\sum_{K=0}^{N}\frac{K}{N}P(X=K)=$ $\frac{1}{N}\sum_{K=0}^{N}KP(X=K)=\frac{1}{N}E(X)=\frac{n}{N}$

(4) $n=6$ $P=0.4$

(5) $E(X)=0.6$ $D(X)=0.46$

(6) $E(Y)=12$ $D(Y)=46$

(7) $f_Z(z)=\frac{1}{3\sqrt{2\pi}}e^{-\frac{(x-5)^2}{18}}$ $E(Z)=5$ $D(Z)=9$

(8) $E(X)=1$ $D(X)=\frac{1}{2}$

(9) $E(Y)=\frac{\sqrt{2\pi}}{2a}$

(10) (i) $a=\sqrt[3]{4}$ (ii) $E(\frac{1}{X^2})=\frac{3}{4}$

(11) (i) $A=-6$ $B=6$ (ii) $E(X^2)=\frac{3}{10},D(X^2)=\frac{37}{700}$

(12) $e^{-\frac{2}{5}}=0.676$

(13) (i) $P\{X>3\,000\}=e^{-\frac{3}{2}}=0.223$ (ii) $\xi\sim B(12,e^{-1.5})$ (iii) $E(\xi)=np=12\times e^{-1.5}=2.676$

(14) 最少进货量为21个单位

(15) $Cov(X,Y)=0$ $\rho_{XY}=0$

(16) $E(X)=\frac{7}{6}$ $E(Y)=\frac{7}{6}$ $Cov(X,Y)=-\frac{1}{36}$ $\rho_{XY}=-\frac{1}{11}$ $D(X+Y)=\frac{5}{9}$

习题五

一、填空题

(1) $\geqslant 1-\frac{1}{k^2}$ (2) $\geqslant\frac{3}{4}$ (3) $\leqslant\frac{1}{12}$ (4) $C=20$ (5) $P\{|X-\mu|<2\}\geqslant 1-\frac{1}{n}$

二、单项选择

(1) D (2) B (3) A (4) C (5) C

三、计算题

(1)(i)$P\{X \geqslant 400\} \approx 1-\phi(3.394)$　(ii)$P\{Y>60\} \approx 1-\phi(0)=\frac{1}{2}$

(2)0.915 59 $\approx \phi(1.376)$［提示:8 小时内检查员检查的产品个数多于 1 900 个的概率,等于检查员检查 1 900 个产品的时间小于 8 小时的概率. X_i 表示检查第 i 个产品花费的时间即 $X_i=\begin{cases}10 & 第 i 个产品不需复检\\ 20 & 第 i 个产品需要复检\end{cases}$　$i=1,2,\cdots,1\,900$

$X=\sum_{i=1}^{1\,900} X_i$　$P\{X \leqslant 8 \times 3\,600\} \approx \phi(1.376)=0.915\,59$］

(3)$P\{X \geqslant 85\} \approx 1-\phi(-\frac{5}{3})=\phi(\frac{5}{3})=0.9525$

(4)$P\{X \geqslant 0.8n\} \approx 1-\phi(-\frac{\sqrt{n}}{3})=\phi(\frac{\sqrt{n}}{3}) \geqslant 0.95 \Rightarrow \frac{\sqrt{n}}{3} \geqslant 1.645 \Rightarrow n \geqslant 24.35$ 所以 $n \geqslant 25$

(5)234 000 元［提示:X 为该日兑换的人数.　$X \sim B(500,0.4)$ x 为应准备的现金 $P\{1\,000X \leqslant x\} \geqslant 0.999$］

(6)$P\{14 \leqslant X \leqslant 30\} \approx 0.927$

(7)(i)$P\{X>450\} \approx 1-\phi(1.147)=0.1257$

(ii)Y - 有一名家长参加会议的学生数 $Y \sim B(400,0.8)$　$P\{Y \leqslant 340\} \approx \phi(2.5)=0.993\,8$

(8)$P\{29\,600 \leqslant X \leqslant 30\,400\} \approx 0.995\,4$　(9)$142E$　(10)(i)0.180 2　(ii)443

习题六

一、填空题

(1)$E(\bar{X})=0$　$D(\bar{X})=\frac{1}{n-2}$　$E(S^2)=D(X)=\frac{n}{n-2}$

(2)$w=n(\frac{\bar{X}-\mu}{\sigma})^2 \sim \chi^2(1)$ 分布. 参数为 1

(3)$f(x_1,\cdots,x_n)=\begin{cases}\frac{1}{\theta^n} & 当 0 \leqslant x_1,\cdots,x_n \leqslant \theta\\ 0 & 其他\end{cases}$

(4)$\frac{X_1+X_2}{\sqrt{X_3^2+X_4^2}} \sim t(2)$

(5)$F(10,5)$

(6)(i)$t(5)$　(ii)$F(1,1)$［提示:$X_1+X_2 \sim N(0.2\sigma^2)$,$X_1-X_2 \sim N(0.2\sigma^2)$ 且 $Cov(X_1+X_2,X_1-X_2)=0$ 即 X_1+X_2 与 X_1-X_2 独立］

(7)$E(S^2)=\sigma^2,D(S^2)=\frac{2\sigma^4}{n-1}$［提示:$\frac{(n-1)S^2}{\sigma^2} \sim \chi^2(n-1)$］

(8)$\chi^2(2)$(9)0.025(10)0.004

二、单项选择

(1)D (2)C (3)A (4)B (5)A (6)D (7)C (8)B

三、计算题

(1) $P\{78 \leqslant \overline{X} \leqslant 82.5\} = 0.990\ 5$

(2) 至少应取 68

(3) 至少应 $\geqslant 11$

4. 证明题(略)

习题七

一、填空题

(1)$\hat{\theta} = \dfrac{\overline{X}}{1 - \overline{X}}$ (2) 矩估计量 $\hat{\theta} = \overline{X} - 1$ 最大似然估计量为 $\hat{\theta}_L = \min(X_1, \cdots, X_n)$

(3)$\hat{\theta}_L = \dfrac{n^2}{(\sum\limits_{i=1}^{n} \ln X_i)^2}$ (4) $\dfrac{\overline{X}}{n}$

(5) 矩估计量 $\hat{\lambda} = \dfrac{1}{\overline{X}}$ 最大似然估计量$\hat{\lambda}_L = \dfrac{1}{\overline{X}}$

(6)$C = \dfrac{1}{n}$ (7)(497.23,510.05) 用公式$(\overline{X} - \dfrac{s}{\sqrt{n}} t_{0.025}(13), \overline{X} + \dfrac{s}{\sqrt{n}} t_{0.025}(13))$

(8)(4.412, 5.558) (9)(8.05, 17.90) 用公式$\left(\sqrt{\dfrac{(n-1)S^2}{\chi^2_{0.025}(13)}}, \sqrt{\dfrac{(n-1)S^2}{\chi^2_{0.975}(13)}}\right)$

(10)(3.42, 8.58)

二、单项选择

(1)A (2)D (3)D (4)B (5)C (6)A (7)C (8)A (9)B

三、计算题

(1)$\hat{\mu} = 2\ 809$ $\hat{\sigma}^2 = 1\ 508.545\ 6$

(2)(i)$\hat{\theta} = 2\overline{X}(ii)D(\hat{\theta}) = D(2\overline{X}) = 4D(\overline{X}) = \dfrac{4D(X)}{n^2} = \dfrac{\theta^2}{5n}$

(3)$\hat{\mu} = \overline{X} = \dfrac{1}{8}\sum\limits_{i=1}^{8} X_i = 74.003$ $\hat{\sigma}^2 = 6 \times 10^{-6}$

$$[E(X^2) = D(X) + [E(X)]^2 = \frac{1}{n}\sum_{i=1}^{n} X_i^{\ 2} \Rightarrow \hat{\sigma}^2 = \frac{1}{n}\sum_{i=1}^{n} X_i^2 - (\overline{X})^2 = \frac{1}{n}\sum_{i=1}^{n} (X_i - \overline{X})^2]$$

$$S^2 = \frac{1}{8-1}\sum_{i=1}^{8} (X_i - \overline{X})^2 = \frac{8}{7}[\frac{1}{8}\sum_{i=1}^{8} (X_i - \overline{X})^2] = \frac{8}{7}\hat{\sigma}^2 = 6.86 \times 10^{-6}$$

(4) 矩估计量 $\hat{\theta} = \dfrac{2\overline{X} - 1}{1 - \overline{X}}$,最大似然估计量 $\hat{\theta}_L = -1 - \dfrac{n}{\sum\limits_{i=1}^{n} \ln X_i}$

(5)①②③

(6) 利用最大似然估计的不变性$\widehat{P\{X=0\}}=e^{-\frac{1}{\bar{X}}}$　$(\hat{\lambda}_L=-\frac{1}{\bar{X}})$

(7)①$C_1+C_2=1$ 时,$C_1\hat{\theta}_1+C_2\hat{\theta}_2$ 为 θ 的无偏估计量

② 当 $C_1=0.2,C_2=0.8$ 时,有最小方差

(8)μ 的95% 的置信区间为(1 485.69,1 514.31)

σ 的95% 的置信区间为(13.8, 36.5)

(9)$n\geqslant 15.37\frac{\sigma^2}{L^2}$　(10)(i)(5.608, 6.392)　(ii)(5.558,6.442)

(11)(−0.002,0.006)　(12)(0.34,3.95)

四、证明题(略)

习题八

一、填空题

(1)(i)$\{|\bar{X}-5|>0.98\}$　(ii)$\bar{X}<4.18$　(2)$T=\frac{\bar{X}}{Q}\sqrt{n(n-1)}$

(3)$\chi^2=\frac{1}{\sigma_0^2}\sum_{i=1}^{n}(X_i-\mu_0)^2$;$\chi^2(n)$ (4)$\chi^2=\frac{(n-1)S^2}{\sigma_0^2}=\frac{9S^2}{0.06}=150S^2$;$\chi^2(9)$

(5)$F=\frac{S_1^2}{S_2^2}$;$W=\{F<F_{1-\frac{\alpha}{2}}(n_1-1,n_2-1)\}\cup\{F>F_{\frac{\alpha}{2}}(n_1-1,n_2-1)\}$

二、单项选择

(1)B　(2)A　(3)D　(4)C　(5)B　(6)D

三、计算题

(1) 提示:单个正态总体,方差已知. 双边假设检验,用 Z 检验法

$Z=\frac{\bar{X}-\mu_0}{\sigma}\sqrt{n}\sim N(0,1)$ $|Z|=2.2>Z_{0.025}=1.96$,拒绝 H_0 认为机器不正常

(2) 无显著差异(提示$\frac{(n-1)S^2}{\sigma_0^2}\sim\chi^2(n-1)$)

(3) 有显著提高(提示:$H_0:\mu\leqslant 40$　$Z=\frac{\bar{X}-\mu_0}{\sigma}\sqrt{n}\sim N(0,1)$,$Z=3.125$ $Z_\alpha=Z_{0.05}=1.645$ $Z>Z_\alpha$拒绝 H_0)

(4) 不正常(提示:$H_0:\sigma^2\leqslant 0.048^2$　统计量$\frac{(n-1)S^2}{\sigma_0^2}=\frac{4S^2}{0.048^2}$)

(5) 可以认为这批矿砂镍的含量均值为3.25(提示:$H_0:\mu=3.25$

统计量 $t=\frac{\bar{X}-\mu}{S}\sqrt{n}\sim t(n-1)$　$|t|=0.343<t_{0.005}(4)=4.604\ 1$)

(6) 认为这批木材小头直径平均在12 cm 以上(提示:$H_0:\mu\leqslant 12$

统计量 $t = \frac{\overline{X} - \mu}{S}\sqrt{n} \sim t(n-1) \quad t = 1.846 > t_{0.05}(35) = 1.6869$ 拒绝 H_0)

(7) 可以认为该日生产的钢丝折断力的标准差也是 $8N$(提示:$H_0:\sigma^2 = \sigma_0^2 = 64$ 或 $H_0:\sigma = \sigma_0 = 8N$ 统计量 $\chi^2 = \frac{1}{\sigma^2}\sum_{i=1}^{10}(X_i - \mu)^2 \sim \chi^2(0)$. $\chi^2_{0.975}(10) = 3.247$

$\chi^2_{0.025}(10) = 20.483 \quad \chi^2 = 10.75$

(8)① 可以认为 $\sigma_1^2 = \sigma_2^2$(提示:$H_0:\sigma_1^2 = \sigma_2^2 \quad m = 21 \quad n = 16$

统计量 $\frac{S_1^2}{S_2^2} = \frac{0.584^2}{0.558^2} = 1.095 \quad F_{0.75}(20.15) = 1.41 \quad F_{0.25}(20.15) = 0.73$)

② 可以认为两种产品的平均重量相同(提示:$H_0:\mu_1 = \mu_2$ 统计量 $\frac{\overline{X} - \overline{Y}}{S_w\sqrt{\frac{1}{n_1} + \frac{1}{n_2}}}$)

自测题(一)

一、填空

1. $P(B)=0.4$

2.

X^2	0	1	4
Y	0.3	0.3	0.4

3. $\frac{1}{4}$　4. $1-e^{-2}$　5. $D(X-Y)=25$　6. $\frac{8}{9}$　7. $\lambda^n e^{-\lambda\sum_{i=1}^{n}X_i}$　8. $\chi^2(n-1)$　9. $Z=\frac{\overline{X}-100}{12}\sqrt{n}$　10. 方差

二、单项选择

11. B　12. D　13. D　14. C　15. A　16. B　17. A　18. C　19. C　20. D

三、计算题

21. **解**　设 A_i – 箱中有 i 只残次品. $i=0,1,2$

B – 买下该箱玻璃杯

$P(A_0)=0.8$

$P(A_1)=0.1$　$P(A_2)=0.1$

$P(B\mid A_0)=1$　$P(B\mid A_1)=\frac{C_{19}^4}{C_{20}^4}=0.8$　$P(B\mid A_2)=\frac{C_{18}^4}{C_{20}^4}=\frac{12}{19}\approx 0.63$

由全概公式

$$P(B)=P(A_0)\ P(B\mid A_0)+P(A_1)\ P(B\mid A_1)+P(A_2)P(B\mid A_2)=$$

$$0.8+0.8\times 0.1+0.1\times\frac{12}{19}\approx 0.943$$

22. (1) $\int_{-\infty}^{+\infty}f(x)\mathrm{d}x=1$ 即 $\int_0^1 Ax\mathrm{d}x=\frac{A}{2}=1\Rightarrow A=2$ (2) $F(x)=\int_{-\infty}^{x}f(t)\mathrm{d}t=\begin{cases}0 & x\leqslant 0\\ \int_0^x 2t\mathrm{d}t=x^2 & 0<x<1\\ 1 & x\geqslant 1\end{cases}$ (3) $P\{\frac{1}{2}<X<2\}=F(2)-F(\frac{1}{2})=\frac{3}{4}$ (4) $EX=\int_{-\infty}^{+\infty}xf(x)\mathrm{d}x=\int_0^1 2x^2\mathrm{d}x=\frac{2}{3}$ (5) $DX=EX^2-(EX)^2=\int_0^1 2x^3\mathrm{d}x-\frac{4}{9}=\frac{1}{2}-\frac{4}{9}=\frac{1}{18}$

23. (1) $\int_{-\infty}^{+\infty}\int_{-\infty}^{+\infty}f(x,y)\mathrm{d}x\mathrm{d}y=1$ 得 $\int_0^{+\infty}\int_0^{+\infty}Ae^{-\frac{1}{50}(x+y)}\mathrm{d}x\mathrm{d}y=1\Rightarrow 2\,500A=1, A=\frac{1}{2\,500}$

(2) $f_X(x)=\int_{-\infty}^{+\infty}f(x,y)\mathrm{d}y=\begin{cases}\int_0^{+\infty}\frac{1}{2\,500}e^{-\frac{1}{50}(x+y)}\mathrm{d}y\\ 0\end{cases}=\begin{cases}\frac{1}{50}e^{-\frac{1}{50}x} & x>0\\ 0 & 其他\end{cases}$

同理$f_Y(y)=\begin{cases}\frac{1}{50}e^{-\frac{1}{50}y} & y>0\\ 0 & 其他\end{cases}$

(3)$P\{X\geqslant 50,Y\geqslant 50\}=\int_{50}^{+\infty}\int_{50}^{+\infty}\frac{1}{2500}e^{-\frac{1}{50}(x+y)}dxdy=e^{-2}$

(4) 由$f_X(x)\cdot f_Y(y)=f(x,y)$ 所以X,Y独立 故$Cov(X,Y)=0$

24. 解 (1)

X \ Y	1	2	3	4	5	6
1	$\frac{1}{36}$	$\frac{1}{36}$	$\frac{1}{36}$	$\frac{1}{36}$	$\frac{1}{36}$	$\frac{1}{36}$
2	$\frac{1}{36}$	$\frac{1}{36}$	$\frac{1}{36}$	$\frac{1}{36}$	$\frac{1}{36}$	$\frac{1}{36}$
3	$\frac{1}{36}$	$\frac{1}{36}$	$\frac{1}{36}$	$\frac{1}{36}$	$\frac{1}{36}$	$\frac{1}{36}$
4	$\frac{1}{36}$	$\frac{1}{36}$	$\frac{1}{36}$	$\frac{1}{36}$	$\frac{1}{36}$	$\frac{1}{36}$
5	$\frac{1}{36}$	$\frac{1}{36}$	$\frac{1}{36}$	$\frac{1}{36}$	$\frac{1}{36}$	$\frac{1}{36}$
6	$\frac{1}{36}$	$\frac{1}{36}$	$\frac{1}{36}$	$\frac{1}{36}$	$\frac{1}{36}$	$\frac{1}{36}$

(2)

$Z=X+Y$	2	3	4	5	6	7	8	9	10	11	12
P	$\frac{1}{36}$	$\frac{2}{36}$	$\frac{3}{36}$	$\frac{4}{36}$	$\frac{5}{36}$	$\frac{6}{36}$	$\frac{5}{36}$	$\frac{4}{36}$	$\frac{3}{36}$	$\frac{2}{36}$	$\frac{1}{36}$

25. 解 ① 短估计$\overline{X}=\frac{1}{n}\sum_{i=1}^{n}X_i=EX=\int_0^1\alpha x^{\alpha}dx=\frac{1}{\alpha+1}\therefore\hat{\alpha}=\frac{1}{\overline{X}}-1$

② 似然函数$L(X_1,\cdots,X_n,\alpha)=\alpha^n(X_1,\cdots,X_n)^{\alpha-1}$

$$\ln L=n\ln\alpha+(\alpha-1)\ln(X_1\cdot\cdots\cdot X_n)$$

$$\frac{d\ln L}{d\alpha}=\frac{n}{\alpha}+\ln(X_1\cdot\cdots\cdot X_n)=0$$

$$\hat{\alpha}_L=-\frac{n}{\sum\limits_{i=1}^{n}\ln X_i}$$

26. 解 (1)$X\sim B(100,0.2)$

$P(X=K)=C_{100}^{K}0.2^{K}0.8^{100-K},K=0,1,\cdots,100.$

(2)$P\{14\leqslant X\leqslant 30\}=P\{\frac{14-20}{4}\leqslant\frac{X-20}{4}\leqslant\frac{30-20}{4}\}=\phi(2.5)-\phi(-1.5)=$

0.927

27. **解** $H_0:\mu = 0.13$ $H_1:\mu \neq 0.13$ 用 t 检验法 $|T| = \frac{|0.146 - 0.13|}{0.016}\sqrt{10} = 3.162$ $t_{0.025}(9) = 2.262$ $|T| > t_{0.025}(9)$ 拒绝 H_0 即认为这天的平均轴长不正常

五、证明题

28. **证**

$$EX = \int_{-\infty}^{+\infty} xf(x)\mathrm{d}x = \int_0^{+\infty} \frac{x^{n+1}}{n!}\mathrm{e}^{-x}\mathrm{d}x = \frac{1}{n!}(n+1)! = n+1$$

$$EX^2 = \int_{-\infty}^{+\infty} x^2 f(x)\mathrm{d}x = \int_0^{+\infty} \frac{x^{n+2}}{n!}\mathrm{e}^{-x}\mathrm{d}x = (n+1)(n+2)$$

$$DX = EX^2 - (EX)^2 = n+1$$

由切比雪夫不等式

$$P\{0 < X < 2(n+1)\} = P\{|X - EX| < n+1\} \geqslant 1 - \frac{DX}{(n+1)^2} = \frac{n}{n+1}$$

自测题(二)

一、填空

1. $P\{A \cup B\} = 0.7$ 2. $\lambda = 2$ 3. $1 - (1-P)^n$ 或 $\sum_{K=1}^{n} C_n^K P^K (1-P)^{n-K}$ 4. $C = 4$ 5. 0.76 6. $f(x,y) = \begin{cases} 6\mathrm{e}^{-(3x+2y)} & x > 0, y > 0 \\ 0 & \text{其他} \end{cases}$ 7. $Cov(X,Y) = 2.4$ 8. $P\{X < -\lambda\} = \frac{\alpha}{2}$ 9. $S^2 = \frac{1}{n-1}\sum_{i=1}^{n}(X_i - \overline{X})^2$ 10. $\frac{\frac{\sigma_1^2}{S_1^2}}{\frac{\sigma_2^2}{S_2^2}} \sim F(n_2 - 1, n_1 - 1)$

二、单项选择

11. D 12. B 13. C(提示$\frac{3C_3^1C_7^1C_6^1 7!}{10!} = \frac{21}{40}$) 14. A 15. D 16. B 17. A 18. C 19. C 20. D

三、计算题

21. **解** 设 A_i –“第 i 件产品不合格”$P(A_1A_2 | A_1 \cup A_2) = \frac{P(A_1A_2)}{P(A_1 \cup A_2)} = \frac{\frac{C_4^2}{C_{10}^2}}{1 - \frac{C_6^2}{C_{10}^2}} = \frac{1}{5}$

22. **解** 设 A_i –“第 i 箱”$i = 1.2$ B_j –“第 j 次取得零件是一等品”$j = 1.2$

$P(A_1) = P(A_2) = \frac{1}{2}$

$P(B_1 \mid A_1)=\frac{10}{50} \quad P(B_1 \mid A_2)=\frac{18}{30}$

$P(B_1B_2 \mid A_1)=\frac{10\times 9}{50\times 49}$

$P(B_1B_2 \mid A_2)=\frac{18\times 17}{30\times 29}$

(1) $P(B_1)=P(A_1)P(B_1 \mid A_1)+P(A_2)P(B_1 \mid A_2)=\frac{1}{2}\times\frac{10}{50}+\frac{1}{2}\times\frac{18}{30}=0.4$

(2) $P(B_1B_2)=P(A_1)P(B_1B_2 \mid A_1)+P(A_2)P(B_1B_2 \mid A_2)=\frac{1}{2}\times\frac{10\times 9}{50\times 49}+\frac{1}{2}\times$ $\frac{18\times 17}{30\times 29}=0.194\ 4$

所以 $P(B_2 \mid B_1)=\frac{P(B_1B_2)}{P(B_1)}=\frac{0.194\ 4}{0.4}=0.486$

23. 设月初需库存几件 由 $X\sim\pi(7)$

$P\{X\leqslant n\}=\sum_{K=0}^{n}\frac{7^K}{K!}e^{-7}=0.999$

经查表可得 $n=16$

24. 解 该顾客等待服务超过10分钟的概率为

$$P(X>10)=\int_{10}^{+\infty}\frac{1}{5}e^{-\frac{x}{5}}dx=e^{-2}$$

Y - 表示一个月内他未等到服务离开窗口的次数

① 显然 $Y\sim B(5.e^{-2})$

② $P(Y\geqslant 1)=1-P(Y=0)=1-(1-e^{-2})^5=0.516\ 7$

③ $EY=5e^{-2}$

25. 解 (1) 由条件知

$$P(A)=P(B)\ P(AB)=P(A)P(B)$$

$$P(A\cup B)=P(A)+P(B)-P(AB)=2P(A)-[P(A)]^2=\frac{3}{4}$$

由此得 $P(A)=\frac{1}{2}$

由条件知

$$P\{X>a\}=\int_a^{+\infty}f(x)dx=\frac{3}{8}\int_a^2 x^2dx=\frac{1}{8}(8-a^3)=\frac{1}{2}$$

于是得 $a=\sqrt[3]{4}$

(2) $E\frac{1}{X^2}=\int_{-\infty}^{+\infty}\frac{1}{x^2}f(x)dx=\frac{3}{8}\int_0^2\frac{1}{x^2}x^2dx=\frac{3}{4}$

四、应用题

26. 解 设开动的车床数为 X 又设 $X_i=\begin{cases}1 & 第\ i\ 台车床开动\\0 & 第\ i\ 台车床不开动\end{cases}$

$X=\sum_{i=1}^{200}X_i \quad EX_i=0.6 \quad DX_i=0.24$

$EX=E(\sum_{i=1}^{200}X_i)=200\times0.6=120 \quad DX=D(\sum_{i=1}^{200}X_i)=200\times0.24=48$

由假设 $P\{X\leqslant n\}\geqslant0.999$　由中心极限定理可得

$P\{X\leqslant n\}=P\{\frac{X-EX}{\sqrt{DX}}\leqslant\frac{n-120}{\sqrt{49}}\}\geqslant0.999$　即

$$\Phi(\frac{n-120}{\sqrt{48}})\geqslant0.999$$

查表得

$$\frac{n-120}{\sqrt{48}}\geqslant3.01$$

即

$$n\geqslant120+3.01\times\sqrt{48}\approx141$$

从而可知若给车间供电 $141E$ 就能以不小于 99.9% 的概率保证正常生产

27. **解**　$H_0:\sigma^2\leqslant150 \quad H_1:\sigma^2>150$

选用统计量 $\chi^2=\frac{(n-1)S^2}{\sigma^2}$

计算得 $\chi^2=\frac{9\times182.4}{150}=10.944$

$\chi^2_{0.05}(9)=16.919$

$\chi^2<16.919$

接受 H_0 认为方差 σ^2 无显著变化

五、证明题

28. **证**　法1. 由 $P(A|B)=P(A|\overline{B})\Rightarrow$

$\frac{P(AB)}{P(B)}=\frac{P(A\overline{B})}{P(\overline{B})}=\frac{P(A)-P(AB)}{1-P(B)}$

$P(AB)(1-P(B))=P(B)[P(A)-P(AB)]$

从而 $P(AB)=P(A)P(B)$

所以 $A.B$ 相互独立

法2　$P(A)=P[A(B+\overline{B})]=P(AB)+P(A\overline{B})=P(B)P(A|B)+P(\overline{B})P(A|\overline{B})=$

$[P(B)+P(\overline{B})]P(A|B)=P(A|B)$

所以 $A.B$ 独立

自测题(三)

一、填空

1. $P(B \mid A+\overline{B})=0.25$

2. $EX^2=2$(提示:$\sum_{K=0}^{\infty}\frac{C}{K!}=Ce=1 \Rightarrow C=\mathrm{e}^{-1} \quad P(X=K)=\frac{1}{K!}\mathrm{e}^{-1}$ 即 $X \sim \pi(1)$

$EX^2=DX+(EX)^2=1+1=2$)

3. $K=-1$(提示:$E(\overline{X}+KS^2)=E\overline{X}+KES^2=nP+KnP(1-P)=nP^2 \Rightarrow K=-1$)

4. $P\{X=EX^2\}=\frac{1}{2e}$(提示:$EX^2=DX+(EX)^2=1+1=2$)

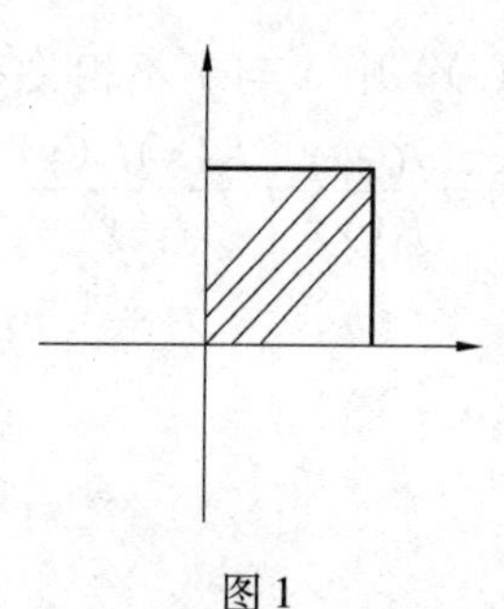

图1

5. $P\{\mid X-Y \mid<\frac{1}{2}\}=\frac{3}{4}$ (提示如图1)

6. $P\{\max(XY) \leqslant 1\}=\frac{1}{9}$

7. $P(Y=2)=\frac{13}{48}$

8. $P\{X>\sqrt{DX}\}=P\{X>\frac{1}{\lambda}\}=\int_{\frac{1}{\lambda}}^{+\infty}\lambda \mathrm{e}^{-\lambda x}\mathrm{d}x=\mathrm{e}^{-1}$

9. $P\{X+Y \leqslant 1\}=\iint_D f(x,y)\mathrm{d}\sigma=\int_0^{\frac{1}{2}}\mathrm{d}x\int_x^{1-x}6x\mathrm{d}y=\frac{1}{4}$

10. $\mu=4$ 11. $(39.51,40.49)$

二、单项选择

12. C(提示:利用公式 $P\{X=x_K\}=F(x_K)-F(x_K-0)$)

13. A(提示:$\int_{-\infty}^{+\infty}f(x)\mathrm{d}x=\int_{-\infty}^{0}af_1(x)\mathrm{d}x+\int_0^{+\infty}bf_2(x)\mathrm{d}x=1$. 即 $a\times\frac{1}{2}+b\times\frac{3}{4}=1$)

14. C(提示:$EX=\int_{-\infty}^{+\infty}xf(x)\mathrm{d}x=0.3\int_{-\infty}^{+\infty}x\varphi(x)\mathrm{d}x+0.35\int_{-\infty}^{+\infty}x\varphi(\frac{x-1}{2})\mathrm{d}x$)

15. $B(F_Z(z)=P\{XY \leqslant z\}=$

$P\{Y=0\}P\{XY \leqslant z \mid Y=0\}+P\{Y=1\}P\{XY \leqslant z \mid Y=1\}=$

$\frac{1}{2}[P(XY \leqslant z \mid Y=0)+P(XY \leqslant z \mid Y=1)]=$

$$\frac{1}{2}[P(X\cdot 0\leqslant z)+P(X\leqslant z)]$$

① 若 $z<0$. 则 $F_Z(z)=\frac{1}{2}\Phi(z)$

② 若 $z\geqslant 0$ 则 $F_Z(z)=\frac{1}{2}[1+\Phi(z)]$ 所以 $z=0$ 为间断点

16. A(提示:$F_Z(z)=P(Z\leqslant z)=P\{\max(X,Y)\leqslant z\}=P\{X\leqslant z,Y\leqslant z\}=P(X\leqslant z)P(Y\leqslant z)$)

17. D(提示:$\rho_{XY}=1\Leftrightarrow P(Y=aX+b)=1\quad a>0$ 排除了(A)与(C)选项

又 $X\sim N(0,1)\quad Y\sim N(1,4)$ 所以 $EY=E(aX+b)=aEX+b=b=1$

$D(Y)=a^2EX=4.\ a=2.$ 故 D 正确)

18. C

19. A(提示:二维正态分布$(X.\ Y)$中 X 与 Y 不相关 $\Leftrightarrow X$ 与 Y 独立

$$f_{X|Y}(x\mid y)=\frac{f(xy)}{f_Y(y)}=\frac{f_X(x)f_Y(y)}{f_Y(y)}=f_X(x))$$

20. D(提示:$\dfrac{\dfrac{X_1^2}{1}}{\dfrac{\sum\limits_{i=1}^{n}X_i^2}{(n-1)}}\sim F(1,n-1)$)

三、计算题

21. **解** (1) 法1 有放回抽样在 $Z=0$ 的条件下,就是不取白球的条件下样本空间为 $3\times 3=9$. 一个红球一个黑球:第一次红,第二次黑 $C_1^1\cdot C_2^1$ 或第一次黑第二次红 $C_2^1\cdot C_1^1$ 所以

$$P\{X=1\mid Z=0\}=\frac{4}{9}$$

法 2. $P\{X=1\mid Z=0\}=\dfrac{P\{X=1.\ Z=0\}}{P(Z=0)}=\dfrac{C_2^1\frac{1}{6}\frac{1}{3}}{\frac{3\times 3}{36}}=\dfrac{4}{9}$

(2) 由题意知 X 与 Y 的所有可能取值均为 0,1,2. 故(X,Y)的联合分布律为

X \ Y	0	1	2
0	$\frac{1}{4}$	$\frac{1}{3}$	$\frac{1}{9}$
1	$\frac{1}{6}$	$\frac{1}{9}$	0
2	$\frac{1}{36}$	0	0

其中 $P\{X=0,Y=0\}=\dfrac{C_3^1\times C_3^1}{6^2}=\dfrac{1}{4}\quad P\{X=0,Y=1\}=\dfrac{2C_2^1\times C_3^1}{6^2}=\dfrac{1}{3}$

$P\{X=0,Y=2\}=\frac{C_2^1\times C_2^1}{6^2}=\frac{1}{9}\quad P\{X=1,Y=0\}=\frac{2C_3^1}{6^2}=\frac{1}{6}$

$P\{X=1,Y=1\}=\frac{2C_2^1}{6^2}=\frac{1}{9}\quad P\{X=1,Y=2\}=0$

$P\{X=2,Y=0\}=\frac{1}{6^2}=\frac{1}{36}\quad P\{X=2,Y=1\}=P\{X=2,Y=2\}=0$

22. 解　(1)$P\{Y=m\mid X=n\}=C_n^m P^m(1-P)^{n-m}\quad(0\leqslant m\leqslant n)$

(2)$P\{X=n.Y=m\}=P\{X=n\}P\{Y=m\mid X=n\}=\frac{\lambda^n}{n!}e^{-\lambda}\times C_n^m P^m(1-P)^{n-m}$

$(0\leqslant m\leqslant n,n=0,1,2,\cdots)$

23. 解　$P\{X>\frac{\pi}{3}\}=\int_{\frac{\pi}{3}}^{\pi}\frac{1}{2}\cos\frac{x}{2}dx=\frac{1}{2}\quad Y\sim B(4,\frac{1}{2})$

$EY^2=DY+(EY)^2=nP(1-P)+(nP)^2=4\times\frac{1}{2}\times\frac{1}{2}+(4\times\frac{1}{2})^2=5$

24. 解　(1)$f_X(x)=\int_{-\infty}^{+\infty}f(x,y)dy=\begin{cases}\int_0^{2x}dy=2x & 0<x<1\\ 0 & 其他\end{cases}\quad f_Y(y)=\int_{-\infty}^{+\infty}f(x,y)dx=$

$\begin{cases}\int_{\frac{y}{2}}^{1}dx=1-\frac{y}{2} & 0<y<2\\ 0 & 其他\end{cases}$

(2) 设 Z 的分布函数为 $F(Z)$

$$F(Z)=P\{Z\leqslant z\}=P\{2X-Y\leqslant z\}=\iint\limits_{2x-y\leqslant z}f(x,y)d\sigma=$$

$$\begin{cases}0 & z\leqslant 0\\ \iint\limits_{2x-y\leqslant z}d\sigma=1-(1-\frac{z}{2})^2=z-\frac{z^2}{4} & 0<z<2,图2\\ 1 & z\geqslant 2\end{cases}$$

所以$f_Z(z)=F'(Z)=\begin{cases}1-\frac{z}{2} & 0<z<2\\ 0 & 其他\end{cases}$

25. 解:(1)

X \ Y	0	1
0	$\frac{2}{3}$	$\frac{1}{12}$
1	$\frac{1}{6}$	$\frac{1}{12}$

$P\{B\mid A\}=\frac{P(AB)}{P(A)}=\frac{1}{3}\Rightarrow P(AB)=\frac{1}{12};P(A\mid B)=\frac{P(AB)}{P(B)}=\frac{1}{2}\Rightarrow P(B)=\frac{1}{6}$

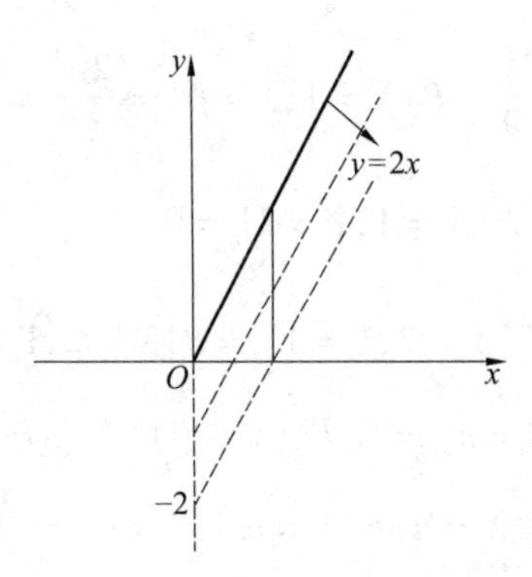

图 2

$$P(X=0,Y=0)=P(\overline{A}\,\overline{B})=P(\overline{A+B})=1-P(A+B)=$$

$$1-P(A)-P(B)+P(AB)=1-\frac{1}{4}-\frac{1}{6}+\frac{1}{12}=\frac{2}{3}$$

$$P(X=0,Y=1)=P(\overline{A}B)=P(B)-P(AB)=\frac{1}{6}-\frac{1}{12}=\frac{1}{12}$$

$$P(X=1,Y=0)=P(A\overline{B})=P(A)-P(AB)=\frac{1}{4}-\frac{1}{12}=\frac{1}{6}$$

$$P(X=1,Y=1)=P(AB)=\frac{1}{12}$$

(2) $EX=\frac{1}{4}$ $EY=\frac{1}{6}$ $DX=\frac{3}{16}$ $DY=\frac{5}{36}$ $\rho_{XY}=\frac{Cov(XY)}{\sqrt{DX}\sqrt{DY}}=\frac{\frac{1}{12}-\frac{1}{24}}{\sqrt{\frac{3}{16}}\sqrt{\frac{5}{36}}}=\frac{\sqrt{15}}{15}$

26. **解** (1) 设 Y 的分布函数为 $F_Y(y)$

则 $F_Y(y)=P\{Y\leqslant y\}=P\{X^2\leqslant y\}=$

$$\begin{cases} 0 & \\ P\{-\sqrt{y}\leqslant X\leqslant\sqrt{y}\}=\int_{-\sqrt{y}}^{0}\frac{1}{2}\mathrm{d}x+\int_{0}^{\sqrt{y}}\frac{1}{4}\mathrm{d}x=\frac{3}{4}\sqrt{y} & 0<y<1 \\ P\{-1\leqslant X\leqslant 0\}+P\{0\leqslant X\leqslant\sqrt{y}\}=\frac{1}{2}+\frac{1}{4}\sqrt{y} & 1\leqslant y\leqslant 4 \\ 1 & y\geqslant 4 \end{cases}$$

故 Y 的密度函数为

$$f_Y(y)=\begin{cases} \frac{3}{8\sqrt{y}} & 0<y<1 \\ \frac{1}{8\sqrt{y}} & 1\leqslant y<4 \\ 0 & \text{其他} \end{cases}$$

(2) $F(-\frac{1}{2},4)=P\{X\leqslant-\frac{1}{2},Y\leqslant 4\}=P\{X\leqslant-\frac{1}{2},X^2\leqslant 4\}=$

$$P\{X \leqslant -\frac{1}{2}, -2 \leqslant X \leqslant 2\} = P\{-2 \leqslant X \leqslant -\frac{1}{2}\} = P\{-1 \leqslant X \leqslant -\frac{1}{2}\} = \frac{1}{4}$$

27. **解** 似然函数

$$L(\theta) = \prod_{i=1}^{n} f(x_i;\theta) = \theta^N (1-\theta)^{n-N}$$

$$\ln L(\theta) = N\ln\theta + (n-N)\ln(1-\theta), -\frac{\mathrm{d}\ln L(\theta)}{\mathrm{d}\theta} = \frac{N}{\theta} - \frac{n-N}{1-\theta}$$

令$\frac{\mathrm{d}\ln L}{\mathrm{d}\theta} = 0$ 得 $\theta = \frac{N}{n}$

所以 θ 的最大似然估计为 $\hat{\theta}_L = \frac{N}{n}$

五、证明题

28. (1) 证明:$E(T) = E(\overline{X}^2 - \frac{1}{n}S^2) = E\overline{X}^2 - \frac{1}{n}ES^2 = D(\overline{X}) + (E\overline{X})^2 - \frac{1}{n}\sigma^2 = \frac{1}{n}\sigma^2 + \mu^2 - \frac{1}{n}\sigma^2 = \mu^2$

所以 T 是 μ^2 的无偏估计量

(2) 因为 $X \sim N(0. 1)$

$\overline{X}^2$ 与 S^2 独立 $\overline{X} \sim N(0, \frac{1}{n}), \frac{\overline{X}}{\sqrt{\frac{1}{n}}} = \sqrt{n}\overline{X} \sim N(0. 1)$

即$(\sqrt{n} \cdot \overline{X})^2 = n\overline{X}^2 \sim \chi^2(1), \frac{(n-1)S^2}{\sigma^2} \sim \chi^2(n-1)$ $D(\frac{(n-1)S^2}{\sigma^2}) = 2(n-1)$

$$DT = D(\overline{X}^2 - \frac{1}{n}S^2) = D(\overline{X}^2) + \frac{1}{n}DS^2 = D\frac{n\overline{X}^2}{n} + \frac{1}{n^2}D[\frac{(n-1)S^2}{\sigma^2} \cdot \frac{\sigma^2}{n-1}] =$$

$$\frac{1}{n^2}D(n\overline{X}^2) + \frac{\sigma^4}{n^2(n-1)^2}D[\frac{(n-1)S^2}{\sigma^2}] =$$

$$\frac{2}{n^2} + \frac{2\sigma^4}{n^2(n-1)^2} = \frac{2}{n^2}(1 + \frac{1}{n-1}) = \frac{2}{n(n-1)}$$

自测题(四)

一、填空

1. $P\{X=0 \mid Y=0\} = \frac{1}{19}$ $P\{X=1 \mid Y=0\} = \frac{2}{19}$

2. $\frac{1}{2}$(提示:$C_{2K+1}^{K+1}(\frac{1}{2})^{2K+1} + C_{2K+1}^{K+2}(\frac{1}{2})^{2K+1} + \cdots + C_{2K+1}^{2K+1}(\frac{1}{2})^{2K+1} = \frac{1}{2}$

因为

$$C_{2K+1}^{0}(\frac{1}{2})^{2K+1} + C_{2K+1}^{1}(\frac{1}{2})^{2K+1} + \cdots + C_{2K+1}^{2K+1}(\frac{1}{2})^{2K+1} = 1$$

而

$$C_{2K+1}^{0}+C_{2K+1}^{1}+\cdots+C_{2K+1}^{K}=C_{2K+1}^{K+1}+C_{2K+1}^{K+2}+\cdots+C_{2K+1}^{2K+1})$$

3. 0.2

4. $-X\sim N(-\mu,\sigma^2)$

5. $f(x)=\begin{cases}\frac{1}{4} & 2\leqslant x\leqslant 6\\ 0 & \text{其他}\end{cases}$ $P\{1<X<5\}=\frac{3}{4}$

6.

X	1	2	3	4	5	6
P	$\frac{1}{36}$	$\frac{3}{36}$	$\frac{5}{36}$	$\frac{7}{36}$	$\frac{9}{36}$	$\frac{11}{36}$

7. $f(-x,-y)$（提示：设$(-X,-Y)$的分布函数为 $F(u,v)=P\{-X\leqslant u,-Y\leqslant v\}=P\{X\geqslant -u,Y\geqslant -v\}=P\{X\geqslant -u\}P\{Y\geqslant -v\}=[1-F_X(-u)][1-F_Y(-v)]$

$$\frac{\partial^2 F(u,v)}{\partial u\partial v}=f_X(-u)f_Y(-v)=f(-u,-v))$$

8. $f(x,y)=\begin{cases}\frac{1}{\pi} & (x-a)^2+(y-b)^2\leqslant 1\\ 0 & \text{其他}\end{cases}$

（提示：$(X.Y)$ 的分布函数 $F(x,y)=P(X\leqslant x,Y\leqslant y)$ 则 $\frac{\partial^2 F}{\partial x\partial y}=f_1(x,y)=\begin{cases}\frac{1}{\pi} & x^2+y^2\leqslant 1\\ 0 & \text{其他}\end{cases}$ $(X+a,Y+b)$ 的分布函数为

$$F(u,v)=P(X+a\leqslant u,Y+b\leqslant v)=P(X\leqslant u-a,Y\leqslant v-b)$$

其分布函数 $f(x,y)=\begin{cases}\frac{1}{\pi} & (x-a)^2+(y-b)^2\leqslant 1\\ 0 & \text{其他}\end{cases}$）

9. $DS^2=\frac{2\sigma^4}{n-1}$（提示：$D(S^2)=D(\frac{(n-1)S^2}{\sigma^2}\frac{\sigma^2}{n-1})=\frac{\sigma^4}{(n-1)^2}2(n-1)=\frac{2\sigma^4}{n-1}$）

10. $\frac{1}{2}$

二、单项选择

11. A　12. D　13. C　14. A　15. B　16. C　17. A　18. D　19. A　20. B

三、计算题

21. 解　法1　(1) X 的可能取值为 0,1,2,3，$P(X=K)=\frac{C_3^K C_3^{3-K}}{C_6^3}$　$K=0,1,2,3$，即

X	0	1	2	3
P	$\frac{1}{20}$	$\frac{9}{20}$	$\frac{9}{20}$	$\frac{1}{20}$

因此

$$EX = 0 \times \frac{1}{20} + 1 \times \frac{9}{20} + 2 \times \frac{9}{20} + 3 \times \frac{1}{20} = \frac{3}{2}$$

(2) 设 A - "从乙箱任取一件为次品"

由全概公式有

$$P(A) = \sum_{K=0}^{3} P(X = K)P(A \mid X = K) =$$

$$\frac{1}{20} \times 0 + \frac{9}{20} \times \frac{1}{6} + \frac{9}{20} \times \frac{2}{6} + \frac{1}{20} \times \frac{3}{6} = \frac{1}{4}$$

法 2　(1) 设 $X_i = \begin{cases} 1 & \text{从甲箱中取出的第 } i \text{ 件产品是次品} \\ 0 & \text{从甲箱中取出的第 } i \text{ 件产品是合格品} \end{cases}$　$i = 1,2,3$

X_i	0	1
P	$\frac{1}{2}$	$\frac{1}{2}$

$$EX_i = \frac{1}{2} \quad X = X_1 + X_2 + X_3$$

所以

$$EX = EX_1 + EX_2 + EX_3 = \frac{3}{2}$$

(2)

$$P(A) = \sum_{K=0}^{3} P\{X = K\} P\{A \mid X = K\} =$$

$$\sum_{K=0}^{3} P\{X = K\} \cdot \frac{K}{6} = \frac{1}{6} \sum_{K=0}^{3} KP\{X = K\} =$$

$$\frac{1}{6} EX = \frac{1}{4}$$

22. **解**　$f(x,y) = Ae^{-(x-y)^2} \cdot e^{-x^2}$

$$\int_{-\infty}^{+\infty} \int_{-\infty}^{+\infty} f(x,y)\,dxdy = 1 \Rightarrow A\pi = 1, A = \frac{1}{\pi}$$

$$f_X(x) = \int_{-\infty}^{+\infty} f(x,y)\,dy = \frac{1}{\sqrt{\pi}} e^{-x^2} \int_{-\infty}^{+\infty} \frac{1}{\sqrt{2\pi} \times \frac{1}{\sqrt{2}}} e^{-\frac{(x-y)^2}{2(\frac{1}{\sqrt{2}})^2}} dy = \frac{1}{\sqrt{\pi}} e^{-x^2}$$

所以

$$f_{Y|X}(y \mid x) = \frac{f(x,y)}{f_X(x)} = \frac{1}{\sqrt{\pi}} e^{-(x-y)^2} \qquad -\infty < x < +\infty, -\infty < y < +\infty$$

23. **解**　(1) $P(X > 2Y) = \iint\limits_{X > 2Y} f(x,y)\,dxdy = \int_0^1 dx \int_0^{\frac{x}{2}} (2 - x - y)\,dy = \frac{7}{24}$(图 3)

(2) 设 Z 的分布函数 $F_Z(z)$

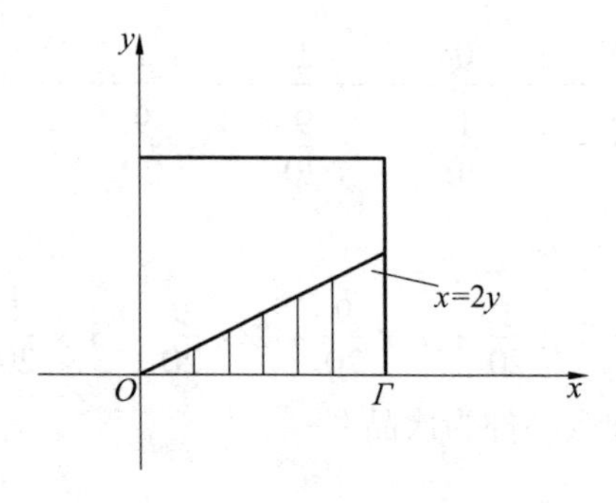

图 3

$$F_Z(z)=P(X+Y\leqslant z)=\iint\limits_{x+y\leqslant z}f(x,y)\mathrm{d}x\mathrm{d}y$$

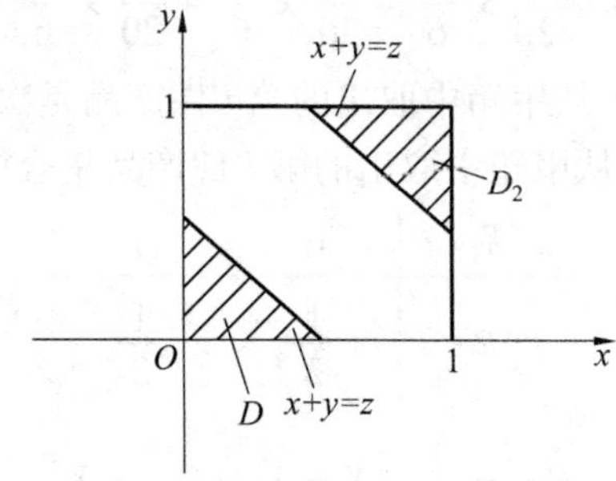

图 4

当 $z\leqslant 0$ 时,$F_Z(z)=0$

当 $0<z<1$ 时,如图 4 中 D_1

$$F_Z(z)=\iint\limits_{D_1}(2-x-y)\mathrm{d}x\mathrm{d}y=\int_0^z\mathrm{d}y\int_0^{z-y}(2-x-y)\mathrm{d}x=z^2-\frac{1}{3}z^3$$

当 $1\leqslant z<2$ 时,如图 4 中 D_2

$$F_Z(z)=1-\iint\limits_{D_2}(2-x-y)\mathrm{d}x\mathrm{d}y=1-\int_{z-1}^1\mathrm{d}y\int_{z-y}^1(2-x-y)\mathrm{d}x=1-\frac{1}{3}(2-z)^3$$

当 $z\geqslant 2$ 时,$F_Z(z)=1$,故 $Z=X+Y$ 的密度函数

$$f_Z(z)=F'_Z(z)=\begin{cases}2z-z^2 & 0<z<1\\(2-z)^2 & 1\leqslant z<2\\0 & 其他\end{cases}$$

24. **解** (1) $P\{Z\leqslant\frac{1}{2}\mid X=0\}=\dfrac{P\{X+Y\leqslant\frac{1}{2}.X=0\}}{P\{X=0\}}=\dfrac{P\{Y\leqslant\frac{1}{2}.X=0\}}{P\{X=0\}}=$

$$\frac{P(Y\leqslant\frac{1}{2})P(X=0)}{P(X=0)}=P(Y\leqslant\frac{1}{2})=\int_{-\infty}^{\frac{1}{2}}f_Y(y)\mathrm{d}y=\int_0^{\frac{1}{2}}\mathrm{d}y=\frac{1}{2}$$

(2) 先求 Z 的分布函数,由于 $\{X=-1\}\{X=0\}\{X=1\}$ 构成一个完备事件组因此根据概率公式得 Z 的分布函数

$F_Z(z)=P\{Z\leqslant z\}=P\{X+Y\leqslant z\}=P\{X=-1\}P\{X+Y\leqslant z\mid X=-1\}+$
$P\{X=0\}P\{X+Y\leqslant z\mid X=0\}+P\{X=1\}P\{X+Y\leqslant z\mid X=1\}=$
$\frac{1}{3}[P\{Y\leqslant z+1\}+P\{Y\leqslant z\}+P\{Y\leqslant z-1\}]=\frac{1}{3}[F_Y(z+1)+F_Y(z)+F_Y(z-1)]$

由 $F'_Z(z)=f_Z(z)$ 得

$f_Z(z)=F'_Z(z)=\frac{1}{3}[f_Y(z+1)+f_Y(z)+f_Y(z-1)]=$

$\frac{1}{3}\left[\begin{cases}1 & 0\leqslant z+1<1\\0 & \text{其他}\end{cases}+\begin{cases}1 & 0\leqslant z<1\\0 & \text{其他}\end{cases}+\begin{cases}1 & 0\leqslant z-1<1\\0 & \text{其他}\end{cases}\right]=\begin{cases}\frac{1}{3} & -1\leqslant z<2\\0 & \text{其他}\end{cases}$

25. 解　考虑 $(X_1+X_{n+1}),(X_2+X_{n+2}),\cdots,(X_n+X_{2n})$ 将其视为取自总体 $N(2\mu,2\sigma^2)$ 的样本,其样本均值为

$$\frac{1}{n}\sum_{i=1}^{n}(X_i+X_{n+i})=\frac{1}{n}\sum_{i=1}^{2n}X_i=2\overline{X}$$

样本方差为

$$\frac{1}{n-1}Y=\frac{1}{n-1}\sum_{i=1}^{n}(X_i+X_{n+i}-2\overline{X})^2$$

由于

$$E\left(\frac{1}{n-1}Y\right)=2\sigma^2$$

所以

$$E(Y)=2(n-1)\sigma^2$$

26. 解　(1) $F(x)=\int_{-\infty}^{x}f(t)\mathrm{d}t=\begin{cases}1-\mathrm{e}^{-2(x-\theta)} & x>\theta\\0 & x\leqslant\theta\end{cases}$

(2) $F_{\hat\theta}(x)=P\{\hat\theta\leqslant x\}=P\{\min(X_1,\cdots,X_n)\leqslant x\}=$
$1-P\{\min(X_1,\cdots,X_n)>x\}=1-P\{X_1>x,X_2>x,\cdots,X_n>x\}=$
$1-P\{X_1>x\}P\{X_2>x\}\cdots P\{X_n>x\}=$
$1-[1-F(x)]^n=\begin{cases}1-\mathrm{e}^{-2n(x-\theta)} & x>\theta\\0 & x\leqslant\theta\end{cases}$

(3) $\hat\theta$ 的密度函数为

$$f_{\hat\theta}(x)=F'_{\hat\theta}(x)=\begin{cases}2n\mathrm{e}^{-2n(x-\theta)} & x>\theta\\0 & x\leqslant\theta\end{cases}$$

$$E(\hat\theta)=\int_{-\infty}^{+\infty}xf_{\hat\theta}(x)\mathrm{d}x=\int_{\theta}^{+\infty}2nx\mathrm{e}^{-2n(x-\theta)}\mathrm{d}x=\theta+\frac{1}{2n}\neq\theta$$

所以 $\hat\theta$ 是 θ 的有偏估计量

27. 解　X 的密度函数为

$$f(x;\beta)=\begin{cases}\frac{\beta}{x^{\theta+1}} & x>1\\0 & x\leqslant 1\end{cases}$$

(1)$EX=\int_{-\infty}^{+\infty}xf(x)\mathrm{d}x=\int_{1}^{+\infty}\frac{\beta}{x^{\beta}}\mathrm{d}x=\frac{\beta}{\beta-1}$

令$\frac{\beta}{\beta-1}=\overline{X}$解得$\beta=\frac{\overline{X}}{\overline{X}-1}$

所以参数β的短估计量为$\hat{\beta}=\frac{\overline{X}}{\overline{X}-1}$

(2)似然函数为

$$L=\prod_{i=1}^{n}f(X_i;\beta)=\begin{cases}\frac{\beta^n}{(x_1\cdots x_n)^{\beta+1}} & x_i>1,i=1,2,\cdots,n\\ 0 & 其他\end{cases}$$

$$\ln L=n\ln\beta-(\beta+1)\sum_{i=1}^{n}\ln X_i$$

$$\frac{\mathrm{d}\ln L}{\mathrm{d}\beta}=\frac{n}{\beta}-\sum_{i=1}^{n}\ln X_i$$

令$\frac{\mathrm{d}\ln L}{\mathrm{d}\beta}=0$解得

$$\beta=\frac{n}{\sum_{i=1}^{n}\ln X_i}$$

所以β的最大似然估计量为

$$\hat{\beta}_L=\frac{n}{\sum_{i=1}^{n}\ln X_i}$$

28.(1)**解** $EX=\int_{-\infty}^{+\infty}xf(x)\mathrm{d}x=\int_{0}^{\theta}\frac{x}{2\theta}\mathrm{d}x+\int_{\theta}^{1}\frac{x}{2(1-\theta)}\mathrm{d}x=\frac{1}{4}+\frac{\theta}{2}$

令$\overline{X}=EX$即$\overline{X}=\frac{1}{4}+\frac{\theta}{2}$得$\theta$的短估计量为

$$\hat{\theta}=2\overline{X}-\frac{1}{2}$$

(2)**证** $E(4\overline{X}^2)=4E\overline{X}^2=4[D\overline{X}+(E\overline{X})^2]=4[\frac{1}{n}DX+(\frac{1}{4}+\frac{\theta}{2})^2]=\frac{4}{n}DX+\frac{1}{4}+\theta+\theta^2$

因$DX\geqslant 0$. $\theta>0$. 所以

$$E(4\overline{X}^2)>\theta^2$$

所以$4\overline{X}^2$不是θ^2的无偏估计量.

附　表

附表 1　几种常用的概率分布

分布	参数	分布律或概率密度	数学期望	方差
(0 - 1)分布	$0 < p < 1$	$P\{X = k\} = p^k (1-p)^{1-k}, k = 0,1$	p	$p(1-p)$
二项分布	$n \geqslant 1$ $0 < p < 1$	$P\{X = k\} = \binom{n}{k} p^k (1-p)^{1-k}$ $k = 0,1,\cdots,n$	np	$np(1-p)$
负二项分布(巴斯卡分布)	$r \geqslant 1$ $0 < p < 1$	$P\{X = k\} = \binom{k-1}{r-1} p^r (1-p)^{k-r}$ $k = r, r+1, \cdots$	$\dfrac{r}{p}$	$\dfrac{r(1-p)}{p^2}$
几何分布	$0 < p < 1$	$P\{X = k\} = (1-p)^{k-1} p$ $k = 1,2,\cdots$	$\dfrac{1}{p}$	$\dfrac{1-p}{p^2}$
超几何分布	N,M,n $(M \leqslant N)$ $(n \leqslant N)$	$P\{X = k\} = \dfrac{\binom{M}{k}\binom{N-M}{n-k}}{\binom{N}{k}}$ k 为整数, $\max\{0, n-N+M\} \leqslant k \leqslant \min\{n, M\}$	$\dfrac{nM}{N}$	$\dfrac{nM}{N}(1-\dfrac{M}{N})(\dfrac{N-n}{N-1})$
泊松分布	$\lambda > 0$	$P\{X = k\} = \dfrac{\lambda^k \mathrm{e}^{-\lambda}}{k!}$, $k = 0,1,2,\cdots$	λ	λ
均匀分布	$a < b$	$f(x) = \begin{cases} \dfrac{1}{b-a} & a < x < b \\ 0 & 其他 \end{cases}$	$\dfrac{a+b}{2}$	$\dfrac{(b-a)^2}{12}$
正态分布	μ $\sigma > 0$	$f(x) = \dfrac{1}{\sqrt{2\pi}\sigma} \mathrm{e}^{-(x-\mu)^2/(2\sigma)^2 \in}$	μ	σ^2
Γ - 分布	$\alpha > 0$ $\beta > 0$	$f(x) = \begin{cases} \dfrac{1}{\beta^\alpha \Gamma(\alpha)} x^{\alpha-1} \mathrm{e}^{-x/\beta} & x > 0 \\ 0 & 其他 \end{cases}$	$\alpha\beta$	$\alpha\beta^2$

指数分布(负指数分布)	$\theta>0$	$f(x)=\begin{cases}\frac{1}{\theta}e^{-x/\theta} & x>0\\ 0 & 其他\end{cases}$	θ	θ^2
χ^2 分布	$n\geqslant 1$	$f(x)=\begin{cases}\frac{1}{2^{n/2}T(n/2)}x^{n/2-1}e^{-x/2} & x>0\\ 0 & 其他\end{cases}$	n	$2n$
韦布尔分布	$\eta>0$ $\beta>0$	$f(x)=\begin{cases}\frac{\beta}{\eta}(\frac{1}{\eta})^{\beta-1}e^{-(\frac{x}{\eta})^{\beta}} & x>0\\ 0 & 其他\end{cases}$	$\eta\Gamma(\frac{1}{\beta}+1)$	$\eta^2\{\Gamma(\frac{2}{\beta}+1)-[\Gamma(\frac{1}{\beta}+1)^1]^2\}$
瑞利分布	$\sigma>0$	$f(x)=\begin{cases}\frac{x}{\sigma^2}e^{-x^2/(2\sigma^2)} & x>0\\ 0 & 其他\end{cases}$	$\sqrt{\frac{\pi}{2}}\sigma$	$\frac{4-\pi}{2}\sigma^2$
β 分布	$\alpha>0$ $\beta>0$	$f(x)=\begin{cases}\frac{\Gamma(\alpha+\beta)}{\Gamma(\alpha)\Gamma(\beta)}x^{\alpha-1}({}^{1}-x)\beta-1 & 0<x<1\\ 0 & 其他\end{cases}$	$\frac{\alpha}{\alpha+\beta}$	$\frac{\alpha\beta}{(\alpha+\beta)^2(\alpha+\beta+1)}$
对数E态分布	μ $\sigma>0$	$f(x)=\begin{cases}\frac{1}{\sqrt{2\pi}\sigma x}e^{-(\ln x-\mu)^2/(2\sigma^2)} & x>0\\ 0 & 其他\end{cases}$	$e^{\mu+\frac{\sigma^2}{2}}$	$e^{\mu+\frac{\sigma^2}{2}}(e^{\sigma^2}-1)$
柯西分布	a $\lambda>0$	$f(x)=\frac{1}{\pi}\frac{1}{\lambda^2+(x-a)^2}$	不存在	不存在
t 分布	$n\geqslant 1$	$f(x)=\frac{\Gamma(\frac{n+1}{2})}{\sqrt{n\pi}\Gamma(n/2)}(1+\frac{x^2}{n})^{-(n+1)/2}$	$0,n>1$	$\frac{n}{n-1},n>2$
F 分布	n_1, n_2	$f(x)=\begin{cases}\frac{\Gamma[(n_1+n_2)/2]}{\Gamma(n_1/2)\Gamma(n_2/2)}(\frac{n_1}{n_2})(\frac{n_1}{n_2}x)^{n_1/2-1}\times\\ \left(1+\frac{n_1}{n_2}x\right)^{-(n_1+n_2)/2},x>0\\ 0 \quad 其他\end{cases}$	$\frac{n_2}{n_2-2}$ $n_2>2$	$\frac{2n_2^2(n_1+n_2-2)}{n_1(n_2-2)^2(n_2-4)}$ $n_2>4$

附表2 泊松分布表

x \ λ	0.1	0.2	0.3	0.4	0.5	0.6	0.7	0.8	0.9
0	0.904 8	0.818 7	0.740 8	0.673 0	0.606 5	0.548 8	0.496 6	0.449 3	0.406 6
1	0.099 53	0.982 5	0.963 1	0.938 4	0.909 8	0.878 1	0.844 2	0.808 8	0.772 5
2	0.999 8	0.998 9	0.996 4	0.992 1	0.985 6	0.976 9	0.965 9	0.952 6	0.937 1
3	1.000 0	0.999 9	0.999 7	0.999 2	0.998 2	0.996 6	0.994 2	0.990 9	0.986 5
4		1.000 0	1.000 0	0.999 9	0.999 8	0.999 6	0.999 2	0.998 6	0.997 7
5				1.000 0	1.000 0	1.000 0	0.999 9	0.999 8	0.999 7
6							1.000 0	1.000 0	1.000 0

x \ λ	1.0	1.5	2.0	2.5	3.0	3.5	4.0	4.5	5.0
0	0.367 9	0.223 1	0.135 3	0.082 1	0.049 8	0.030 2	0.018 3	0.011 1	0.006 7
1	0.735 8	0.557 8	0.406 0	0.287 3	0.199 1	0.135 9	0.091 6	0.061 1	0.040 4
2	0.919 7	0.808 8	0.676 7	0.543 8	0.423 2	0.320 8	0.238 1	0.173 6	0.124 7
3	0.981 0	0.934 4	0.857 1	0.757 6	0.647 2	0.536 6	0.433 5	0.342 3	0.265 0
4	0.996 3	0.981 4	0.947 3	0.891 2	0.815 3	0.725 4	0.628 8	0.532 1	0.440 5
5	0.999 4	0.995 5	0.983 4	0.958 0	0.914 1	0.857 6	0.785 1	0.702 9	0.616 0
6	0.999 9	0.999 1	0.995 5	0.985 8	0.966 5	0.934 7	0.889 3	0.831 1	0.762 2
7	1.000 0	0.999 8	0.998 9	0.998 9	0.988 1	0.973 3	0.948 9	0.913 4	0.866 6
8		1.000 0	0.999 8	0.999 7	0.996 2	0.990 1	0.978 6	0.959 7	0.931 9
9			1.000 0	0.999 9	0.998 9	0.996 7	0.991 9	0.982 9	0.968 2
10				1.000 0	0.999 7	0.999 0	0.997 2	0.993 3	0.968 3
11					0.999 9	0.999 7	0.999 1	0.007 6	0.994 5
12					1.000 0	0.999 9	0.999 7	0.999 2	0.998 0

x \ λ	5.5	6.0	6.5	7.0	7.5	8.0	8.5	9.0	9.5
0	0.004 1	0.002 5	0.001 5	0.000 9	0.000 6	0.000 3	0.000 2	0.000 1	0.000 1
1	0.026 6	0.017 4	0.011 3	0.007 3	0.004 7	0.003 0	0.001 9	0.001 2	0.000 8
2	0.088 4	0.062 0	0.043 0	0.029 6	0.020 3	0.013 8	0.009 3	0.006 2	0.004 2
3	0.201 7	0.125 2	0.111 8	0.081 8	0.059 1	0.042 4	0.030 1	0.021 2	0.014 9
4	0.357 5	0.285 1	0.223 7	0.173 0	0.132 1	0.099 6	0.074 4	0.055 0	0.040 3

5	0. 528 9	0. 445 7	0. 369 0	0. 300 7	0. 241 4	0. 191 2	0. 149 6	0. 115 7	0. 088 5
6	0. 686 0	0. 606 3	0. 526 5	0. 449 7	0. 378 2	0. 313 4	0. 256 2	0. 206 8	0. 164 9
7	0. 809 5	0. 744 0	0. 672 8	0. 598 7	0. 524 6	0. 453 0	0. 385 6	0. 323 9	0. 268 7
8	0. 894 4	0. 847 2	0. 791 6	0. 729 1	0. 662 0	0. 592 5	0. 523 1	0. 455 7	0. 391 8
9	0. 946 2	0. 916 1	0. 877 4	0. 830 5	0. 776 4	0. 716 6	0. 652 0	0. 587 4	0. 521 8
10	0. 974 7	0. 957 4	0. 933 2	0. 901 5	0. 862 2	0. 815 9	0. 763 4	0. 706 0	0. 645 3
11	0. 989 0	0. 979 9	0. 966 1	0. 946 6	0. 920 8	0. 888 1	0. 848 7	0. 803 0	0. 752 0
12	0. 995 5	0. 991 2	0. 984 0	0. 973 0	0. 957 3	0. 936 2	0. 909 1	0. 875 8	0. 836 4
13	0. 998 3	0. 996 4	0. 992 9	0. 987 2	0. 978 4	0. 965 8	0. 948 6	0. 926 1	0. 898 1
14	0. 999 4	0. 998 6	0. 997 0	0. 994 3	0. 989 7	0. 982 7	0. 972 6	0. 958 5	0. 940 0
15	0. 999 8	0. 999 5	0. 998 8	0. 997 6	0. 995 4	0. 991 8	0. 986 2	0. 978 0	0. 966 5
16	0. 999 9	0. 999 8	0. 999 6	0. 999 0	0. 998 0	0. 996 3	0. 993 4	0. 988 9	0. 982 3
17	1. 000 0	0. 999 9	0. 999 8	0. 999 6	0. 999 2	0. 998 4	0. 997 0	0. 994 7	0. 991 1
18		1. 000 0	0. 999 9	0. 999 9	0. 999 7	0. 999 4	0. 998 7	0. 997 6	0. 995 7
19			1. 000 0	1. 000 0	0. 999 9	0. 999 7	0. 999 5	0. 998 9	0. 998 0
20					1. 000 0	0. 999 9	0. 999 8	0. 999 6	0. 999 1

x \ λ	10. 0	11. 0	12. 0	13. 0	14. 0	15. 0	16. 0	17. 0	18. 0
0	0. 000 0	0. 000 0	0. 000 0						
1	0. 000 5	0. 000 2	0. 000 1	0. 000 0	0. 000 0				
2	0. 002 8	0. 001 2	0. 000 5	0. 000 2	0. 000 1	0. 000 0	0. 000 0		
3	0. 010 3	0. 004 9	0. 002 3	0. 001 0	0. 000 5	0. 000 2	0. 000 1	0. 000 0	0. 000 0
4	0. 029 3	0. 015 1	0. 007 6	0. 003 7	0. 001 8	0. 000 9	0. 000 4	0. 000 2	0. 000 1
5	0. 067 1	0. 037 5	0. 020 3	0. 010 7	0. 005 5	0. 002 8	0. 001 4	0. 000 7	0. 000 3
6	0. 130 1	0. 078 6	0. 045 8	0. 025 9	0. 014 2	0. 007 6	0. 004 0	0. 002 1	0. 001 0
7	0. 220 2	0. 143 2	0. 089 5	0. 054 0	0. 031 6	0. 018 0	0. 0100	0. 005 4	0. 002 9
8	0. 332 8	0. 232 0	0. 155 0	0. 099 8	0. 002 1	0. 037 4	0. 022 0	0. 012 6	0. 007 1
9	0. 457 9	0. 340 5	0. 142 4	0. 165 8	0. 109 4	0. 069 9	0. 043 3	0. 026 1	0. 015 4
10	0. 583 0	0. 459 9	0. 347 2	0. 251 7	0. 175 7	0. 168 5	0. 077 4	0. 049 1	0. 030 4
11	0. 696 8	0. 579 3	0. 461 6	0. 353 2	0. 260 0	0. 184 8	0. 127 0	0. 084 7	0. 054 9
12	0. 791 6	0. 688 7	0. 576 0	0. 463 1	0. 358 5	0. 267 6	0. 193 1	0. 135 0	0. 091 7
13	0. 864 5	0. 781 3	0. 681 5	0. 573 0	0. 464 4	0. 363 2	0. 274 5	0. 200 9	0. 142 6

14	0.916 5	0.854 0	0.772 0	0.675 1	0.570 4	0.465 7	0.367 5	0.280 8	0.208 1
15	0.951 3	0.907 4	0.844 4	0.763 6	0.669 4	0.568 1	0.466 7	0.371 5	0.286 7
16	0.973 0	0.944 1	0.898 7	0.835 5	0.755 9	0.664 1	0.566 0	0.467 7	0.375 0
17	0.985 7	0.967 8	0.937 0	0.890 5	0.827 2	0.748 9	0.659 3	0.564 0	0.468 6
18	0.992 8	0.982 3	0.962 6	0.930 2	0.882 6	0.819 5	0.742 3	0.655 0	0.562 2
19	0.996 5	0.990 7	0.978 7	0.957 3	0.923 5	0.875 2	0.812 2	0.730 3	0.650 9
20	0.998 4	0.995 3	0.988 4	0.975 0	0.952 1	0.917 0	0.868 2	0.805 5	0.730 7
21	0.999 3	0.997 7	0.993 9	0.985 9	0.971 2	0.946 9	0.910 8	0.861 5	0.799 1
22	0.999 7	0.999 0	0.997 0	0.992 4	0.983 3	0.967 3	0.941 8	0.904 7	0.855 1
23	0.999 9	0.999 5	0.998 5	0.996 0	0.990 7	0.980 5	0.963 3	0.936 7	0.898 9
24	1.000 0	0.999 8	0.999 3	0.998 0	0.995 0	0.988 8	0.977 7	0.959 4	0.931 7
25		0.999 9	0.999 7	0.999 0	0.997 4	0.992 8	0.986 9	0.974 8	0.955 4
26		1.000 0	0.999 9	0.999 5	0.998 7	0.996 7	0.992 5	0.984 8	0.971 8
27			0.999 9	0.999 8	0.999 4	0.998 3	0.995 9	0.991 2	0.982 7
28			1.000 0	0.999 9	0.999 7	0.999 1	0.997 8	0.995 0	0.989 7
29				1.000 0	0.999 9	0.999 6	0.998 9	0.997 3	0.994 1
30					0.999 9	0.999 8	0.999 4	0.998 6	0.996 7
31					1.000 0	0.999 9	0.999 7	0.999 3	0.9982
32						1.000 0	0.999 9	0.999 6	0.999 0
33							0.999 9	0.999 8	0.999 5
34							1.000 0	0.999 9	0.999 8
35								1.000 0	0.999 9
36									0.999 9
37									1.000 0

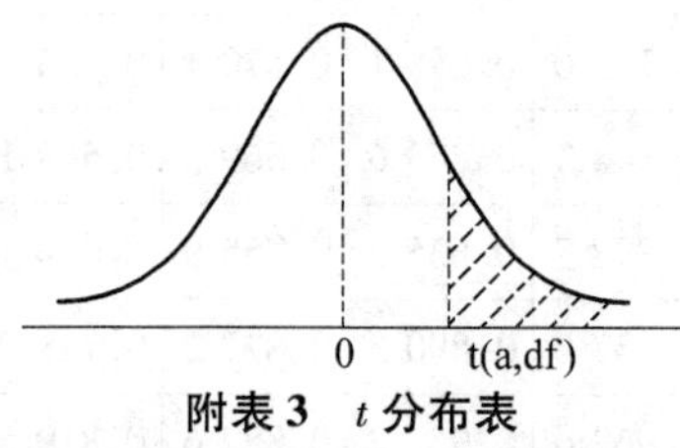

附表3　t分布表

n \ x	0. 25	0. 10	0. 05	0. 025	0. 01	0. 005
1	1. 000 0	3. 077 7	6. 313 7	12. 706 2	31. 821 0	63. 655 9
2	0. 816 5	1. 885 6	2. 920 0	4. 302 7	6. 964 5	9. 925 0
3	0. 764 9	1. 637 7	2. 353 4	3. 182 4	4. 540 7	5. 840 8
4	0. 740 7	1. 533 2	2. 131 8	2. 776 5	3. 746 9	4. 604 1
5	0. 726 7	1. 475 9	2. 015 0	2. 570 6	3. 364 9	4. 032 1
6	0. 717 6	1. 439 8	1. 943 2	2. 446 9	3. 142 7	3. 707 4
7	0. 711 1	1. 414 9	1. 894 6	2. 364 6	2. 997 9	3. 499 5
8	0. 706 4	1. 396 8	1. 859 5	2. 306 0	2. 896 5	3. 355 4
9	0. 702 7	1. 383 0	1. 833 1	2. 262 2	2. 821 4	3. 249 8
10	0. 699 8	1. 372 2	1. 812 5	2. 228 1	2. 763 8	3. 169 3
11	0. 697 4	1. 363 4	1. 795 9	2. 201 0	2. 718 1	3. 105 8
12	0. 695 5	1. 356 2	1. 782 3	2. 178 8	2. 681 0	3. 054 5
13	0. 693 8	1. 350 2	1. 770 9	2. 160 4	2. 650 3	3. 012 3
14	0. 692 4	1. 345 0	1. 761 3	2. 144 8	2. 624 5	2. 976 8
15	0. 691 2	1. 340 6	1. 753 1	2. 131 5	2. 602 5	2. 946 7
16	0. 690 1	1. 336 8	1. 745 9	2. 119 9	2. 583 5	2. 920 8
17	0. 689 2	1. 333 4	1. 739 6	2. 109 8	2. 566 9	2. 898 2
18	0. 688 4	1. 330 4	1. 734 1	2. 100 9	2. 552 4	2. 878 4
19	0. 687 6	1. 327 7	1. 729 1	2. 093 0	2. 539 5	2. 860 9
20	0. 687 0	1. 325 3	1. 724 7	2. 086 0	2. 528 0	2. 845 3
21	0. 686 4	1. 323 2	1. 720 7	2. 079 6	2. 517 6	2. 831 4
22	0. 685 8	1. 321 2	1. 717 1	2. 073 9	2. 508 3	2. 818 8
23	0. 685 3	1. 319 5	1. 713 9	2. 068 7	2. 499 9	2. 807 3
24	0. 684 8	1. 317 8	1. 710 9	2. 063 9	2. 492 2	2. 797 0
25	0. 684 4	1. 316 3	1. 708 1	2. 059 5	2. 485 1	2. 787 4
26	0. 684 0	1. 315 0	1. 705 6	2. 055 5	2. 478 6	2. 778 7
27	0. 683 7	1. 313 7	1. 703 3	2. 051 8	2. 472 7	2. 770 7
28	0. 683 4	1. 312 5	1. 701 1	2. 048 4	2. 467 1	2. 763 3
29	0. 683 0	1. 311 4	1. 699 1	2. 045 2	2. 462 0	2. 756 4
30	0. 682 8	1. 310 4	1. 697 3	2. 042 3	2. 457 3	2. 750 0
31	0. 682 5	1. 309 5	1. 695 5	2. 039 5	2. 452 8	2. 744 0
32	0. 682 2	1. 308 6	1. 693 9	2. 036 9	2. 448 7	2. 738 5
33	0. 682 0	1. 307 7	1. 692 4	2. 034 5	2. 444 8	2. 733 3
34	0. 681 8	1. 307 0	1. 690 9	2. 032 2	2. 441 1	2. 728 4
35	0. 681 6	1. 306 2	1. 689 6	2. 030 1	2. 437 7	2. 723 8

附表 4　标准正态分布表

			$\Phi(x) = \int_{-\infty}^{x} \frac{1}{\sqrt{2\pi}} e^{-\frac{t^2}{2}} dt = P(X \leqslant x)$				$\Phi(-x) = 1 - \Phi(x)$			
x	0. 0	0. 01	0. 02	0. 03	0. 04	0. 05	0. 06	0. 07	0. 08	0. 09
0. 0	0. 500 0	0. 504 0	0. 508 0	0. 512 0	0. 516 0	0. 519 9	0. 523 9	0. 527 9	0. 531 9	0. 535 9
0. 1	0. 539 8	0. 543 8	0. 547 8	0. 551 7	0. 555 7	0. 559 6	0. 563 6	0. 567 5	0. 571 4	0. 575 3
0. 2	0. 579 3	0. 583 2	0. 587 1	0. 591 0	0. 594 8	0. 598 7	0. 602 6	0. 606 4	0. 610 3	0. 614 1
0. 3	0. 617 9	0. 621 7	0. 625 5	0. 629 3	0. 633 1	0. 636 8	0. 640 4	0. 644 3	0. 648 0	0. 651 7
0. 4	0. 655 4	0. 659 1	0. 662 8	0. 666 4	0. 670 0	0. 673 6	0. 677 2	0. 680 8	0. 684 4	0. 687 9
0. 5	0. 691 5	0. 695 0	0. 698 5	0. 701 9	0. 705 4	0. 708 8	0. 712 3	0. 715 7	0. 719 0	0. 722 4
0. 6	0. 725 7	0. 729 1	0. 732 4	0. 735 7	0. 738 9	0. 742 2	0. 745 4	0. 748 6	0. 751 7	0. 754 9
0. 7	0. 758 0	0. 761 1	0. 764 2	0. 767 3	0. 770 3	0. 773 4	0. 776 4	0. 779 4	0. 782 3	0. 785 2
0. 8	0. 788 1	0. 791 0	0. 793 9	0. 796 7	0. 799 5	0. 802 3	0. 805 1	0. 807 8	0. 810 6	0. 813 3
0. 9	0. 815 9	0. 818 6	0. 821 2	0. 823 8	0. 826 4	0. 828 9	0. 835 5	0. 834 0	0. 836 5	0. 838 9
1	0. 841 3	0. 843 8	0. 846 1	0. 848 5	0. 850 8	0. 853 1	0. 855 4	0. 857 7	0. 859 9	0. 862 1
1. 1	0. 864 3	0. 866 5	0. 868 6	0. 870 8	0. 872 9	0. 874 9	0. 877 0	0. 879 0	0. 881 0	0. 883 0
1. 2	0. 884 9	0. 886 9	0. 888 8	0. 890 7	0. 892 5	0. 894 4	0. 896 2	0. 898 0	0. 899 7	0. 901 5
1. 3	0. 903 2	0. 904 9	0. 906 6	0. 908 2	0. 909 9	0. 911 5	0. 913 1	0. 914 7	0. 916 2	0. 917 7
1. 4	0. 919 2	0. 920 7	0. 922 2	0. 923 6	0. 925 1	0. 926 5	0. 927 9	0. 929 2	0. 930 6	0. 931 9
1. 5	0. 933 2	0. 934 5	0. 935 7	0. 937 0	0. 938 2	0. 939 4	0. 940 6	0. 941 8	0. 943 0	0. 944 1
1. 6	0. 945 2	0. 946 3	0. 947 4	0. 948 4	0. 949 5	0. 950 5	0. 951 5	0. 952 5	0. 953 5	0. 953 5
1. 7	0. 955 4	0. 956 4	0. 957 3	0. 958 2	0. 959 1	0. 959 9	0. 960 8	0. 961 6	0. 962 5	0. 963 3
1. 8	0. 964 1	0. 964 8	0. 965 6	0. 966 4	0. 967 2	0. 967 8	0. 968 6	0. 969 3	0. 970 0	0. 970 6
1. 9	0. 971 3	0. 971 9	0. 972 6	0. 973 2	0. 973 8	0. 974 4	0. 975 0	0. 975 6	0. 976 2	0. 976 7
2	0. 977 2	0. 977 8	0. 978 3	0. 978 8	0. 979 3	0. 979 8	0. 980 3	0. 980 8	0. 981 2	0. 981 7
2. 1	0. 982 1	0. 982 6	0. 983 0	0. 983 4	0. 983 8	0. 984 2	0. 984 6	0. 985 0	0. 985 4	0. 985 7
2. 2	0. 986 1	0. 986 4	0. 986 8	0. 987 1	0. 987 4	0. 987 8	0. 988 1	0. 988 4	0. 988 7	0. 989 0
2. 3	0. 989 3	0. 989 6	0. 989 8	0. 990 1	0. 990 4	0. 990 6	0. 990 9	0. 991 1	0. 991 3	0. 991 6
2. 4	0. 991 8	0. 992 0	0. 992 2	0. 992 5	0. 992 7	0. 992 9	0. 993 1	0. 993 2	0. 993 4	0. 993 6
2. 5	0. 993 8	0. 994 0	0. 994 1	0. 994 3	0. 994 5	0. 994 6	0. 994 8	0. 994 9	0. 995 1	0. 995 2
2. 6	0. 995 3	0. 995 5	0. 995 6	0. 995 7	0. 995 9	0. 996 0	0. 996 1	0. 996 2	0. 996 3	0. 996 4
2. 7	0. 996 5	0. 996 6	0. 996 7	0. 996 8	0. 996 9	0. 997 0	0. 997 1	0. 997 2	0. 997 3	0. 997 4
2. 8	0. 997 4	0. 997 5	0. 997 6	0. 997 7	0. 997 7	0. 997 8	0. 997 9	0. 997 9	0. 998 0	0. 998 1
2. 9	0. 998 1	0. 998 2	0. 998 2	0. 998 3	0. 998 4	0. 998 4	0. 998 5	0. 998 5	0. 998 6	0. 998 6
3	0. 998 7	0. 999 0	0. 999 3	0. 999 5	0. 999 7	0. 999 8	0. 999 8	0. 999 9	0. 999 9	1. 000 0

附表 5　χ^2 分布表 $P\{\chi^2(n) > \chi_\alpha^2(n)\} = \alpha$

α

$x_\alpha^2(n)$

n \ α	0.995	0.99	0.975	0.95	0.9	0.1	0.05	0.025	0.01	0.005
1	0.000	0.000	0.001	0.004	0.016	2.71	3.84	5.02	6.63	7.88
2	0.01	0.02	0.02	0.1	0.21	4.61	5.99	7.38	9.21	10.6
3	0.07	0.11	0.22	0.35	0.58	6.25	7.81	9.35	11.34	12.84
4	0.21	0.3	0.48	0.71	1.06	7.78	9.49	11.14	13.28	14.86
5	0.41	0.55	0.83	1.15	1.61	9.24	11.07	12.83	15.09	16.75
6	0.68	0.87	1.24	1.64	2.2	10.64	12.59	14.45	16.81	18.55
7	0.99	1.24	1.69	2.17	2.83	12.02	14.07	16.01	18.48	20.28
8	1.34	1.65	2.18	2.73	3.4	13.36	15.51	17.53	20.09	21.96
9	1.73	2.09	2.7	3.33	4.17	14.68	16.92	19.02	21.67	23.59
10	2.16	2.56	3.25	3.94	4.87	15.99	18.31	20.48	23.21	25.19
11	2.6	3.05	3.82	4.57	5.58	17.28	19.68	21.92	24.72	26.76
12	3.07	3.57	4.4	5.23	6.3	18.55	21.03	23.34	26.22	28.3
13	3.57	4.11	5.01	5.89	7.04	19.81	22.36	24.74	27.69	29.82
14	4.07	4.66	5.63	6.57	7.79	21.06	23.68	26.12	29.14	31.32
15	4.6	5.23	6.27	7.26	8.55	22.31	25	27.49	30.58	32.8
16	5.14	5.81	6.91	7.96	9.31	23.54	26.3	28.85	32	34.27
17	5.7	6.41	7.56	8.67	10.09	24.77	27.59	30.19	33.41	35.72
18	6.26	7.01	8.23	9.39	10.86	25.99	28.87	31.53	34.81	37.16
19	6.84	7.63	8.91	10.12	11.65	27.2	30.14	32.85	36.19	38.58
20	7.43	8.26	9.59	10.85	12.44	28.41	31.41	34.17	37.57	40
21	8.03	8.9	10.28	11.59	13.24	29.62	32.67	35.48	38.93	41.4
22	8.64	9.54	10.98	12.34	14.04	30.81	33.92	36.78	40.29	42.8
23	9.26	10.2	11.69	13.09	14.85	32.01	35.17	38.08	41.64	44.18
24	9.89	10.86	12.4	13.85	15.66	33.2	36.42	39.36	42.98	45.56
25	10.52	11.52	13.12	14.61	16.47	34.38	37.65	40.65	44.31	46.93
26	11.16	12.2	13.84	15.38	17.29	35.56	38.89	41.92	45.64	48.29
27	11.81	12.88	14.57	16.15	18.11	36.74	40.11	43.19	46.96	49.64
28	12.46	13.56	15.31	16.93	18.94	37.92	41.34	44.46	48.28	50.99
29	13.12	14.26	16.05	17.71	19.77	39.09	42.56	45.72	49.59	52.34
30	13.79	14.95	16.79	18.49	20.6	40.26	43.77	46.98	50.89	53.67
40	20.71	22.16	24.43	26.51	29.05	51.8	55.76	59.34	63.69	66.77

当 $n > 40$ 时，$\chi_\alpha^2(n) \approx \frac{1}{2}\left(z_\alpha + \sqrt{2n-1}\right)^2$

附表6　F分布表

$P\{F(n_1,n_2) > F_\alpha(n_1,n_2)\} = \alpha \quad (\alpha = 0.005)$

n_2 \ n_1	1	2	3	4	5	6	8	12	24	∞
1	16 211	20 000	21 615	22 500	23 056	23 437	23 925	24 426	24 940	25 465
2	198.5	199	199.2	199.2	199.3	199.3	199.4	199.4	199.5	199.5
3	55.55	49.8	47.47	46.19	45.39	44.84	44.13	43.39	42.62	41.83
4	31.33	26.28	24.26	23.15	22.46	21.97	21.35	20.7	20.03	19.32
5	22.78	18.31	16.53	15.56	14.94	14.51	13.96	13.38	12.78	12.14
6	18.63	14.45	12.92	12.03	11.46	11.07	10.57	10.03	9.47	8.88
7	16.24	12.4	10.88	10.05	9.52	9.16	8.68	8.18	7.65	7.08
8	14.69	11.04	9.6	8.81	8.3	7.95	7.5	7.01	6.5	5.95
9	13.61	10.11	8.72	7.96	7.47	7.13	6.69	6.23	5.73	5.19
10	12.83	9.43	8.08	7.34	6.87	6.54	6.12	5.66	5.17	4.64
11	12.23	8.91	7.6	6.88	6.42	6.1	5.68	5.24	4.76	4.23
12	11.75	8.51	7.23	6.52	6.07	5.76	5.35	4.91	4.43	3.9
13	11.37	8.19	6.93	6.23	5.79	5.48	5.08	4.64	4.17	3.65
14	11.06	7.92	6.68	6	5.56	5.26	4.86	4.43	3.96	3.44
15	10.8	7.7	6.48	5.8	5.37	5.07	4.67	4.25	3.79	3.26
16	10.58	7.51	6.3	5.64	5.21	4.91	4.52	4.1	3.64	3.11
17	10.38	7.35	6.16	5.5	5.07	4.78	4.39	3.97	3.51	2.98
18	10.22	7.21	6.03	5.37	4.96	4.66	4.28	3.86	3.4	2.87
19	10.07	7.09	5.92	5.27	4.85	4.56	4.18	3.76	3.31	2.78
20	9.94	6.99	5.82	5.17	4.76	4.47	4.09	3.68	3.22	2.69
21	9.83	6.89	5.73	5.09	4.68	4.39	4.01	3.6	3.15	2.61
22	9.73	6.81	5.65	5.02	4.61	4.32	3.94	3.54	3.08	2.55
23	9.63	6.73	5.58	4.95	4.54	4.26	3.88	3.47	3.02	2.48
24	9.55	6.66	5.52	4.89	4.49	4.2	3.83	3.42	2.97	2.43
25	9.48	6.6	5.46	4.84	4.43	4.15	3.78	3.37	2.92	2.38
26	9.11	6.54	5.41	4.79	4.38	4.1	3.73	3.33	2.87	2.33
27	9.34	6.49	5.36	4.74	4.34	4.06	3.69	3.28	2.83	2.29
28	9.28	6.44	5.32	4.7	4.3	4.02	3.65	3.25	2.79	2.25
29	9.23	6.4	5.28	4.66	4.26	3.98	3.61	3.21	2.76	2.21
30	9.18	6.35	5.24	4.62	4.23	3.95	3.58	3.18	2.73	2.18
40	8.83	6.07	4.98	4.37	3.99	3.71	3.35	2.95	2.5	1.93
60	8.49	5.79	4.73	4.14	3.76	3.49	3.13	2.74	2.29	1.69
120	8.18	5.54	4.5	3.92	3.55	3.28	2.93	2.54	2.09	1.43

$\alpha = 0.01$

n_2 \ n_1	1	2	3	4	5	6	8	12	14	∞
1	4052	4999	5403	5625	5764	5859	5981	6106	6234	6366
2	98.49	99.01	99.17	99.25	99.3	99.33	99.36	99.42	99.46	99.5
3	34.12	30.81	29.46	28.71	28.24	27.91	27.49	27.05	26.6	26.12
4	21.2	18	16.69	15.98	15.52	15.21	14.8	14.37	13.93	13.46
5	16.26	13.27	12.06	11.39	10.97	10.67	10.29	9.89	9.47	9.02
6	13.74	10.92	9.78	9.15	8.75	8.47	8.1	7.72	7.31	6.88
7	12.25	9.55	8.45	7.85	7.46	7.19	6.84	6.47	6.07	5.65
8	11.26	8.65	7.59	7.01	6.63	6.37	6.03	5.67	5.28	4.86
9	10.56	8.02	6.99	6.42	6.06	5.8	5.47	5.11	4.73	4.31
10	10.04	7.56	6.55	5.99	5.64	5.39	5.06	4.71	4.33	3.91
11	9.65	7.2	6.22	5.67	5.32	5.07	4.74	4.4	4.02	3.6
12	9.33	6.93	5.95	5.41	5.06	4.82	4.5	4.16	3.78	3.36
13	9.07	6.7	5.74	5.2	4.86	4.62	4.3	3.96	3.59	3.16
14	8.86	6.51	5.56	5.03	4.69	4.46	4.14	3.8	3.43	3
15	8.68	6.36	5.42	4.89	4.56	4.32	4	3.67	3.29	2.87
16	8.53	6.23	5.29	4.77	4.44	4.2	3.89	3.55	3.18	2.75
17	8.4	6.11	5.18	4.67	4.34	4.1	3.79	3.45	3.08	2.65
18	8.28	6.01	5.09	4.58	4.25	4.01	3.71	3.37	3	2.57
19	8.18	5.93	5.01	4.5	4.17	3.94	3.63	3.3	2.92	2.49
20	8.1	5.85	4.94	4.43	4.1	3.87	3.56	3.23	2.86	2.42
21	8.02	5.78	4.87	4.37	4.04	3.81	3.51	3.17	2.8	2.36
22	7.94	5.72	4.82	4.31	3.99	3.76	3.45	3.12	2.75	2.31
23	7.88	5.66	4.76	4.26	3.94	3.71	3.41	3.07	2.7	2.26
24	7.82	5.61	4.72	4.22	3.9	3.67	3.36	3.03	2.66	2.21
25	7.77	5.57	4.68	4.18	3.86	3.63	3.32	2.99	2.62	2.17
26	7.72	5.53	4.64	4.14	3.82	3.59	3.29	2.96	2.58	2.13
27	7.68	5.49	4.6	4.11	3.78	3.56	3.26	2.93	2.55	2.1
28	7.64	5.45	4.57	4.07	3.75	3.53	3.23	2.9	2.52	2.06
29	7.6	5.42	4.54	4.04	3.73	3.5	3.2	2.87	2.49	2.03
30	7.56	5.39	4.51	4.02	3.7	3.47	3.17	2.84	2.47	2.01
40	7.31	5.18	4.31	3.83	3.51	3.29	2.99	2.66	2.29	1.8
60	7.08	4.98	4.13	3.65	3.34	3.12	2.82	2.5	2.12	1.6
120	6.85	4.79	3.95	3.48	3.17	2.96	2.66	2.34	1.95	1.38
∞	6.64	4.6	3.78	3.32	3.02	2.8	2.51	2.18	1.79	1

$\alpha = 0.025$

n_2 \ n_1	1	2	3	4	5	6	8	12	14	∞
1	647.8	799.5	864.2	899.6	921.8	937.1	956.7	976.7	997.2	1018
2	38.51	39	39.17	39.25	39.3	39.33	39.37	39.41	39.46	39.5
3	17.44	16.04	15.44	15.1	14.88	14.73	14.54	14.34	14.12	13.9
4	12.22	10.65	9.98	9.6	9.36	9.2	8.98	8.75	8.51	8.26
5	10.01	8.43	7.76	7.39	7.15	6.98	6.76	6.52	6.28	6.02
6	8.81	7.26	6.6	6.23	5.99	5.82	5.6	5.37	5.12	4.85
7	8.07	6.54	5.89	5.52	5.29	5.12	4.9	4.67	4.42	4.14
8	7.57	6.06	5.42	5.05	4.82	4.65	4.43	4.2	3.95	3.67
9	7.21	5.71	5.08	4.72	4.48	4.32	4.1	3.87	3.61	3.33
10	6.94	5.46	4.83	4.47	4.24	4.07	3.85	3.62	3.37	3.08
11	6.72	5.26	4.63	4.28	4.04	3.88	3.66	3.43	3.17	2.88
12	6.55	5.1	4.47	4.12	3.89	3.73	3.51	3.28	3.02	2.72
13	6.41	4.97	4.35	4	3.77	3.6	3.39	3.15	2.89	2.6
14	6.3	4.86	4.24	3.89	3.66	3.5	3.29	3.05	2.79	2.49
15	6.2	4.77	4.15	3.8	3.58	3.41	3.2	2.96	2.7	2.4
16	6.12	4.69	4.08	3.73	3.5	3.34	3.12	2.89	2.63	2.32
17	6.04	4.62	4.01	3.66	3.44	3.28	3.06	2.82	2.56	2.25
18	5.98	4.56	3.95	3.61	3.38	3.22	3.01	2.77	2.5	2.19
19	5.92	4.51	3.9	3.56	3.33	3.17	2.96	2.72	2.45	2.13
20	5.87	4.46	3.86	3.51	3.29	3.13	2.91	2.68	2.41	2.09
21	5.83	4.42	3.82	3.48	3.25	3.09	2.87	2.64	2.37	2.04
22	5.79	4.38	3.78	3.44	3.22	3.05	2.84	2.6	2.33	2
23	5.75	4.35	3.75	3.41	3.18	3.02	2.81	2.57	2.3	1.97
24	5.72	4.32	3.72	3.38	3.15	2.99	2.78	2.54	2.27	1.94
25	5.69	4.29	3.69	3.35	3.13	2.97	2.75	2.51	2.24	1.91
26	5.66	4.27	3.67	3.33	3.1	2.94	2.73	2.49	2.22	1.88
27	5.63	4.24	3.65	3.31	3.08	2.92	2.71	2.47	2.19	1.85
28	5.61	4.22	3.63	3.29	3.06	2.9	2.69	2.45	2.17	1.83
29	5.59	4.2	3.61	3.27	3.04	2.88	2.67	2.43	2.15	1.81
30	5.57	4.18	3.59	3.25	3.03	2.87	2.65	2.41	2.14	1.79
40	5.42	4.05	3.46	3.13	2.9	2.74	2.53	2.29	2.01	1.64
60	5.29	3.93	3.34	3.01	2.79	2.63	2.41	2.17	1.88	1.48
120	5.15	3.8	3.23	2.89	2.67	2.52	2.3	2.05	1.76	1.31
∞	5.02	3.69	3.12	2.79	2.57	2.41	2.19	1.94	1.64	1

$\alpha = 0.05$

n_1 \ n_1	1	2	3	4	5	6	8	12	14	∞
1	161.4	199.5	215.7	224.6	230.2	234	238.9	243.9	249	254.3
2	18.51	19	19.16	19.25	19.3	19.33	19.37	19.41	19.45	19.5
3	10.13	9.55	9.28	9.12	9.01	8.94	8.84	8.74	8.64	8.53
4	7.71	6.94	6.59	6.39	6.26	6.16	6.04	5.91	5.77	5.63
5	6.61	5.79	5.41	5.19	5.05	4.95	4.82	4.68	4.53	4.36
6	5.99	5.14	4.76	4.53	4.39	4.28	4.15	4	3.84	3.67
7	5.59	4.74	4.35	4.12	3.97	3.87	3.73	3.57	3.41	3.23
8	5.32	4.46	4.07	3.84	3.69	3.58	3.44	3.28	3.12	2.93
9	5.12	4.26	3.86	3.63	3.48	3.37	3.23	3.07	2.9	2.71
10	4.96	4.1	3.71	3.48	3.33	3.22	3.07	2.91	2.74	2.54
11	4.84	3.98	3.59	3.36	3.2	3.09	2.95	2.79	2.61	2.4
12	4.75	3.88	3.49	3.26	3.11	3	2.85	2.69	2.5	2.3
13	4.67	3.8	3.41	3.18	3.02	2.92	2.77	2.6	2.42	2.21
14	4.6	3.74	3.34	3.11	2.96	2.85	2.7	2.53	2.35	2.13
15	4.54	3.68	3.29	3.06	2.9	2.79	2.64	2.48	2.29	2.07
16	4.49	3.63	3.24	3.01	2.85	2.74	2.59	2.42	2.24	2.01
17	4.45	3.59	3.2	2.96	2.81	2.7	2.55	2.38	2.19	1.96
18	4.41	3.55	3.16	2.93	2.77	2.66	2.51	2.34	2.15	1.92
19	4.38	3.52	3.13	2.9	2.74	2.63	2.48	2.31	2.11	1.88
20	4.35	3.49	3.1	2.87	2.71	2.6	2.45	2.28	2.08	1.84
21	4.32	3.47	3.07	2.84	2.68	2.57	2.42	2.25	2.05	1.81
22	4.3	3.44	3.05	2.82	2.66	2.55	2.4	2.23	2.03	1.78
23	4.28	3.42	3.03	2.8	2.64	2.53	2.38	2.2	2	1.76
24	4.26	3.4	3.01	2.78	2.62	2.51	2.36	2.18	1.98	1.73
25	4.24	3.38	2.99	2.76	2.6	2.49	2.34	2.16	1.96	1.71
26	4.22	3.37	2.98	2.74	2.59	2.47	2.32	2.15	1.95	1.69
27	4.21	3.35	2.96	2.73	2.57	2.46	2.3	2.13	1.93	1.67
28	4.2	3.34	2.95	2.71	2.56	2.44	2.29	2.12	1.91	1.65
29	4.18	3.33	2.93	2.7	2.54	2.43	2.28	2.1	1.9	1.64
30	4.17	3.32	2.92	2.69	2.53	2.42	2.27	2.09	1.89	1.62
40	4.08	3.23	2.84	2.61	2.45	2.34	2.18	2	1.79	1.51
60	4	3.15	2.76	2.52	2.37	2.25	2.1	1.92	1.7	1.39
120	3.92	3.07	2.68	2.45	2.29	2.17	2.02	1.83	1.61	1.25
∞	3.84	2.99	2.6	2.37	2.21	2.09	1.94	1.75	1.52	1

$\alpha = 0.10$

n_1 \ n_2	1	2	3	4	5	6	8	12	14	∞
1	39. 86	49. 5	53. 59	55. 83	57. 24	58. 2	59. 44	60. 71	62	63. 33
2	8. 53	9	9. 16	9. 24	9. 29	9. 33	9. 37	9. 41	9. 45	9. 49
3	5. 54	5. 46	5. 36	5. 32	5. 31	5. 28	5. 25	5. 22	5. 18	5. 13
4	4. 54	4. 32	4. 19	4. 11	4. 05	4. 01	3. 95	3. 9	3. 83	3. 76
5	4. 06	3. 78	3. 62	3. 52	3. 45	3. 4	3. 34	3. 27	3. 19	3. 1
6	3. 78	3. 46	3. 29	3. 18	3. 11	3. 05	2. 98	2. 9	2. 82	2. 72
7	3. 59	3. 26	3. 07	2. 96	2. 88	2. 83	2. 75	2. 67	2. 58	2. 47
8	3. 46	3. 11	2. 92	2. 81	2. 73	2. 67	2. 59	2. 5	2. 4	2. 29
9	3. 36	3. 01	2. 81	2. 69	2. 61	2. 55	2. 47	2. 38	2. 28	2. 16
10	3. 29	2. 92	2. 73	2. 61	2. 52	2. 46	2. 38	2. 28	2. 18	2. 06
11	3. 23	2. 86	2. 66	2. 54	2. 45	2. 39	2. 3	2. 21	2. 1	1. 97
12	3. 18	2. 81	2. 61	2. 48	2. 39	2. 33	2. 24	2. 15	2. 04	1. 9
13	3. 14	2. 76	2. 56	2. 43	2. 35	2. 28	2. 2	2. 1	1. 98	1. 85
14	3. 1	2. 73	2. 52	2. 39	2. 31	2. 24	2. 15	2. 05	1. 94	1. 8
15	3. 07	2. 7	2. 49	2. 36	2. 27	2. 21	2. 12	2. 02	1. 9	1. 76
16	3. 05	2. 67	2. 46	2. 33	2. 24	2. 18	2. 09	1. 99	1. 87	1. 72
17	3. 03	2. 64	2. 44	2. 31	2. 22	2. 15	2. 06	1. 96	1. 84	1. 69
18	3. 01	2. 62	2. 42	2. 29	2. 2	2. 13	2. 04	1. 93	1. 81	1. 66
19	2. 99	2. 61	2. 4	2. 27	2. 18	2. 11	2. 02	1. 91	1. 79	1. 63
20	2. 97	2. 59	2. 38	2. 25	2. 16	2. 09	2	1. 89	1. 77	1. 61
21	2. 96	2. 57	2. 36	2. 23	2. 14	2. 08	1. 98	1. 87	1. 75	1. 59
22	2. 95	2. 56	2. 35	2. 22	2. 13	2. 06	1. 97	1. 86	1. 73	1. 57
23	2. 94	2. 55	2. 34	2. 21	2. 11	2. 05	1. 95	1. 84	1. 72	1. 55
24	2. 93	2. 54	2. 33	2. 19	2. 1	2. 04	1. 94	1. 83	1. 7	1. 53
25	2. 92	2. 53	2. 32	2. 18	2. 09	2. 02	1. 93	1. 82	1. 69	1. 52
26	2. 91	2. 52	2. 31	2. 17	2. 08	2. 01	1. 92	1. 81	1. 68	1. 5
27	2. 9	2. 51	2. 3	2. 17	2. 07	2	1. 91	1. 8	1. 67	1. 49
28	2. 89	2. 5	2. 29	2. 16	2. 06	2	1. 9	1. 79	1. 66	1. 48
29	2. 89	2. 5	2. 28	2. 15	2. 06	1. 99	1. 89	1. 78	1. 65	1. 47
30	2. 88	2. 49	2. 28	2. 14	2. 05	1. 98	1. 88	1. 77	1. 64	1. 46
40	2. 84	2. 44	2. 23	2. 09	2	1. 93	1. 83	1. 71	1. 57	1. 38
60	2. 79	2. 39	2. 18	2. 04	1. 95	1. 87	1. 77	1. 66	1. 51	1. 29
120	2. 75	2. 35	2. 13	1. 99	1. 9	1. 82	1. 72	1. 6	1. 45	1. 19
∞	2. 71	2. 3	2. 08	1. 94	1. 85	1. 17	1. 67	1. 55	1. 38	1

附表 7　均值 t 的检验的样本容量

单边检验 双边检验 β	显著性水平																				
	$\alpha = 0.005$ $\alpha = 0.01$					$\alpha = 0.01$ $\alpha = 0.02$					$\alpha = 0.025$ $\alpha = 0.05$					$\alpha = 0.05$ $\alpha = 0.1$					
	0.01	0.05	0.1	0.2	0.5	0.01	0.05	0.1	0.2	0.5	0.01	0.05	0.1	0.2	0.5	0.01	0.05	0.1	0.2	0.5	
0.05																					0.05
0.10																					0.10
0.15																				122	0.15
0.20										139					99					70	0.20
0.25					110					90				128	64			139	101	45	0.25
0.30				134	78				115	63			119	90	45		122	97	71	32	0.30
0.35			125	99	58			109	85	47		109	88	67	34		90	72	52	24	0.35
0.40		115	97	77	45		101	85	66	37	117	84	68	51	26	101	70	55	40	19	0.40
0.45		92	77	62	37	110	81	68	53	30	93	67	54	41	21	80	55	44	33	15	0.45
0.50	100	75	63	51	30	90	66	55	43	25	76	54	44	34	18	65	45	36	27	13	0.50
0.55	83	63	53	42	26	75	55	46	36	21	63	45	37	28	15	54	38	30	22	11	0.55
0.60	71	53	45	36	22	63	47	39	31	18	53	38	32	24	13	46	32	26	19	9	0.60
0.65	61	46	39	31	20	55	41	34	27	16	46	33	27	21	12	39	28	22	17	8	0.65
0.70	53	40	34	28	17	47	35	30	24	14	40	29	24	19	10	34	24	19	15	8	0.70
0.75	47	36	30	25	16	42	31	27	21	13	35	26	21	16	9	30	21	17	13	7	0.75
0.80	41	32	27	22	14	37	28	24	19	12	31	22	19	15	9	27	19	15	13	6	0.80
0.85	37	29	24	20	13	33	25	21	17	11	28	21	17	13	8	24	17	14	11	6	0.85

$$\delta = \frac{|\mu_1 - \mu_0|}{\sigma}$$

续附表7

单边检验		显著性水平																				
双边检验		$\alpha=0.005$ $\alpha=0.01$					$\alpha=0.01$ $\alpha=0.02$					$\alpha=0.025$ $\alpha=0.05$					$\alpha=0.05$ $\alpha=0.1$					
β		0.01	0.05	0.1	0.2	0.5	0.01	0.05	0.1	0.2	0.5	0.01	0.05	0.1	0.2	0.5	0.01	0.05	0.1	0.2	0.5	0.90
$\delta=\dfrac{\lvert\mu_1-\mu_0\rvert}{\sigma}$	0.90	34	26	22	18	12	29	23	19	16	10	25	19	16	12	7	21	15	13	10	5	
	0.95	31	24	20	17	11	27	21	18	14	9	23	17	14	11	7	19	14	11	9	5	0.95
	1.00	28	22	19	16	10	25	19	16	13	9	21	16	13	10	6	18	13	11	8	5	1.00
	1.1	24	19	16	14	9	21	16	14	12	8	18	13	11	9	6	15	11	9	7		1.1
	1.2	21	16	14	12	8	18	14	12	10	7	15	12	10	8	5	13	10	8	6		1.2
	1.3	18	15	13	11	8	16	13	11	9	8	14	10	9	7		11	8	7	6		1.3
	1.4	16	13	12	10	7	14	11	10	9	6	12	9	8	7		10	8	7	5		1.4
	1.5	15	12	11	9	7	13	10	9	8	6	11	8	7	6		9	7	6			1.5
	1.6	13	11	10	8	6	12	10	9	7	5	10	7	7	6		8	6	6			1.6
	1.7	12	10	9	8	6	11	9	8	7		9	7	6	5		8	6	5			1.7
	1.8	12	10	9	8	6	10	8	7	7		8	6	6			7	6				1.8
	1.9	11	9	8	7	6	10	8	7	6		8	6	6			7	5				1.9
	2.0	10	8	8	7	5	9	7	7	6		7	6	5			6					2.0
	2.1	10	8	7	7		8	7	6	6		7	6				6					2.1
	2.2	9	8	7	6		8	7	6	5		7	5				6					2.2
	2.3	9	7	7	6		8	6	6			6					5					2.3
	2.4	8	7	7	6		7	6	6			6										2.4
	2.5	8	7	6	6		7	6	6			6										2.5
	3.0	7	6	6	5		6	5	5			5										3.0
	3.5	6	5	5			5															3.5
	4.0	6																				4.0

附表 8　均值差的 t 检验的样本容量

单边检验		$\alpha=0.005$					$\alpha=0.01$					$\alpha=0.025$					$\alpha=0.05$					
双边检验		$\alpha=0.01$					$\alpha=0.02$					$\alpha=0.05$					$\alpha=0.1$					
β		0.01	0.05	0.1	0.2	0.5	0.01	0.05	0.1	0.2	0.5	0.01	0.05	0.1	0.2	0.5	0.01	0.05	0.1	0.2	0.5	
	0.05																					0.05
	0.10																					0.10
	0.15																					0.15
	0.20																				137	0.20
	0.25															124					88	0.25
	0.30										123					87					61	0.30
	0.35					110					90					64				102	45	0.35
	0.40					85					70				100	50			108	78	35	0.40
$\delta=\frac{\lvert\mu_1-\mu_2\rvert}{\sigma}$	0.45				118	68				101	55			105	79	39		108	86	62	28	0.45
	0.50				96	55			106	82	45		106	86	64	32		88	70	51	23	0.50
	0.55			101	79	46		106	88	68	38		87	71	53	27	112	73	58	42	19	0.55
	0.60		101	85	67	39		90	74	58	32	104	74	60	45	23	89	61	49	36	16	0.60
	0.65		87	73	57	34	104	77	64	49	27	88	63	51	39	20	76	52	42	30	14	0.65
	0.70	100	75	63	50	29	90	66	55	43	24	76	55	44	34	17	66	45	36	26	12	0.70
	0.75	88	66	55	44	26	79	58	48	38	21	67	48	39	29	15	57	40	32	23	11	0.75
	0.80	77	58	49	39	23	70	51	43	33	19	59	42	34	26	14	50	35	28	21	10	0.80
	0.85	69	51	43	35	21	62	46	38	30	17	52	37	31	23	12	45	31	25	18	9	0.85

续附表8

单边检验 双边检验 β		显著性水平																				
		$\alpha = 0.005$ $\alpha = 0.01$					$\alpha = 0.01$ $\alpha = 0.02$					$\alpha = 0.025$ $\alpha = 0.05$					$\alpha = 0.05$ $\alpha = 0.1$					
		0.01	0.05	0.1	0.2	0.5	0.01	0.05	0.1	0.2	0.5	0.01	0.05	0.1	0.2	0.5	0.01	0.05	0.1	0.2	0.5	
	0.90	62	46	39	31	19	55	41	34	27	15	47	34	27	21	11	40	28	22	16	8	0.90
	0.95	55	42	35	28	17	50	37	31	24	14	42	30	25	19	10	36	25	20	15	7	0.95
	1.00	50	38	32	26	15	45	33	28	22	13	38	27	23	17	9	33	23	18	14	7	1.00
	1.1	42	32	27	22	13	38	28	23	19	11	32	23	19	14	8	27	19	15	12	6	1.1
	1.2	36	27	23	18	11	32	24	20	16	9	27	20	16	12	7	23	16	13	10	5	1.2
	1.3	31	23	20	16	10	28	21	17	14	8	23	17	13	11	6	20	14	11	9	5	1.3
	1.4	27	20	17	14	9	24	18	15	12	8	20	15	12	10	6	17	12	10	8	4	1.4
	1.5	24	18	15	13	8	21	16	14	11	7	18	13	11	9	5	15	11	9	7	4	1.5
	1.6	21	16	14	11	7	19	14	12	10	6	16	12	10	8	5	14	10	8	6	4	1.6
$\delta = \frac{\lvert \mu_1 - \mu_2 \rvert}{\sigma}$	1.7	19	15	13	10	7	17	13	11	9	6	14	11	9	7	4	12	9	7	6	3	1.7
	1.8	17	13	11	10	6	15	12	10	8	5	13	10	8	6	4	11	8	7	5		1.8
	1.9	16	12	11	9	6	14	11	9	8	5	12	9	7	6	4	10	7	6	5		1.9
	2.0	14	11	10	8	6	13	10	9	7	5	11	8	7	6	4	9	7	6	4		2.0
	2.1	13	10	9	8	5	12	9	8	7	5	10	8	6	5	3	8	6	5	4		2.1
	2.2	12	10	8	7	5	11	9	7	6	4	9	7	6	5		8	6	5	4		2.2
	2.3	11	9	8	7	5	10	8	7	6	4	9	7	6	5		7	5	5	4		2.3
	2.4	11	9	8	6	5	10	8	7	6	4	8	6	5	4		7	5	4	4		2.4
	2.5	10	8	7	6	4	9	7	6	5	4	8	6	5	4		6	5	4	3		2.5
	3.0	8	6	6	5	4	7	6	5	4	3	6	5	4	4		5	4	3			3.0
	3.5	6	5	5	4	3	6	5	4	4		5	4	4	3		4	3				3.5
	4.0	6	5	4	4		5	4	4	3		4	4	3			4					4.0

附表9　秩和临界值表

括号内数字表示样本容量(n_1,n_2)

	(2.4)			(4.4)			(6.7)	
3	11	0.067	11	25	0.029	28	56	0.026
	(2.5)		12	24	0.057	30	54	0.051
3	13	0.047		(4.5)			(6.8)	
	(2.6)		12	28	0.032	29	61	0.021
3	15	0.036	13	27	0.056	32	58	0.054
4	14	0.071		(4.6)			(6.9)	
	(2.7)		12	32	0.019	31	65	0.025
3	17	0.028	14	30	0.057	33	63	0.044
4	16	0.056		(4.7)			(6.10)	
	(2.8)		13	35	0.021	33	69	0.028
3	19	0.022	15	33	0.055	35	67	0.047
4	18	0.044		(4.8)			(7.7)	
	(2.9)		14	38	0.024	37	68	0.027
3	21	0.018	16	36	0.055	39	66	0.049
4	20	0.036		(4.9)			(7.8)	
	(2.10)		15	41	0.025	39	73	0.027
4	22	0.030	17	39	0.053	41	71	0.047
5	21	0.061		(4.10)			(7.9)	
	(3.3)		16	44	0.026	41	78	0.027
6	15	0.050	18	42	0.053	43	76	0.045
	(3.4)			(5.5)			(7.10)	
6	18	0.028	18	37	0.028	43	83	0.028
7	17	0.057	19	36	0.048	46	80	0.054
	(3.5)			(5.6)			(8.8)	
6	21	0.018	19	41	0.026	49	87	0.025
7	20	0.036	20	40	0.041	52	84	0.052
	(3.6)			(5.7)			(8.9)	
7	23	0.024	20	45	0.024	51	93	0.023
8	22	0.048	22	43	0.053	54	90	0.046
	(3.7)			(5.8)			(8.10)	

8	25	0.033	21	49	0.023	54	98	0.027
9	24	0.058	23	47	0.047	57	95	0.051
	(3.8)			(5.9)			(9.9)	
8	28	0.024	22	53	0.021	63	108	0.025
9	27	0.042	25	50	0.056	66	105	0.047
	(3.9)			(5.10)			(9.10)	
9	30	0.032	24	56	0.028	66	114	0.027
10	29	0.050	26	54	0.050	69	111	0.047
	(3.10)			(6.6)			(10.10)	
9	33	0.024	26	52	0.021	79	131	0.026
11	31	0.056	28	50	0.047	83	127	0.053

读者反馈表

尊敬的读者：

您好！感谢您多年来对哈尔滨工业大学出版社的支持与厚爱！为了更好地满足您的需要，提供更好的服务，希望您对本书提出宝贵意见，将下表填好后，寄回我社或登录我社网站（http://hitpress.hit.edu.cn）进行填写。谢谢！您可享有的权益：

☆ 免费获得我社的最新图书书目　　☆ 可参加不定期的促销活动

☆ 解答阅读中遇到的问题　　☆ 购买此系列图书可优惠

[HTH]读者信息

[HTSS]姓名________　□先生　□女士　年龄______　学历______

工作单位________________　职务________

E-mail________________　邮编________

通讯地址________________

购书名称________________　购书地点________________

1. 您对本书的评价

内容质量　□很好　□较好　□一般　□较差

封面设计　□很好　□一般　□较差

编排　□利于阅读　□一般　□较差

本书定价　□偏高　□合适　□偏低

2. 在您获取专业知识和专业信息的主要渠道中，排在前三位的是：

①________　②________　③________

A. 网络 B. 期刊 C. 图书 D. 报纸 E. 电视 F. 会议 G. 内部交流 H. 其他：______

3. 您认为编写最好的专业图书（国内外）

书名	著作者	出版社	出版日期	定价

4. 您是否愿意与我们合作，参与编写、编译、翻译图书？

____

5. 您还需要阅读哪些图书？

____

网址：http://hitpress.hit.edu.cn

技术支持与课件下载：网站课件下载区

服务邮箱 wenbinzh@hit.edu.cn　duyanwell@163.com

邮购电话 0451-86281013　0451-86418760

组稿编辑及联系方式　赵文斌（0451-86281226）　杜燕（0451-86281408）

回寄地址：黑龙江省哈尔滨市南岗区复华四道街 10 号　哈尔滨工业大学出版社

邮编：150006　传真 0451-86414049